中国轻工业"十三五"规划教材

控制系统设计与仿真

郑恩让　编著

西北工业大学出版社

西　安

【内容简介】 本书首先在介绍 MATLAB 语言及 Simulink 工具箱的基础上,介绍了控制系统的数学模型及 MATLAB 在模型转换、连接中的应用;其次详细介绍了控制系统的数字仿真原理及方法,通过例题编写 MATLAB 程序,给出了仿真实现;然后介绍了基于 MATLAB 的控制系统计算机辅助分析;最后依次阐述了不依赖于对象数学模型的 PID 控制器设计与仿真,基于模型控制器设计原理及仿真,模型预测控制原理及仿真,先进 PID 控制器设计与仿真。全书内容翔实,各章节既相互联系又相对独立,读者可选择阅读。

本书可作为高等学校自动化类、电子信息和电气类各专业的本科生和研究生的教材或参考书,也可供相关领域的工程技术人员参考。

图书在版编目(CIP)数据

控制系统设计与仿真 / 郑恩让编著. — 西安 :西北工业大学出版社,2020.3
ISBN 978 - 7 - 5612 - 6835 - 3

Ⅰ. ①控… Ⅱ. ①郑… Ⅲ. ①Matlab 软件-应用-控制系统设计-系统仿真 Ⅳ. ①TP273

中国版本图书馆 CIP 数据核字(2020)第 046106 号

KONGZHI XITONG SHEJI YU FANGZHEN
控 制 系 统 设 计 与 仿 真

责任编辑:李阿盟　王　尧		策划编辑:李　萌	
责任校对:孙　倩		装帧设计:李　飞	
出版发行:西北工业大学出版社			
通信地址:西安市友谊西路 127 号		邮编:710072	
电　　话:(029)88491757,88493844			
网　　址:www.nwpup.com			
印 刷 者:兴平市博闻印务有限公司			
开　　本:787 mm×1 092 mm		1/16	
印　　张:15.125			
字　　数:397 千字			
版　　次:2020 年 3 月第 1 版		2020 年 3 月第 1 次印刷	
定　　价:45.00 元			

如有印装问题请与出版社联系调换

前　言

随着信息时代的来临，人工智能在工农业生产、交通运输业、航空航天领域和人们的日常生活中得到越来越广泛的应用。目前，飞速发展的无人驾驶技术、无人机技术和机器人技术等都离不开自动控制理论与装置，可以说，现在是一个自动化无处不在的时代。因此，学习、掌握和应用自动控制理论与技术将对社会的发展产生重要的影响。

在实际控制系统的分析、设计中，控制系统仿真技术应用越来越广泛，它已成为对控制系统进行分析、设计和综合的一种非常有效的手段。随着控制系统的日益复杂化、控制任务的多样化和控制系统性能要求的高精化，利用计算机对控制系统进行仿真研究与实验已成为控制领域及相关行业工程技术人员所必须掌握的一种技术与工具。

MATLAB是美国 Math Works 公司于 20 世纪 80 年代推出的高性能数值分析软件。MATLAB 具有功能强大的 Simulink 工具箱。作为控制理论与技术及计算机仿真的强有力的工具，MATLAB/Simulink 得到了用户的一致认可，其在控制系统计算机辅助分析、控制系统设计、控制系统仿真等方面得到了广泛的应用。

本书共分 8 章。第 1~3 章在介绍 MATLAB 语言及 Simulink 工具箱的基础上，介绍了控制系统的数学模型及 MATLAB 在模型转换、连接中的应用；详细介绍了控制系统的数字仿真原理及方法，通过例题编写 MATLAB 程序，给出了仿真实现。为了利用 MATLAB 进行控制系统计算机辅助分析，第 4 章介绍了控制系统计算机辅助分析的内容。由于学生在学习自动控制原理课程后，对控制器设计并不十分清楚，所以第 5~8 章对控制器的设计进行了阐述，即不依赖于对象数学模型的 PID 控制器仿真、基于模型控制器设计及仿真、模型预测控制、先进 PID 控制器设计与仿真。全书内容翔实，各章节之间既相互联系又相对独立，读者可选择阅读。

在本书编写过程中，参考了书后所列文献以及其他相关教材，在此一并表示感谢！

由于水平有限，书中不足之处在所难免，敬请读者批评指正。

编著者

2019 年 11 月

目　　录

第 1 章　控制系统设计与仿真概述 ……………………………………………… 1

1.1　控制系统与控制系统设计 ……………………………………………… 1

1.2　系统仿真的发展及应用 ………………………………………………… 4

第 2 章　MATLAB 语言 …………………………………………………………… 5

2.1　基础知识 …………………………………………………………………… 5

2.2　矩阵运算 …………………………………………………………………… 13

2.3　数组运算 …………………………………………………………………… 17

2.4　向量和下标 ………………………………………………………………… 22

2.5　数据分析 …………………………………………………………………… 27

2.6　矩阵函数 …………………………………………………………………… 31

2.7　绘图函数 …………………………………………………………………… 37

2.8　控制流程 …………………………………………………………………… 49

2.9　M 文件 ……………………………………………………………………… 52

2.10　输入和输出数据 ………………………………………………………… 53

2.11　Simulink 仿真工具箱 …………………………………………………… 54

2.12　本章小结 ………………………………………………………………… 64

第 3 章　控制系统数学模型及仿真方法 ……………………………………… 65

3.1　控制系统数学模型 ………………………………………………………… 65

3.2　MATLAB 中系统数学模型表示、转换与连接 ………………………… 71

3.3　连续系统数值积分方法 …………………………………………………… 73

3.4　面向结构图的数字仿真 …………………………………………………… 79

3.5　连续系统的离散相似法 …………………………………………………… 87

3.6　非线性系统的数字仿真 …………………………………………………… 93

第 4 章　控制系统计算机辅助分析 …………………………………………… 101

4.1　控制系统的时域分析 …………………………………………………… 101

4.2　控制系统的频域分析 …………………………………………………… 115

4.3　线性系统的根轨迹分析方法 ･･･ 124

4.4　线性系统的状态空间分析与综合 ･･････････････････････････････ 135

第 5 章　PID 控制器仿真 ･･････････････････････････････････････ 140

5.1　基本 PID 控制 ･･ 140

5.2　PID 控制器参数整定 ･･ 146

5.3　改进形式的 PID 控制器 ･････････････････････････････････････ 151

第 6 章　基于模型控制器设计与仿真 ･････････････････････････ 157

6.1　闭环系统的性能指标 ･･･････････････････････････････････････ 157

6.2　基于模型的控制器设计方法 ････････････････････････････････ 157

6.3　内模控制 ･･･ 165

6.4　Smith 预估控制 ･･･ 174

6.5　大林（Dahlin）控制算法 ･････････････････････････････････････ 181

6.6　最少拍控制 ･･･ 184

第 7 章　模型预测控制 ･･･････････････････････････････････････ 193

7.1　模型预测控制基本原理 ･････････････････････････････････････ 193

7.2　多输入多输出模型预测控制 ････････････････････････････････ 196

7.3　基于阶跃响应模型的控制器设计与仿真 ･････････････････････ 197

7.4　基于状态空间模型的预测控制器设计与仿真 ･････････････････ 202

7.5　动态矩阵控制 ･･･ 205

第 8 章　先进 PID 控制器设计与仿真 ･･･････････････････････ 213

8.1　神经元模型 ･･･ 213

8.2　单神经元控制器 ･･･ 216

8.3　模糊 PID 控制 ･･･ 223

附表　MATLAB 中各函数功能及用法 ･････････････････････････ 229

参考文献 ･･ 235

第1章 控制系统设计与仿真概述

1.1 控制系统与控制系统设计

1. 控制系统

控制系统的含义是由被控对象及使被控对象按照人的意愿运行的控制器所组成的闭合回路,如图1-1所示。

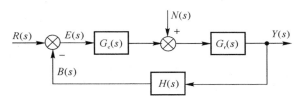

图1-1 控制系统结构图

图1-1中的控制器 $G_c(s)$ 通常为控制装置(由模拟或数字计算装置、测量装置及执行器组成)。控制装置接收给定及被控状态变量信息,信息由控制装置计算处理后,按照某种控制算法形成控制指令输出给执行器,执行器将控制指令转变成控制作用,影响被控对象的运行状态,使其按照人的意愿运行,达到稳定性、动态性能、控制精度等要求。

2. 控制系统模型

控制系统的设计工作可以全部或者部分地离开控制系统组成的实物进行,因为控制系统运行状态变量的变化规律可以用数学方程来表示。如果这些数学方程能真正表示控制系统运行状态变量的变化规律,控制系统的设计与实际运行技术人员即可用数学方法来分析、设计控制系统。该数学方程称为控制系统的数学模型。

控制系统常用数学模型有常微分方程、偏微分方程或差分方程等,它们分别表示集中参数系统、分布参数系统及采样控制系统等。

数学模型的类型有确定性系统模型和随机系统模型两种。

3. 控制系统建模

(1)含义:将控制系统的运动规律抽象成数学方程的过程称为控制系统建模。

一般地说,建模是定量科学研究的开始,是深化科学研究的必由之路。对于控制系统设计,建模的重要性也是如此,建模更是控制系统仿真的基础。

(2)建模方法。建模的工作内容包含3个方面:一是确定代表控制系统运行状态的变量和环境条件(状态变量和外扰动);二是确定描述状态变量之间、状态变量与外扰动之间以及外扰动自身的数学表达式;三是确定数学表达式中的数据。进行以上工作的方法称为建模方法。常用的建模方法有分析法和实验法。

1)分析法:应用物理、化学、数学等学科的定律、定理直接写出控制系统各组成部件的状态变量间的数学关系。

2)实验法:不进行系统原理分析,而直接进行系统或系统部件的实验,获取系统输入(包括外扰动)及输出的数据,依据这些实验数据用"回归"方法、"在线"或"离线"的方式求出输入和输出之间的数学关系。

特点:分析法需要用实验作为辅助手段获取数学方程中的数据。实验法经常用在不容易建立状态变量精确解析表达式的场合,是航空、航天控制系统建模经常使用的一种方法,有关知识形成"系统辨识"这种专门技术。

(3)建模要求。

1)相似。用数学模型代替物理系统不可能达到使两者相等,只能要求两者动态过程的相似,两个动态过程的状态变量和时间对应保持比例不变。达到两者动态过程相似需要满足以下几点要求:①数学模型的类型与控制系统的类型相对应(例如,常微分方程与集中参数控制系统对应,偏微分方程与分布参数系统对应,差分方程与采样系统对应,等等);②数学模型的阶次(状态变量的数目)与系统中包含的运动模态数对应;③控制系统工作环境条件数学模型要与环境条件的类型对应(随机扰动模型对应不确定型外扰动,常值或某种函数形式的扰动模型对应确定型外扰动)等。

2)精确。在系统模型与控制系统相似的前提下,还要满足精确的要求。

数学模型蕴含的状态变量的变化过程有两个决定因素:一是数学方程的类型;二是数学方程中的数据。前者决定了状态变量的变化形态(连续变化或离散变化等),后者决定了状态变量间、状态变量与环境条件以及它们与时间之间的定量关系。数学模型的数据必须精确地反映控制系统中的这种定量关系,才能使数学模型和控制系统的动态过程相似。

3)相关。同一个控制系统出于不同的信息研究观点可以写出很多种数学模型。它们所包含的状态变量、其复杂程度、内容包含学科面的宽和窄等各不相同。控制系统建模服务于研究目的,建模前要明确研究目的,系统模型应该只保留与研究目的相关的成分。数学模型的合理简化对工程设计是非常有益的。

4.控制系统分析

控制系统分析按方法的不同可分为时域分析法、根轨迹分析法、频域分析法、离散系统分析法、非线性系统分析法和状态空间分析法等。通过不同的分析方法,研究系统的稳定性和准确性、快速性等动、静态性能指标。采用计算机对控制系统进行分析就是所谓的计算机辅助分析。

5.控制系统设计

运用经典的或现代的控制理论和设计方法,拟定控制器的类型、结构形式并确定其参数的工作称为控制系统设计。一般来说,控制系统设计是由设计、实验验证、修改设计、再实验验证的反复过程构成的。

控制系统设计是工程设计的重要环节,设计的正确与否,将直接影响到工程能否投入正常运行,因此,要求控制系统设计的专业人员必须根据工业生产系统的特点、工艺和对象的特性和生产操作规律,正确使用控制理论的知识,合理选择自动化技术工具,设计出技术先进、经济合理、符合环境保护要求、满足用户要求的控制系统。

控制系统设计的具体步骤如下:

(1)根据工艺要求和控制目标确定系统变量。

(2)建立系统数学模型。

(3)确定控制方案。

(4)选择硬件设备。

(5)选择控制算法,进行控制器设计。

(6)软件设计。

系统设计完成后,进行设备安装、调试与参数整定,再投入运行。

6.控制系统仿真

在前文提到控制系统的实验验证,如果这种实验中被控对象不是实物而是被控对象的数学模型,这种控制系统实验就称为控制系统仿真。

"系统仿真"一词的含义要比控制系统仿真宽泛。系统可以是社会的、经济的、军事的、工程技术的等,"系统仿真"是指这类广义系统的仿真,它包括离散事件系统仿真(如计算机辅助制造系统的动态过程仿真)。控制系统只是广义系统中的一种,因此控制系统仿真只是系统仿真中的一类。

(1)数学仿真。

1)模拟仿真。计算设备为模拟计算机的数学仿真叫作模拟仿真。

2)数字仿真。计算设备为数字计算机的数学仿真叫作数字仿真。

3)混合仿真。有一类计算设备称作混合计算机。混合计算机是由模拟计算机和数字计算机组合而成的。计算设备为混合计算机的仿真叫作混合仿真。

4)计算机仿真。计算机仿真是指使用数字计算机进行的仿真,是数字仿真。

5)仿真软件。仿真软件也叫仿真软件包,是适应不同用户要求的具有一定通用性的计算机仿真程序集合体。目前控制系统仿真较为流行的仿真软件是 MATLAB。

(2)实时仿真。

如果一个控制系统的动态过程时间为 t,它的仿真系统动态过程时间为 t_f,两个时间的比值称为仿真时间比例尺。当仿真时间比例尺为 1 时,称这类仿真为实时仿真,例如物理仿真、仿真器(操作人员训练器)和采样系统仿真等。

1)物理仿真。控制系统的全部(控制器、被控对象)或部分组成为实物或实物的物理模型(动力学特性相似的实物)的控制系统仿真称为物理仿真。

物理仿真的时间比例尺必须是 1。如果大于 1,说明仿真系统比原物理系统的动态过程慢,降低了控制器快速性的要求,则不能用一个放慢了的动态过程考察控制器对物理系统的控制的有效性;如果小于 1,则结论相反。物理仿真较数学仿真时间周期长、成本高,但结果可信度高。这是因为物理仿真系统的运行条件更接近实际。

2)采样系统仿真。采样系统又叫计算机控制系统(特指数字计算机),它由离散信号(数字计算机)和连续信号(被控对象)两部分组成。

1.2　系统仿真的发展及应用

由于仿真技术在应用上的安全性,所以核电站、航空航天领域成为仿真技术应用最早和最主要的领域。仿真技术在许多复杂工程系统的分析和设计过程中已成为不可缺少的工具。由于复杂系统不仅体现在对象特性、任务的复杂上,而且面对的环境也具有复杂性,所以,只要建立了系统的数学模型,就能够对系统进行分析和设计;只要建立了仿真系统,就可重复利用所建立的仿真系统。

控制系统数字仿真围绕两个方面进行:一是提高数字计算机的计算速度;二是改进仿真方法。近年来,出现了新的研究热点:①面向对象的仿真方法,它从人类认识世界的模式出发提供更自然直观的系统仿真框架;②分布式交互仿真,通过计算机网络实现交互操作,构造仿真环境,可对复杂、分布、综合的系统进行实时仿真;③定性仿真,以非数字手段处理信息输入、建模、结果输出,建立定性模型;④人机和谐的仿真环境,发展可视化仿真、多媒体仿真和虚拟现实等。

当前仿真研究的前沿课题主要有仿真与人工智能技术的结合,以实现智能化的仿真系统;分布式仿真与仿真模型的并行处理;图形与动画仿真;面向用户、面向问题、面向实验的建模与仿真环境以及仿真支持系统等。

仿真技术有着广泛的应用,目前主要应用于以下方面:①原子能工业,如可通过仿真模拟核反应、核爆炸过程,核电站仿真器用来训练操作人员以及研究故障的模拟与排除等操作;②航空航天工业,包括飞行器设计中的纯理论分析、半实物仿真、实物仿真和模拟飞行实验,飞行员及宇航员训练等;③电力工业,如电力系统动态模拟实现,电力系统负荷分配、瞬态稳定性以及最优潮流控制和电站操作人员培训等;④石油、化工及冶金等工业领域;⑤人口、经济等社会领域。

仿真技术的应用优势主要体现在以下几个方面:

(1)经济性。对于工业、国防等领域的重大设备、系统直接进行实验是十分昂贵的,如空间飞行器进行一次飞行试验的成本在 1 亿美元左右,而采用仿真实验仅需实验成本的 1/10 左右,且其设备可以重复使用。

(2)安全性。有些系统,如核电装置、空间载人航天器等装置,初始研制阶段直接进行实验往往会有很大的风险,甚至是不允许的,而采用仿真技术进行实验可以降低风险,对系统的设计研究具有很好的支撑和保障作用。

(3)快速性。通过在系统设计、实验等过程中使用仿真技术,可提高系统设计效率。

(4)可实现系统的优化设计。对一些实际系统进行结构和参数的优化设计是非常困难的,而采用仿真技术可以实现系统的优化设计功能。同样,对于社会、经济、管理等领域,由于其规模和复杂程度大,直接进行实验几乎不可能,所以,通过仿真技术的应用可以取得较好的结果。

第 2 章　MATLAB 语言

　　MATLAB 是美国 Math Works 公司于 20 世纪 80 年代推出的高性能数值计算软件，MATLAB 语言源于线性代数中的矩阵运算，与其他的计算机语言不同，MATLAB 最初是基于矩阵的运算工具。现在，MATLAB 语言已成为全世界流行的一种优秀的计算机语言。

　　MATLAB 语言简单、方便、易学，不必要求使用者有高深的数学与程序语言设计的知识，不要求使用者了解算法与编程技巧。MATLAB 语言在控制系统仿真领域具有很强的优势，对控制理论的学习者具有很大的帮助。本章将介绍 MATLAB 语言的数学运算、绘图及 Simulink 工具箱。

2.1　基 础 知 识

　　MATLAB 语言最基本、最重要的功能就是矩阵的运算功能，即所有的数值功能都以矩阵为基本单元来实现。

2.1.1　简单的矩阵输入

　　MATLAB 语言中，矩阵的输入可以采用直接赋值和增量赋值两种方法。

1. 直接赋值法

　　元素较少的简单矩阵可以在 MATLAB 命令窗口中以命令行的方式直接输入。矩阵的输入必须以"[ ]"作为其开始与结束的标志，矩阵的行与行之间要用"；"或用回车键分开，矩阵的元素之间要用"，"或用空格分隔。矩阵的大小可以不必预先定义，且矩阵元素的值可以用表达式表示。

【例 2-1】　矩阵的直接赋值。

```
>>a=[1 3 5;2 4 6;7 8 9]
a =
     1     3     5
     2     4     6
     7     8     9
```

　　MATLAB 语言的变量名字符区分大小写，字符 a 与 A 分别为不同的矩阵变量名。在 MATLAB 语言命令行的最后如果加上"；"，则在命令窗口中不会显示输入命令所得到的结果。没有任何元素的矩阵在 MATLAB 语言中是合法的。

2. 增量赋值法

　　可以使用 MATLAB 语言的向量增量功能的增量赋值法，增量赋值法的标准格式为

$$A = 初值:增量:终值$$

式中,冒号为分隔识别符。

【例 2 - 2】 增量赋值法输入矩阵。

```
>> A=1:0.5:3
A =
    1.0000    1.5000    2.0000    2.5000    3.0000
```

增量赋值法的标准格式中如果增量缺省,则默认增量值为1,即表示为 A＝初值:终值。

2.1.2 矩阵的元素

矩阵是由多个元素组成的,矩阵的元素由下标来标识。

1. 矩阵的下标

(1)全下标标识。一个 $m \times n$ 阶的矩阵 A 的第 i 行、第 j 列的元素表示为 $A(i,j)$。这种全下标标识方法在 MATLAB 语言的寻访和赋值中最为常用。

【例 2 - 3】 用全下标标识给矩阵元素赋值。

```
>> A=[1 2 3;4 5 6]
A =
    1    2    3
    4    5    6
>>A(3,3)
Index exceeds matrix dimensions.
>>A(3,3)=9
A =
    1    2    3
    4    5    6
    0    0    9
```

说明:MATLAB 语言规定在符号"％"之后的文字内容为程序或命令行的注释。

(2)单下标标识。矩阵的元素也可以用单下标来标识,就是先把矩阵的全部元素按先左后右的次序连接成"一维长列",然后对元素位置进行编号。一个 $m \times n$ 阶的矩阵 A 的第 i 行、第 j 列的元素 $A(i,j)$ 对应的单下标表示为 $A(s)$,其中 $s = (j-1) \times m + i$。

2. 子矩阵的产生

MATLAB 利用矩阵的下标可以产生子矩阵。对于 $A(i,j)$,如果 i 和 j 所指的是向量而不是标量,则将获得指定矩阵的子矩阵。子矩阵是从对应矩阵中取出一部分元素来构成的,可以分别用全下标和单下标两种方法来产生子矩阵。

【例 2 - 4】 用全下标和单下标方法产生子矩阵。

```
>> A=[1 2 3;4 5 6;7 8 9]
A =
    1    2    3
    4    5    6
    7    8    9
>> A([1 3],[2 3])    ％取行数为1、3,列数为2、3的元素组成子矩阵
```

```
ans =
    2    3
    8    9
>> A(1:3,2:3)    %取行数为 1～3,列数为 2、3 的元素组成子矩阵
ans =
    2    3
    5    6
    8    9
>> A(:,3)    %取所有的行数,列数为 3 的元素组成子矩阵
ans =

    3
    6
    9
>> A(end,1:3)    %取行数为 3,列数为 1～3 的元素组成子矩阵,end 表示某一维阶数中的最大值
ans =
    7    8    9
>> A([1 3;2 6])    %取单下标为 1、3、2、6 的元素组成子矩阵
ans =
    1    7
    4    8
```

3. 矩阵元素的赋值

对矩阵的元素进行赋值有三种方法:全下标方式、单下标方式和全元素方式。

(1)全下标方式。$A(i,j) = B$ 表示给矩阵 A 的部分元素赋值,其中矩阵 B 的行列数必须等于矩阵 A 需要赋值的这一部分的行列数。

【例 2-5】 用全下标方式给矩阵元素赋值。

```
>> A(1:2,1:3)=[1 1 1;1 1 1]    %给第 1 和第 2 行的元素赋值全为 1
A =
    1    1    1
    1    1    1
    7    8    9
```

(2)单下标方式。$A(s) = b$ 表示给矩阵 A 的部分元素赋值,其中向量 b 的元素的个数必须等于矩阵 A 需要赋值的这一部分元素的个数。

【例 2-6】 用单下标方式给矩阵元素赋值。

```
>> A(5:6)=[20 20]    %给第 5 和第 6 个元素赋值为 20
A =
    1    1    1
    1   20    1
    7   20    9
```

(3)全元素方式。$A(:) = B$ 表示给矩阵 A 的所有元素赋值,其中矩阵 B 的元素总数必须等于矩阵 A 的元素总数,但行列数可以不相等。

【例 2 - 7】 用全元素方式给矩阵元素赋值。

>> A＝[1 2;3 4;5 6]

A ＝

    1   2

    3   4

    5   6

>> B＝[1 3 5;2 4 6]

B ＝

    1   3   5

    2   4   6

>> A(:)＝B　%按全元素方式给矩阵赋值

A ＝

    1   4

    2   5

    3   6

2.1.3　变量和语句

MATLAB 变量名区分字母大小写。变量名不超过 31 个字符,第 31 个以后的字符将被忽略,且字符之间不能有空格。变量名必须以字母开头,之后可以是任意字母、数字或下画线。许多标点符号在 MATLAB 语言中有特殊的含义,因此变量名不允许使用标点符号。

MATLAB 语言采用命令行形式,每一条命令行就是一条语句。如果一条语句的表达式太长,可用三个句点"..."将其延伸到下一行。MATLAB 的语句可以采用表达式和赋值语句两种形式。

(1)表达式由变量名、常数、函数和运算符号构成。表达式执行运算后产生的结果,将自动赋给名为"ans"的默认变量,即表示 MATLAB 运算后的结果,并将其在屏幕上显示出来。变量"ans"的值将在下一条表达式语句执行后被刷新。

【例 2 - 8】 表达式语句。

>>sqrt(2)

ans ＝

    1.4142

>> 4 * 5

ans ＝

    20

(2)赋值语句的形式为

变量＝表达式

赋值语句经过执行后是将表达式计算产生的结果,赋值给表达式中等号左边的变量,并存入内存。MATLAB 可同时执行以","或";"隔开的多个表达式。

【例 2 - 9】 赋值语句。

>> a＝3 * 4＋8－9

a ＝

    11

```
>> x＝sin(pi/2),y＝x^2;z＝3 * y
x ＝
     1
y ＝
     1
z ＝
     3
```

2.1.4　Who 命令和永久变量

1. Who 命令

在命令窗口中执行的命令和运行 M 文件所产生的变量信息全部存放在当前的工作空间中,在命令窗口输入 Who 命令可以对 MATLAB 的变量名进行查询;输入 Whos 命令可以对 MATLAB 的变量及其属性进行查询。

【例 2－10】　用 Who 命令和 Whos 命令对变量进行查询。

```
>> A=[1 2 3;4 5 6;7 8 9];B=[1 3 5 7];C=[1;2;3;4];
>> D='I am a student';
>> who     %用 who 命令对变量进行查询
Your variables are：
A    B    C    D
>>whos     %用 whos 命令对变量及其性质进行查询
Name         Size           Bytes   Class
  A          3x3              72     double
  B          1x4              32     double
  C          4x1              32     double
  D          1x14             28     char
```

2. 永久变量

为了在一些特殊情况下的运算,MATLAB 语言预先定义了一些永久变量,见表 2－1。对于 MATLAB 语言的永久变量,需要注意下面五点：

(1)永久变量不能用 clear 命令清除,因此称为永久变量。

(2)永久变量不响应 Who、Whos 命令。

(3)永久变量的变量名如果没有被赋值,那么永久变量将取上述给定的值。

(4)如果对任何一个永久变量进行赋值,则该变量的默认值将被所赋的值临时覆盖。如果使用 clear 命令清除 MATLAB 内存中的变量,或者 MATLAB 的命令窗口被关闭后重新启动,不管永久变量曾经被赋值与否,所有的永久变量将被重新置为默认值。

(5)在遵循 IEEE 算法规则的计算机上,被 0 除是允许的。它不会导致程序执行的中断,系统会给出警告信息,且用一个特殊的名称(如 Inf 和 NaN)记述。

表 2－1　永久变量

变　　量	含　　义
ans	计算结果的默认变量名
eps	机器零阈值

续 表

变 量	含 义
Inf 或 inf	无穷大
i 或 j	$i = j = \sqrt{-1}$
pi	π
NaN 或 nan	非数变量,如 $0/0, \infty/\infty$
nargin	函数输入总量数目,用于 M 文件程序设计
nargout	函数输出总量数目,用于 M 文件程序设计
realmax	最大正实数
realmin	最小正实数

2.1.5 数字和算术表达式

MATLAB 的算术运算按优先级由低到高分为 5 级,每一级的优先级相同,运算时从左向右进行结合。各优先级所包含的运算符如下:

(1)转置符".′"、幂符".^"、复共轭转置"′"、矩阵幂符"^"。

(2)标量加"+"、标量减"-"。

(3)数组乘法". * "、数组右除". /"、数组左除".\"、矩阵乘法" * "、矩阵右除"/"、矩阵左除"\"。

(4)加法"+"、减法"-"。

(5)冒号":"。

2.1.6 输出格式

MATLAB 显示数据结果时,遵循一定的规则。在默认的情况下,当执行结果为整数时,MATLAB 将它作为整数显示;当执行结果是一般实数时,MATLAB 以小数点后 4 位小数的精度近似显示结果。如果结果中的有效数字超出了这一范围,MATLAB 以类似于科学计算器的科学计数法来显示结果。可以通过 File 菜单中的 Preference 选项来设置数值的输出格式,在选定了某种输出格式后,所有的结果都采用这种格式输出,除非用 format 命令重新特别定义。表 2-2 给出了 MATLAB 语言的数据输出格式,其中 format short g 显示格式是 MATLAB 缺省默认的显示格式,表中所有格式设置的实现仅在 MATLAB 当前执行过程中有效。

表 2-2 数据输出格式

函 数	功 能	示 例
format format short	保留小数点后 4 位有效数字,最多不超过 7 位;对于 1 000 的实数,用 5 位有效数字的科学计数法	13.523 显示为 13.5230; 1234.56 显示为 1.2346e+003
format long	15 位数字表示	
format short e	5 位科学计数表示	
format long e	15 位科学计数表示	

续 表

函　　数	功　　能	示　　例
format short g	从 format short 和 format short e 中自动选择最佳计数方式	
format long g	从 format long 和 format long e 中自动选择最佳计数方式	
format rat	近似有理数表示	
format hex	十六进制表示	
format ＋	用于显示大矩阵	
format bank	元、角、分表示	
format compact	显示变量之间没有空行	
format loose	显示变量之间有空行	

2.1.7　help 功能

MATLAB 语言提供了快速的命令窗口查询帮助功能,这些帮助命令有 help 帮助系列、lookfor 命令和其他常用帮助命令。

1. help 命令

help 帮助命令有 help 和 help＋函数(类)名两种形式。

(1) help 命令。help 命令是最为常用的命令,在 MATLAB 的命令窗口直接输入 help 命令将会显示当前的帮助系统中所包含的全部项目,即搜索路径中所有的目录名称。

【例 2－11】　help 命令。

```
>> help   %输入 help 命令,显示在线帮助
HELP topics:
matlabhdlcoder\matlabhdlcoder   — (No table of contents file)
matlabxl\matlabxl               — (No table of contents file)
matlab\demos                    — Examples.
matlab\graph2d                  — Two dimensional graphs.
matlab\graph3d                  — Three dimensional graphs.
matlab\graphics                 — Handle Graphics.
graphics\obsolete               — (No table of contents file)
matlab\plottools                — Graphical plot editing tools
matlab\scribe                   — Annotation and Plot Editing.
scribe\obsolete                 — (No table of contents file)
matlab\specgraph                — Specialized graphs.
matlab\uitools                  — Graphical user interface components and tools
uitools\obsolete                — (No table of contents file)
……
```

(2) help＋函数(类)名。在 MATLAB 的实际应用中,这是最有效的一个帮助命令,通过

对具体函数功能的查询,可以帮助用户对 MATLAB 语言进行深入的学习。

2. lookfor 命令

如果要查询一个不知其函数名称的函数用法与功能,help 命令则不能满足要求。此时,可以用 lookfor 命令根据相关的关键字来查询相关的函数。

【例 2 - 12】 lookfor 命令。

```
>>lookfor transfer
tf                        — Construct transfer function or convert to transfer function.
idtf                      — Constructs or converts to a transfer function with identifiable para-
maters.
msfuntf                   — an MATLAB S—function which performs transfer function analy-
sis using ffts.
dtf2ss                    — Discrete transfer function to state—space conversion.
filt                      — DSP—oriented specification of discrete transfer functions.
getUserDataToSPMD         — override this to supply user data to transfer
HelperMeasureGroupDelay   — MEASUREGROUPDELAY Measures group delay from transfer
function estimate
ca2tf                     — Coupled allpass to transfer function conversion.
cl2tf                     — Coupled allpass lattice to transfer function conversion.
tf2ca                     — Transfer function to coupled allpass conversion.
……
```

3. 其他帮助命令

MATLAB 语言中还有一些经常被用到且具有特别查询功能的查询、帮助命令,见表 2 - 3。

表 2 - 3 其他帮助命令

命 令	含 义
Exist	变量检验函数
What	目录中文件列表
Who	内存变量列表
Whos	内存变量详细信息
Which	确定文件位置

2.1.8 退出 MATLAB 以及工作空间的存储

1. 退出 MATLAB

要想退出 MATLAB 环境,可以使用以下四种方式中的任何一种:

(1)在 MATLAB 的命令窗口输入 exit 命令。

(2)在 MATLAB 的命令窗口输入 quit 命令。

(3)直接单击 MATLAB 命令窗口右上角的关闭按钮。

(4)从 MATLAB 环境的 File 菜单中退出。

2. 工作空间的存储

工作空间是由 MATLAB 系统所提供的永久变量以及用户自己使用过程中生成的所有变

量组成的一个概念上的空间。在 MATLAB 启动后，系统会自动建立一个工作空间，这时的工作空间仅包含 MATLAB 的一些永久变量，随着用户使用 MATLAB 语言求解问题的进行，系统会逐渐增加一些用户自己定义的变量，这些用户自己定义的变量会一直保存下去，直到关闭 MATLAB 系统释放工作空间后才会消失。在没有退出 MATLAB 环境时，要想删除这些内存变量，可以在 MATLAB 命令窗口输入 clear 命令。

在 MATLAB 系统工作空间中保存的变量会因关闭系统而被自动释放掉，当再次打开 MATLAB 系统时，用户以前定义并使用过的变量已不存在。在进行科学计算时，经常需要将没有处理完的一些数据保存起来，以备下一次继续使用，即要求将 MATLAB 工作空间中的变量进行存储。

2.2　矩　阵　运　算

矩阵运算是 MATLAB 最基本的运算功能，MATLAB 对矩阵的运算处理与线性代数中的方法相同，且定义了除法，并有左除和右除之分。

2.2.1　矩阵转置

MATLAB 语言求矩阵 A 的转置直接用 A′ 来表示。如果 A 是 $m \times n$ 阶的矩阵，A′ 就是 $n \times m$ 阶的矩阵。如果 A 是复数矩阵，那么 A′ 就表示复数矩阵的共轭转置。如果只想得到复数矩阵 A 的转置可以使用 A.′命令来完成，此时所得到的结果与 conj(A′) 的结果相同。当 A 为实数矩阵时，有 A′＝A.′。

【例 2 - 13】　矩阵的转置。
```
>> A=[1 2 3;4 5 6;7 8 9]
A =
    1    2    3
    4    5    6
    7    8    9
>> B=A′
B =
    1    4    7
    2    5    8
    3    6    9
>> C=A.′
C =
    1    4    7
    2    5    8
    3    6    9
>> D=[1+i 2+3i;3+4i 4+5i]
D =
   1.0000 + 1.0000i   2.0000 + 3.0000i
   3.0000 + 4.0000i   4.0000 + 5.0000i
>> D1=D′
```

D1 =

   1.0000 − 1.0000i   3.0000 − 4.0000i

   2.0000 − 3.0000i   4.0000 − 5.0000i

\>\> D2＝D.´

D2 =

   1.0000 ＋ 1.0000i   3.0000 ＋ 4.0000i

   2.0000 ＋ 3.0000i   4.0000 ＋ 5.0000i

\>\> D3＝conj(D)

D3 =

   1.0000 ＋ 1.0000i   3.0000 ＋ 4.0000i

   2.0000 ＋ 3.0000i   4.0000 ＋ 5.0000i

2.2.2　矩阵的加法和减法

MATLAB 能对具有相同阶数的矩阵进行加法或减法运算,其运算符号分别是"＋"和"－"。两矩阵的加减法是对元素的加减运算,而矩阵与标量的加减运算则是矩阵中的每一个元素都与标量进行加减运算。

【例 2－14】　矩阵的加法和减法。

\>\> A＝[1 2 3;4 5 6;7 8 9]

A =

   1   2   3

   4   5   6

   7   8   9

\>\> B＝[7 8 9;4 5 6;1 2 3]

B =

   7   8   9

   4   5   6

   1   2   3

\>\> C＝A＋B

C =

   8   10   12

   8   10   12

   8   10   12

\>\> D＝C－5

D =

   3   5   7

   3   5   7

   3   5   7

2.2.3　矩阵的乘法

MATLAB 中矩阵的乘法运算法则与线性代数中的乘法运算规则一致。

【例 2－15】　矩阵的乘法。

```
>> A=[1 2 3;4 5 6;7 8 9]
A =
    1    2    3
    4    5    6
    7    8    9
>> B=A'
B =
    1    4    7
    2    5    8
    3    6    9
>> C1=A*B
C1 =
    14    32    50
    32    77   122
    50   122   194
>> C2=B*A
C2 =
    66    78    90
    78    93   108
    90   108   126
>> D=[1 2;3 4;5 6]
D =
    1    2
    3    4
    5    6
>> E=D*A
Error using  *     %不满足矩阵相乘条件,给出错误提示
Inner matrix dimensions must agree.
```

2.2.4　矩阵的除法

矩阵的除法有两种形式,即左除和右除,其运算符分别为"\"和"/"。

1.矩阵的左除

对于矩阵 A 和 B 来说,A\B 表示矩阵 A 左除矩阵 B,其计算结果与矩阵 A 的逆和矩阵 B 相乘的结果相似。其实,A\B 是方程 $AX = B$ 的解,当方程是欠定或超定情况时,A\B 所对应的是方程的最小二乘解。

【例 2-16】　矩阵的左除。

```
>> A=[1 2 3;4 5 6;7 8 9]
A =
    1    2    3
    4    5    6
    7    8    9
>> B=[5;2;8]
```

— 15 —

```
B =

    5
    2
    8
>> C=[A;2 4 6]
C =

    1    2    3
    4    5    6
    7    8    9
    2    4    6
>> D=[B;6]
D =

    5
    2
    8
    6
>> x1=A\B
x1 =
  1.0e+16*

  -4.0532
   8.1065
  -4.0532
>> x2=C\D
x2 =

  -0.6923
        0
   1.2692
```

2. 矩阵的右除

对于矩阵 A 和 B 来说，A/B 表示矩阵 A 右除矩阵 B，其计算结果与矩阵 A 和矩阵 B 的逆相乘的结果相似。矩阵 A 右除矩阵 B 可以看成是方程 $XA = B$ 的解。

【例 2-17】 矩阵的右除。

```
>> A=[1 12 7;3 8 5;4 3 6]
A =

    1   12    7
    3    8    5
    4    3    6
>> B=flipud(A)    %矩阵 B 由矩阵 A 上下翻转得到
B =

    4    3    6
    3    8    5
    1   12    7
>> A/B
ans =

        0        0   1.0000
   0.0000   1.0000        0
   1.0000        0        0
```

2.2.5 矩阵的乘方

MATLAB 语言计算矩阵的乘方的表达形式为 A^P，根据矩阵 A 和 P 的不同具体对象，矩阵的乘方有不同的含义。

（1）如果矩阵 A 为方阵，P 为大于 1 的整数，则矩阵的乘方所得到的结果是矩阵 A 连乘 P 次；如果 P 不是整数，则矩阵的乘方是计算矩阵 A 的各特征值和特征向量的乘方。

（2）如果 A 为数而 P 为方阵，则计算 A^P 时，其结果也由特征值和特征向量计算得到。

（3）如果 A 和 P 都为方阵，或者两个矩阵中有一个不是方阵，则 MATLAB 语言会给出运算出错的信息。

【例 2-18】 矩阵的乘方。

```
>> A=[1 2;3 4]
A =
     1     2
     3     4
>> C1=A^2
C1 =
     7    10
    15    22
>> C2=A*A
C2 =
     7    10
    15    22
>>B=[1 2 3;4 5 6]
B =
     1     2     3
     4     5     6
>> C=B^2
??? Error using  ==>^
Inputs must be a scalar and a square matrix.
To compute elementwise POWER, use POWER (.^) instead.
```

由计算的结果 C_1 和 C_2 可知，对于方阵 A 来说，A^2 和 A*A 运算的结果一样，都是计算矩阵 A 的二次方。同时还可以看出，当矩阵 B 不是方阵时，无法对它进行乘方运算。

2.3 数 组 运 算

在 MATLAB 语言中，两个数组必须具有相同的维数才能进行数组运算。

2.3.1 数组的加法和减法运算

数组的加法和减法运算与矩阵的加法和减法运算规则相同，即对应的元素之间的相加和相减。同矩阵的加、减法运算符一样，数组的加法和减法分别采用的运算符是"＋"和"－"。

【例 2-19】 数组的加法和减法。

```
>> x=[3 4 5];
>> y=[1 2 3];
>> x-y
ans =
    2    2    2
>> x+y
ans =
    4    6    8
>> y+2
ans =
    3    4    5
```

2.3.2 数组的乘法和除法

MATLAB 中数组的乘法和除法是数组对应元素之间的乘法和除法,分别采用的运算符号是". * "和". /"(或". \")。

【例 2-20】 数组的乘法和除法。

```
>> x=[1 2 3;4 5 6;7 8 9]
x =
    1    2    3
    4    5    6
    7    8    9
>> y=fliplr(x)
y =
    3    2    1
    6    5    4
    9    8    7
>> z1=x. * y
z1 =
    3    4    3
   24   25   24
   63   64   63
>> z2=x. * 2
z2 =
    2    4    6
    8   10   12
   14   16   18
>> z3=x. /y
z3 =
    0.3333    1.0000    3.0000
    0.6667    1.0000    1.5000
    0.7778    1.0000    1.2857
```

```
>> z4＝x.\y
z4 ＝
    3.0000    1.0000    0.3333
    1.5000    1.0000    0.6667
    1.2857    1.0000    0.7778
```

对于数组 x 和 y，"x./y"和"x.\y"的结果不同，前者表示在进行除法运算时，数组 x 相应的元素作为被除数，而后者表示在进行除法运算时，数组 x 相应的元素作为除数。

2.3.3　数组的乘方运算

MATLAB 语言中数组的乘方运算采用的运算符号为".^"。数组的乘方根据其底数与指数的不同，可以分为以下三种情况。

（1）两个数组之间的乘方运算。乘方运算的底数和指数都是数组。

（2）一个数组的某个具体标量数值的乘方。乘方运算的底数为一个数组，而指数为一个标量数值。

（3）一个标量数值的某个具体数组的乘方。乘方运算的底数为一个标量数值，而指数为一个数组。

【例 2－21】　数组的乘方运算。

```
>> x＝[1 2 3]
x ＝
    1    2    3
>> y＝[5 6 7]
y ＝
    5    6    7
>> z1＝x.^y    %指数与底数均为数组
z1 ＝
            1           64         2187
>> z2＝x.^4    %底数为数组
z2 ＝
    1    16    81
>> x2＝4.^x    %指数为数组
x2 ＝
    4    16    64
```

2.3.4　关系运算

在 MATLAB 语言中，可以通过关系运算符很方便地实现数组的关系运算。所有的关系运算都是按照数组的运算规则定义的，即数组与数组进行关系运算，实际上是它们对应的元素进行运算。MATLAB 提供的用于两个量之间进行比较的关系运算符见表 2－4。在关系运算中，当关系成立时结果为 1（真），不成立时结果为 0（假）。

表 2－4　关系运算符

运算符	含　义
<	小于
<=	小于等于
==	等于
>	大于
>=	大于等于
~=	不等于

【例 2－22】　数组的关系运算。

```
>>A=magic(4)
A =
    16     2     3    13
     5    11    10     8
     9     7     6    12
     4    14    15     1
>>B=mod(A,3)    %mod 为 MATLAB 的求余函数
B =
     1     2     0     1
     2     2     1     2
     0     1     0     0
     1     2     0     1
>>C=(rem(A,3)<=1)
C =
     1     0     1     1
     0     0     1     0
     1     1     1     1
     1     0     1     1
>>D=(rem(A,3)==1)
D =
     1     0     0     1
     0     0     1     0
     0     1     0     0
     1     0     0     1
>>E=(rem(A,3)>=1)
E =
     1     1     0     1
     1     1     1     1
     0     1     0     0
     1     1     0     1
```

2.3.5　逻辑运算

逻辑运算也是对数组元素的运算。MATLAB 语言提供了三个逻辑运算符,逻辑运算符见表 2－5。

表 2－5　逻辑运算符

运算符	含　义
&	逻辑"与"
|	逻辑"或"
～	逻辑"非"

【例 2－23】　数组的逻辑运算。

```
>> X=magic(5)
X =
    17   24    1    8   15
    23    5    7   14   16
     4    6   13   20   22
    10   12   19   21    3
    11   18   25    2    9
>> Y=mod(X,4)
Y =
     1    0    1    0    3
     3    1    3    2    0
     0    2    1    0    2
     2    0    3    1    3
     3    2    1    2    1
>> Z1=X&Y
Z1 =
     1    0    1    0    1
     1    1    1    1    0
     0    1    1    0    1
     1    0    1    1    1
     1    1    1    1    1
>> Z2=～Y
Z2 =
     0    1    0    1    0
     0    0    0    0    1
     1    0    0    1    0
     0    1    0    0    0
     0    0    0    0    0
```

2.3.6 基本初等函数

在 MATLAB 语言中,基本初等函数是指三角函数、对数函数、指数函数和复数运算函数等,这些函数执行时按照数组的运算规则运行,即对数组的每个元素进行同等操作。MATLAB 基本初等函数及其功能见表 2-6。

表 2-6 基本初等函数

函 数	功 能	函 数	功 能	函 数	功 能
sin	正弦	cosh	双曲余弦	sqrt	二次方根
cos	余弦	tanh	双曲正切	abs	绝对值
tan	正切	coth	双曲余切	angle	复数相角
cot	余切	asinh	反双曲正弦	conj	复数的共轭
sec	正割	acosh	反双曲余弦	imag	复数的虚部
csc	余割	atanh	反双曲正切	real	复数的实部
asin	反正弦	acoth	反双曲余切	isreal	是否为复数
acos	反余弦	asech	反双曲正割	fix	向 0 取整
atan	反正切	acsch	反双曲余割	floor	向负无穷方向去整
atan2	四象限反正切	exp	指数	ceil	向正无穷方向去整
acot	反余切	log	自然对数	round	四舍五入
asec	反正割	log10	常用对数	mod	除法求余(与除数同号)
acsc	反余割	log2	以 2 为底对数	rem	除法求余(与被除数同号)
sinh	双曲正弦	pow2	以 2 为底指数	sign	符号函数

2.4 向量和下标

矩阵可以认为是由一组向量组成的,即可以将向量看成是矩阵的组成元素。这样一来,所有矩阵的运算都能分解为一系列相应的向量运算。向量可分为行向量和列向量两种,对行向量做转置运算可以得到列向量,对列向量做转置运算可以得到行向量。

2.4.1 向量的产生

MATLAB 语言可以用四种方式产生向量。

1. 直接输入产生向量

向量产生的最直接方法就是在命令窗口中直接输入。向量元素需要用"[ ]"括起来,元素之间可以用空格、逗号或分号分隔。元素之间用逗号和空格分隔则产生行向量,用分号分隔则产生列向量。

【例 2-24】 直接输入产生向量。

```
>> a=[1 2 3 4]
a =
     1     2     3     4
>> b=[1;2;3;4]
b =
     1
     2
     3
     4
```

2. 利用增量赋值法产生向量

与矩阵的输入相同,可以用增量赋值法产生向量。此时可以不用使用"[ ]"。

【例 2 - 25】　增量赋值法产生向量。

```
>> a=1:1:5
a =
     1     2     3     4     5
>> b=12:-2:0
b =
    12    10     8     6     4     2     0
>> c=1:6
c =
     1     2     3     4     5     6
```

3. 利用线性等分函数产生向量

MATLAB 语言提供了线性等分功能函数 linspace,用来产生线性等分向量,其使用格式有两种。

(1) y=linspace(x1,x2):产生 100 维的行向量,使得 y(1)=x1,y(100)=x2;

(2) y=linspace(x1,x2,n):产生 n 维的行向量,使得 y(1)=x1,y(n)=x2。

线性等分函数和增量赋值法都能产生等分向量。但它们生成的方式有所不同,前者是先设定了向量的维数然后生成等间隔向量;后者是通过设定间隔来生成维数随之确定的等间隔向量。

【例 2 - 26】　产生线性等分向量。

```
>> a1=linspace(1,10,5)
a1 =
    1.0000    3.2500    5.5000    7.7500   10.0000
>> A=linspace(1,50)
A =
  Columns 1 through 14
    1.0000    1.4949    1.9899    2.4848    2.9798    3.4747    3.9697    4.4646
    4.9596    5.4545    5.9495    6.4444    6.9394    7.4343
  Columns 15 through 28
    7.9293    8.4242    8.9192    9.4141    9.9091   10.4040   10.8990   11.3939
   11.8889   12.3838   12.8788   13.3737   13.8687   14.3636
  Columns 29 through 42
   14.8586   15.3535   15.8485   16.3434   16.8384   17.3333   17.8283   18.3232   18.8182
   19.3131   19.8081   20.3030   20.7980   21.2929
```

Columns 43 through 56

  21. 7879   22. 2828   22. 7778   23. 2727   23. 7677   24. 2626   24. 7576   25. 2525   25. 7475

  26. 2424   26. 7374   27. 2323   27. 7273   28. 2222

Columns 57 through 70

  28. 7172   29. 2121   29. 7071   30. 2020   30. 6970   31. 1919   31. 6869   32. 1818   32. 6768

  33. 1717   33. 6667   34. 1616   34. 6566   35. 1515

Columns 71 through 84

  35. 6465   36. 1414   36. 6364   37. 1313   37. 6263   38. 1212   38. 6162   39. 1111   39. 6061

  40. 1010   40. 5960   41. 0909   41. 5859   42. 0808

Columns 85 through 98

  42. 5758   43. 0707   43. 5657   44. 0606   44. 5556   45. 0505   45. 5455   46. 0404   46. 5354

  47. 0303   47. 5253   48. 0202   48. 5152   49. 0101

Columns 99 through 100

  49. 5051   50. 0000

4. 产生对数等分向量

在自动控制原理、数字信号处理中常常需要对数刻度坐标,对此 MATLAB 语言提供了对数等分功能函数。对数等分函数有两种具体的形式。

(1) y＝logspace(x1,x2):产生 50 维对数等分向量,使得 y(1)＝10^{x1},y(50)＝10^{x2};

(2) y＝logspace(x1,x2,n):产生 n 维对数等分向量,使得 y(1)＝10^{x1},y(n)＝10^{x2}。

【例 2－27】 产生对数等分向量。

```
>> A＝logspace(0,2,5)
A ＝
   1.0000   3.1623   10.0000   31.6228   100.000
```

2.4.2 下标

MATLAB 语言的下标具有重要的功能,可以在对矩阵的行、列子矩阵处理时使用,也可以用来产生向量。在 MATLAB 中使用下标和向量,会使许多运算更为清晰和方便。单个矩阵的元素可以在括号中用下标来表示。

【例 2－28】 矩阵元素的下标表示。

```
>> A＝[1 2 3;4 5 6;7 8 9]
A ＝
   1   2   3
   4   5   6
   7   8   9
>> A(3,3)＝A(1,3)＋A(3,1)   %把 A(1,3)的值和 A(3,1)值相加赋给 A(3,3)
A ＝
   1   2   3
   4   5   6
   7   8   10
```

下标可以是一个向量。使用下标可以将矩阵中任意元素组合构成新的矩阵。在矩阵中使用":"代替下标可以表示矩阵所有的行或列。

【例 2－29】 矩阵元素的下标表示。

```
>> X=[3 6 9 12 15]
X =
     3     6     9    12    15
>> Y=[5 3 1 4 2]
Y =
     5     3     1     4     2
>> Z=X(Y)    %改变向量 X 元素的顺序
Z =
    15     9     3    12     6
>> A=[1 2;3 4;5 6],B=A(:)
A =
     1     2
     3     4
     5     6
B =
     1
     3
     5
     2
     4
     6
>> A(:)=11:16    %对矩阵 A 重新赋值
A =
    11    14
    12    15
    13    16
```

A(:)在赋值语句的右边,表示将 A 的所有元素在一个长的列向量中展开成串;如果 A(:) 在赋值语句的左边,则可以重新组成与原来的矩阵 A 具有相同维数的矩阵,这相当于在原来的 A 没有被清除的情况下,用新的元素置换,实际上起了一种提供格式的作用。

2.4.3　0-1 向量的下标

从关系运算和逻辑运算中可以建立 0-1 向量,0-1 向量可以用于对矩阵建立子矩阵。

【例 2-30】　0-1 向量的下标。

```
>> A=[1 2 3;4 5 6;7 8 9]
A =
     1     2     3
     4     5     6
     7     8     9
>> V1=[1;2;1]
V1 =
     1
     2
```

```
                 1
>> V2＝[1 1 2]
V2 ＝
        1       1       2
>> V1＝V1＝＝1    ％把向量 V1 转换为逻辑向量
V1 ＝
        1
        0
        1
>> V2＝V2＝＝1    ％把向量 V2 转换为逻辑向量
V2 ＝
        1       1       0
>> B＝A(V1,:)
B ＝
        1       2       3
        7       8       9
>> C＝A(:,V2)
C ＝
        1       2
        4       5
        7       8
>> D＝A(V1,V2)
D ＝
        1       2
        7       8
```

其中，V_1 和 V_2 是由元素 0 和 1 组成的长度分别为矩阵 A 的行维数和列维数的向量。如果 V_1 和 V_2 的元素取 1，则表示取矩阵 A 对应位置上的行或列，如果为 0，则不取。V_1 和 V_2 都必须是逻辑向量，即向量的元素为逻辑值，否则 MATLAB 会显示出错信息。

2.4.4　空矩阵

MATLAB 支持多维空矩阵的使用。MATLAB 定义"[ ]"为空矩阵。一个被赋予空矩阵的变量应具有以下四个性质。

(1)在 MATLAB 工作内存中确实存在被赋空矩阵的变量。

(2)空矩阵中不包含任何元素，它的阶数是 0×0。

(3)空矩阵可以在 MATLAB 的运算中传递。

(4)可以使用函数 clear 从内存中清除空矩阵变量。

空矩阵不是"0"矩阵，也不是"不存在"。空矩阵可以用来对一般矩阵按要求进行缩维。

【例 2-31】　空矩阵。

```
>> A＝1:24;
>> B＝reshape(A,4,6)
```

B =

1	5	9	13	17	21
2	6	10	14	18	22
3	7	11	15	19	23
4	8	12	16	20	24

>> C＝B(:,[1 3 4 6])

C ＝

1	9	13	21
2	10	14	22
3	11	15	23
4	12	16	24

>> B(:,[2 5])＝[]

B ＝

1	9	13	21
2	10	14	22
3	11	15	23
4	12	16	24

用空矩阵缩小维数后的矩阵 **B** 与采用下标标识所得到的矩阵 **C** 相同。

2.5　数　据　分　析

MATLAB 语言提供了方便的数据分析函数,可以对比较复杂的向量或矩阵的元素进行数据分析。

2.5.1　列向分析

MATLAB 的数据分析主要是对向量的。如果输入的数据是向量,则按整个向量进行运算;如果输入的数据是矩阵,则按矩阵的列进行运算。将需要进行分析的数据按列分类,而数据矩阵的每一行则表示数据的不同样本。

1.统计和相关分析

MATLAB 的数据统计分析是按列进行运算,计算出各列的最大值、最小值等统计量。相关分析则计算协方差和相关系数等统计量。对数据进行统计分析和相关分析的函数及其功能见表 2－7。

表 2－7　数据的统计分析和相关分析函数

函　　数	功　　能
max(X)	矩阵中各列的最大值
min(X)	矩阵中各列的最小值
mean(X)	矩阵中各列的平均值
std(X)	矩阵中各列的标准差
median(X)	矩阵中各列的值大小位于中间的元素

续　表

函　数	功　　能
var(X)	矩阵中各列的方差
C＝cov(V)	矩阵中各列间的协方差
S＝corrcoef(X)	矩阵中各列间的相关系数矩阵
[S,k]＝sort(X,n)	沿第 n 维按模增大重新排序,k 为 S 元素的原位置

【例 2－32】　数据的统计分析和相关分析。

\>\>x＝[2.5 23 0.8;3.2 7.8 11.9;4.7 8.8 5;12.6 5.3 9.2]

x ＝

　　2.5000　　23.0000　　0.8000
　　3.2000　　7.8000　　11.9000
　　4.7000　　8.8000　　5.0000
　12.6000　　5.3000　　9.2000

\>\> mean(x)

ans ＝

　　5.7500　　11.2250　　6.7250

\>\> s＝corrcoef(x)

s ＝

　　1.0000　　－0.6055　　0.3652
　－0.6055　　1.0000　　－0.8406
　　0.3652　　－0.8406　　1.0000

2.差分和积分

MATLAB 语言可以通过一些函数对矩阵数据的差分和积分等进行方便的运算。常用的差分和积分函数见表 2－8。

表 2－8　数据的差分和积分处理函数

函　数	功　　能
diff(X,m,n)	沿第 n 维求第 m 阶列向差分
gradient(X)	对矩阵 X 求数值的梯度
sum(X)	矩阵中各列元素的和
cumsum(X,n)	沿第 n 维求累计和
cumprod(X,n)	沿第 n 维求累计乘积
trapz(X,y)	用梯形法求积分,y 为积分函数
cumtrapz(X,y,n)	用梯形法沿第 n 维求积分

【例 2－33】　数据差分和积分。

\>\> x＝[2.3 4.7 6;7.8 3.2 8.8;1.3 4.6 7;3.5 6.6 9.1];

\>\> gradient(x)

```
ans =
    2.4000    1.8500    1.3000
   -4.6000    0.5000    5.6000
    3.3000    2.8500    2.4000
    3.1000    2.8000    2.5000
>> sum(x)
ans =
   14.9000   19.1000   30.9000
>> trapz(x)
ans =
   12.0000   13.4500   23.3500
```

2.5.2　默认值

在 MATLAB 语言中,特殊值 NaN 代表"不是数(Not-a-Number)"。IEEE 浮点算术习惯上把 NaN 看成是未定义的表达式的结果,如 0/0。当进行数据分析和统计时,总会遇到有些项用普通的计算公式计算,但并无意义。在 MATLAB 中,这些无意义的表达式全部用 NaN 表示。在数据分析中,正确处理缺少的数据是一个困难的问题,而且它还要根据不同的情况来判断。对于数据分析,用 NaN 来表示缺少的数据也非常方便。MATLAB 以一种统一严格的方式来处理 NaN。在任何科学计算中,只要包含了 NaN,那么它的结果就是 NaN。

【例 2 - 34】　默认值 NaN。

```
>> A=magic(5);
>> A(2,3)=NaN
A =
   17   24    1    8   15
   23    5  NaN   14   16
    4    6   13   20   22
   10   12   19   21    3
   11   18   25    2    9
>> sum(A)
ans =
   65   65  NaN   65   65
```

2.5.3　删除非法项

在 MATLAB 语言中,对数据进行分析和统计之前,要把 NaN 从数据中清除去,这通常被称为数据的预处理。表 2 - 9 列出了几种删除数据矩阵中 NaN 的方法。

表 2 - 9　删除数据矩阵中 NaN 的方法

语　句	功　能
I=find(~isnan(X));　X=X(i)	找出数据中的非 NaN,并保留下来
X=X(find(~isnan(X)))	从数据中删除 NaN
X=X(~isnan(X))	从数据中删除 NaN(速度快)
X(any(isnan(X))',:)=[ ]	删除所有包含 NaN 的行
X(isnan(X))=[ ]	从数据中删除 NaN

【例 2 - 35】 删除数据中的 NaN。

```
>> x＝[1 2 3 4 5 NaN 7 8 9]
x ＝
     1     2     3     4     5   NaN     7     8     9
>> I＝find(～isnan(x))
I ＝
     1     2     3     4     5     7     8     9
>> x＝x(I)
x ＝
     1     2     3     4     5     7     8     9
>>x＝[1 2 3 4 5 NaN 7 8 9]
x ＝
     1     2     3     4     5   NaN     7     8     9
>> x＝x(～isnan(x))
x ＝
     1     2     3     4     5     7     8     9
>> x＝[1 2 3 4 5 NaN 7 8 9]
x ＝
     1     2     3     4     5   NaN     7     8     9
>> x(isnan(x))＝[]
x ＝
     1     2     3     4     5     7     8     9
>> A＝magic(4);
>>A(2,3)＝NaN
A ＝
    16     2     3    13
     5    11   NaN     8
     9     7     6    12
     4    14    15     1

>> A(any(isnan(A)'),:)＝[]
A ＝
    16     2     3    13
     9     7     6    12
     4    14    15     1
```

2.5.4 回归及曲线拟合

在实际的工程应用中，人们往往只能测得一些离散的数据点，为了从这些离散的数据点中找到其内在的规律性，就需要利用这些离散的数据点，运用曲线拟合的方法生成一个新的多项式或函数来逼近这些已知的离散数据点。MATLAB 语言的曲线拟合函数是 polyfit。利用MATLAB 语言强大的计算功能和绘图功能，用户可以很方便地进行曲线拟合并绘制出曲线拟合图。

【例 2 - 36】 离散数据的曲线拟合。

```
>> x=0.5:0.5:3.0;   %给出 x 的值
y=[1.75 2.25 3.21 4.8 7.5 8.6];   %给出 y 的值
p1=polyfit(x,y,1)    %求出 1 次拟合
p1 =
     2.9480    -0.4740
>> p2=polyfit(x,y,4)    %求出 4 次拟合
p2 =
    -0.9600    6.0637    -11.8544    10.1369    -1.0667
>> y1=polyval(p1,x);
>> y2=polyval(p2,x);
>> plot(x,y,'o',x,y1,':',x,y2,'-')
>>xlabel('x'),ylabel('y')
```

一次曲线拟合求出的多项式函数为 $y_1(x)=2.948x-0.474$；而四次曲线拟合求出的多项式为 $y_2(x)=-0.96x^4+6.063\,7x^3-11.854\,4x^2+10.136\,9x-1.066\,7$。图 2-1 给出不同阶次曲线拟合的效果，其中"o"表示原离散数据点，点线表示一次多项式直线拟合，实线表示四次多项式曲线拟合。从图中可以看出，拟合多项式的次数越高，拟合效果越好。

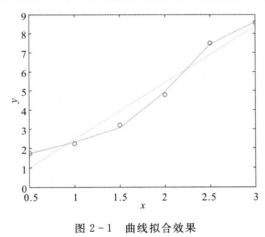

图 2-1　曲线拟合效果

2.6　矩　阵　函　数

MATLAB 语言的数学计算与数据处理的能力之所以强大，主要是因为它的矩阵函数的功能强大。MATLAB 中常用的矩阵分解运算方法有三角分解法、正交分解法、奇异值分解法和特征值分解法等。

2.6.1　三角分解法

三角分解（LU 分解）是矩阵分解的基本方法，它在线性方程组的直接解法中有重要的应用。由数值分析的知识可知，一个非奇异矩阵 **A**，如果其顺序主子式均不为零，则存在唯一的下三角矩阵 **L** 和上三角矩阵 **U**，使得 **A**＝**LU**。在 MATLAB 中，矩阵的三角分解可以由命令函数 lu 实现。

【例 2 – 37】 矩阵的三角分解。

```
>> x=magic(5);
>> x(2,3)=7
x =
    17    24     1     8    15
    23     5     7    14    16
     4     6    13    20    22
    10    12    19    21     3
    11    18    25     2     9
>> [L,U]=lu(x)    %产生下三角和上三角矩阵 L 和 U,使 x=LU
L =
    0.7391    1.0000         0         0         0
    1.0000         0         0         0         0
    0.1739    0.2527    0.5164    1.0000         0
    0.4348    0.4839    0.7231    0.9231    1.0000
    0.4783    0.7687    1.0000         0         0
U =
   23.0000    5.0000    7.0000   14.0000   16.0000
         0   20.3043   -4.1739   -2.3478    3.1739
         0         0   24.8608   -2.8908   -1.0921
         0         0         0   19.6512   18.9793
         0         0         0         0  -22.2222
>> [L,U,P]=lu(x)    %产生下三角和上三角矩阵 L 和 U,交换矩阵 P,使 Px=LU
L =
    1.0000         0         0         0         0
    0.7391    1.0000         0         0         0
    0.4783    0.7687    1.0000         0         0
    0.1739    0.2527    0.5164    1.0000         0
    0.4348    0.4839    0.7231    0.9231    1.0000
U =
   23.0000    5.0000    7.0000   14.0000   16.0000
         0   20.3043   -4.1739   -2.3478    3.1739
         0         0   24.8608   -2.8908   -1.0921
         0         0         0   19.6512   18.9793
         0         0         0         0  -22.2222
P =
     0     1     0     0     0
     1     0     0     0     0
     0     0     0     0     1
     0     0     1     0     0
     0     0     0     1     0
```

2.6.2 正交分解法

在数值分析中,为了求矩阵的特征值,引入了一种矩阵的正交分解方法,即 QR 法。如果

矩阵 A 非奇异,则存在一个正交矩阵 Q 和一个上三角矩阵 R,使得 $A=QR$。当矩阵 A 的对角线元素都为正数时,QR 分解是唯一的。在 MATLAB 语言中,矩阵的 QR 正交分解由命令函数 qr 实现。

【例 2-38】 矩阵的正交分解。

```
>> x=magic(4);
>>x(2,3)=8
x =
    16     2     3    13
     5    11     8     8
     9     7     6    12
     4    14    15     1
>> [Q,R]=qr(x)    %产生一个正交换矩阵 Q 和一个上三角矩阵 R,使 x=QR
Q =
   -0.8230    0.4186    0.1888   -0.3345
   -0.2572   -0.5155   -0.7065   -0.4111
   -0.4629   -0.1305   -0.2288    0.8464
   -0.2057   -0.7363    0.6425   -0.0524
R =
  -19.4422  -10.5955  -10.3898  -18.5164
   0 -16.0541  -14.6950   -0.9848
         0         0    3.1797   -5.2999
         0         0         0    2.4666
>> [Q,R,E]=qr(x)    %产生一个正交换矩阵 Q、一个上三角矩阵 R 和一个交换矩阵 E,使 xE=QR
Q =
   -0.8230    0.4186    0.3123   -0.2236
   -0.2572   -0.5155   -0.4671   -0.6708
   -0.4629   -0.1305   -0.5645    0.6708
   -0.2057   -0.7363    0.6046    0.2236
R =
  -19.4422  -10.5955  -18.5164  -10.3898
   0 -16.0541   -0.9848  -14.6950
         0         0   -5.8458    2.8828
         0         0         0    1.3416
E =
     1     0     0     0
     0     1     0     0
     0     0     0     1
     0     0     1     0
```

2.6.3　奇异值分解法

对任意矩阵 A,总有 $A^{\mathrm{T}}A \geqslant 0$,$AA^{\mathrm{T}} \geqslant 0$,且有 $\mathrm{rank}(A^{\mathrm{T}}A) = \mathrm{rank}(AA^{\mathrm{T}}) = \mathrm{rank}(A)$。可以证明,$A^{\mathrm{T}}A$ 与 AA^{T} 具有相同的非零特征值,这些非零特征值总是正数。通常把这些非零特征值

的二次方根称为矩阵 **A** 的奇异值。奇异值是矩阵的一种测度,它决定矩阵的性态。在 MAT-LAB 中,矩阵的奇异值分解可以通过命令函数 svd 来实现。

【例 2 - 39】 矩阵的奇异值分解。

```
>> X=magic(4);
>>X(2,3)=8
X =
     16     2     3    13
      5    11     8     8
      9     7     6    12
      4    14    15     1
>> [U,S,V]=svd(X)    %生成对角矩阵 S,正交矩阵 U、V,使 X=USV
U =
    -0.5153     0.6548     0.4902    -0.2557
    -0.4759    -0.1923    -0.5754    -0.6367
    -0.5101     0.2031    -0.4354     0.7134
    -0.4977    -0.7021     0.4889     0.1424
S =
    33.5250          0          0          0
          0    17.6798          0          0
          0          0     4.7700          0
          0          0          0     0.8659
V =
    -0.5132     0.4827     0.6297    -0.3272
    -0.5013    -0.5212    -0.3256    -0.6092
    -0.4737    -0.5027     0.3329     0.6420
    -0.5108     0.4926    -0.6218     0.3313
```

2.6.4 特征值分解法

在 MATLAB 语言中,矩阵的特征值分解是利用命令函数 eig 来实现的。

【例 2 - 40】 矩阵的特征值分解。

```
>> X=magic(4)    %生成矩阵 V、D,其中 V 是以矩阵 X 的特征向量作为列向量组成的矩阵,D 是以
```
矩阵

X 的特征值作为对角元素组成的矩阵,使 XV=VD

```
X =
     16     2     3    13
      5    11    10     8
      9     7     6    12
      4    14    15     1
>> [V,D]=eig(X)
V =
    -0.5000    -0.8236     0.3764    -0.2236
    -0.5000     0.4236     0.0236    -0.6708
```

−0.5000	0.0236	0.4236	0.6708
−0.5000	0.3764	−0.8236	0.2236

D =

34.0000	0	0	0
0	8.9443	0	0
0	0	−8.9443	0
0	0	0	−0.0000

2.6.5　矩阵的秩

矩阵的秩就是矩阵中线性无关的行数和列数。矩阵的秩是线性代数中相当重要的概念之一。通常矩阵都可以经过初等行变换或列变换,将其转化为行阶梯形矩阵,而行阶梯形矩阵所包含的非零行的行数是一定的,这个确定的非零行的行数就是矩阵的秩。在 MATLAB 语言中,矩阵的秩可以通过命令函数 rank 来求得。

【例 2－41】　求矩阵的秩。

```
>> X＝magic(4)
X =
    16     2     3    13
     5    11    10     8
     9     7     6    12
     4    14    15     1
>> rank(X)
ans =
     3
```

2.6.6　多项式

MATLAB 中有许多关于多项式的内部函数,其中包含多项式的定义函数和多项式的运算函数。

1. 多项式的定义

在 MATLAB 语言中,多项式有两种定义方式。

(1)直接输入。MATLAB 采用行向量表示多项式,将多项式的系数按降幂次序存放在行向量中即可。

【例 2－42】　直接输入多项式。

```
>> P＝[1 −3 4 −12];
>> poly2sym(P)    ％符号工具箱中的函数,将多项式向量表示为符号多项式的形式
ans =
x^3 − 3 * x^2 + 4 * x − 12
```

(2)用命令 poly 创建。如果 **A** 是矩阵,则 poly(**A**)将创建矩阵 **A** 的特征多项式;如果 **A** 是向量,则 poly(**A**)将创建以 **A** 中各元素为根的多项式。

【例 2－43】　用 poly 创建多项式。

```
>> A＝[1 3 5;2 4 6;7 8 9]
A =
```

```
         1     3     5
         2     4     6
         7     8     9
>> poly(A)
ans =
1.0000   −14.0000   −40.0000   −0.0000
>> b=[1 3 5]
b =
         1     3     5
>> poly(b)
ans =
         1     −9     23     −15
```

2. 多项式的运算

MATLAB 语言提供了大量关于多项式运算的内部函数。表 2-10 列出了常用的多项式运算函数。

表 2-10　多项式运算函数

函　数	功　能
roots	多项式求根
poly	由根创建多项式
polyval	多项式求值
residue	部分分式展开（求留数）
polyfit	多项式曲线拟合
polyder	多项式求导
conv	多项式相乘（卷积）
deconv	多项式相除（解卷）

【例 2-44】　多项式的运算。

```
>> a=[1 3 5 7];
>> b=[3 6 9 10 12];
>> roots(a)   %求多项式 a 的根
ans =
  −2.1795 + 0.0000i
  −0.4102 + 1.7445i
  −0.4102 − 1.7445i
>> polyder(b)   %对多项式 b 求导
ans =
    12    18    18    10
>> conv(a,b)   %求多项式 a 与 b 的乘积
ans =
    3    15    42    88    129    149    130    84
```

2.7　绘　图　函　数

MATLAB 语言数据可视化功能极强,具有各种各样的图形功能函数。在符号函数与数值函数的计算中,不可避免地要绘制函数的图形,这是因为从宏观上看,图形能给出函数最直观的感性特征;而从微观上看,图形能给出函数与其变量间的定量关系。MATLAB 可以根据给出的数据,用绘图函数在屏幕上画出其图形,通过图形对科学计算进行描述。

2.7.1　*XOY* 坐标图

MATLAB 语言用 plot 命令来绘制 *XOY* 平面坐标中的曲线,它是一个功能很强的命令。给出 *X*、*Y* 坐标的值,很容易绘制出 *XOY* 平面坐标图。

【例 2 - 45】　绘制 *XOY* 平面坐标图。

```
>> x=0:pi/36:4 * pi;
>> y=cos(x);
>> plot(x,y);
>> xlabel('x'),ylabel('y');
>> grid
```

所绘制的曲线如图 2 - 2 所示。

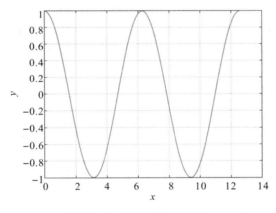

图 2 - 2　*XOY* 平面坐标图

2.7.2　基本格式

MATLAB 语言中的 plot 函数根据输入的变量不同,可以产生许多不同的结果。

1. 输入一个数组

如果 *y* 是一个数组,函数 plot(y,'s') 给出线性直角坐标的二维图,以数组 *y* 中元素的下标作为 *X* 坐标,数组 *y* 中元素作为 *Y* 坐标。并将各点以直线相连,其中's'是用来指定线型、色彩和数据点形状的字符串。

【例 2 - 46】　输入一个数组的 plot 绘图。

```
>> y=3 * (rand(1,9)-0.2)
y =
```

　　−0.1743　　0.6653　　2.1472　　1.7766　　2.2785　　1.3672　　−0.4929　　1.9474
　2.2020
$>>$ plot(y)
$>>$ grid
$>>$xlabel('x'),ylabel('y')
　　所绘制的图形如图 2−3 所示。

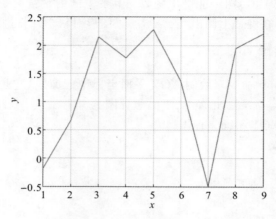

图 2−3　一个数组的 plot 绘图

2.输入两个数组

　　如果数组 x 和 y 具有相同的维数,函数 plot(x,y,'s') 将绘制出以数组 x 的元素作为 X 坐标,以数组 y 的元素作为 Y 坐标。

【例 2−47】　两个数组的 plot 绘图。
$>>$x=0:0.3:2 * pi;
$>>$ y1=exp(−0.1 * x).* cos(x);
$>>$ y2=exp(−0.1 * x).* sin(x+0.2 * pi);
$>>$ plot(x,y1,'k',x,y2,'k:')
$>>$xlabel('x'),ylabel('y');
所绘制的图形如图 2−4 所示。

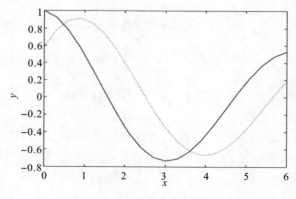

图 2−4　两个数组的 plot 绘图

2.7.3　多条曲线

MATLAB 语言在一张图上绘制多条曲线共有 4 种方法。

1. plot(x,[y1,y2,⋯])命令

plot(x,[y1,y2,⋯])命令中的 x 是向量，$y=[y1,y2,⋯]$ 是矩阵，若 x 是列（行）向量，则 y 的列（行）维数与 x 的维数相同。矩阵 y 的行（列）维数就是所绘制曲线的条数。在这种命令格式下，系统会自动给曲线以不同的颜色。这种方法要求所有的输出变量有同样的维数和同样的自变量向量，且不便于用户自行设定线型和颜色。

2. hold 命令

在绘制前一条曲线后在命令窗口输入 hold 命令，再绘制下一条曲线，这样一来，两条曲线在一幅图中，实际上是将两幅图重叠在一起。当采用这种方法时，所绘制的多幅曲线图中变量的维数可以各不相同，只要每幅图中自变量的维数和因变量的维数相同即可。

3. 在 plot 后使用多输入变量

在 plot 命令后使用多输入变量所用的语句为 plot(x1,y2, x2,y3,..., xn,yn)。其中 x1,y2;x2,y2;...;xn,yn 分别为数组对。每个数组对可以绘制出一条曲线，这样就可以在一张图上绘制多条曲线，各数组对的维数可以不同，且各自都可以加上线型等标志符。

4. plotyy 命令

用 plotyy 命令绘图，它设有两个纵坐标，以便绘制两个 y 坐标尺度不同的变量，但 x 坐标仍用同一个尺度。

【例 2-48】　plotyy 命令绘图。

```
>>x=0:0.02:2*pi;
>> y1=sin(x);
>> x=0:0.05:4*pi;
>> y1=sin(x);
>> y2=5*cos(x);
>>plotyy(x,y1,x,y2)
```

绘制曲线如图 2-5 所示。

5. 多窗口绘图

MATLAB 语言通过使用创建绘图窗口命令 figure(n)可以进行多个图形窗口绘图，其中 n 为创建图形窗口的序号。在使用 plot 命令绘图时，MATLAB 是以缺省方式创建 1 号窗口。即如果窗口存在，则使用 plot 命令在当前窗口绘图；如果窗口不存在，则先缺省执行命令 figure(1)创建 1 号窗口，然后再绘图。MAT-LAB 在进行多窗口绘图时，需要先按照窗口序号创建窗口，然后才可以在指定的窗口绘图。

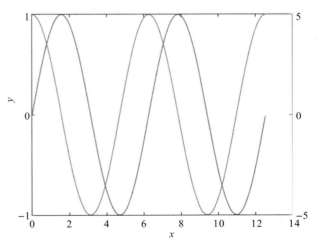

图 2-5　双纵坐标绘图

【例 2 - 49】 多窗口绘图。

```
>> x=0:pi/90:2 * pi;
>> y1=sin(3 * x);
>> plot(x,y1)
>>figure(2)
>> y2=exp(-1.5 * x). * sin(2 * x);
>> plot(x,y2,':')
>>figure(1)
>> grid
>>xlabel('x'),ylabel('y1')
>>figure(2)
>> grid
>>xlabel('x'),ylabel('y2')
```

绘制图形如图 2 - 6 所示。

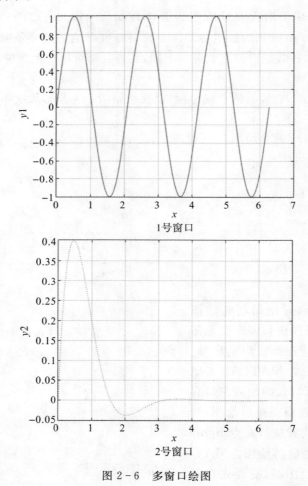

1号窗口

2号窗口

图 2 - 6　多窗口绘图

6.单窗口多曲线子图

MATLAB 语言在一个窗口上可以绘制以阵列方式分布的分图。分图分割命令函数为

subplot(m,n,p),其括号中的逗号可以省略。subplot(mnp)表示在图面的第 m 行、第 n 列的位置作 p 号子图,p 为绘图顺序号,按从左到右,从上到下顺序排列。MATLAB 执行 subplot 命令就指定了当前绘图位置,plot 就在当前分图的位置作图。

【例 2-50】 单窗口多曲线分图绘制。

```
>> x=0:pi/90:2 * pi;
>> y1=sin(2 * x);
>> y2=cos(2 * x);
>> y3=sin(2 * x)+cos(2 * x);
>> y4=sin(2 * x)-cos(2 * x);
>> subplot(221);
>> plot(x,y1);grid;xlabel('x');ylabel('y1');
>> subplot(222);
>> plot(x,y2);grid;xlabel('x');ylabel('y2');
>> subplot(223);
>> plot(x,y3);grid;xlabel('x');ylabel('y3');
>> subplot(224);
>> plot(x,y4);grid;xlabel('x');ylabel('y4');
```

绘制图形如图 2-7 所示。

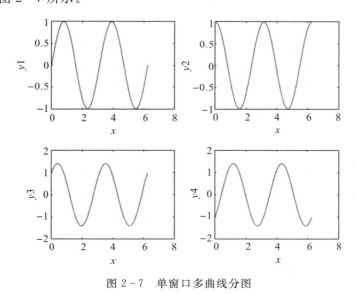

图 2-7 单窗口多曲线分图

2.7.4 线和标号的类型

MATLAB 语言会自动设定所画曲线的颜色和线型。按照默认的设置,MATLAB 将对每一条曲线依次用不同的颜色表示,默认的线型是实线。plot 绘图命令中,在每一对数组数据后面,给 plot 一个附加参量,就可以指定所需要的颜色和线型。表 2-11～表 2-13 分别给出了二维图形颜色、线型和标记的控制字符。

表 2 - 11　颜色控制符

字　符	颜　色	字　符	颜　色
b	蓝色	m	紫红色
c	青色	r	红色
g	绿色	w	白色
k	黑色	y	黄色

表 2 - 12　线型控制符

符　号	线　型	符　号	线　型
—	实线（默认）	:	点连线
— ·	点划线	— —	虚线

表 2 - 13　数据点标记字符

控制符	标　记	控制符	标　记
·	点	h	六角形
+	十字符	p	五角形
o	圆圈	ˇ	下三角
*	星号	ˆ	上三角
×	叉号	>	右三角
s	正方形	<	左三角
d	菱形		

2.7.5　对数坐标、极坐标和直方图

MATLAB 提供了一些特殊坐标二维图形函数,如对数坐标图、极坐标图和直方图等。这些命令与 plot 命令基本类似,不同的是将数据绘制到不同的图形坐标上。

1. 对数坐标图

MATLAB 语言中绘制对数坐标图形的函数有 semilogx、semilogy 和 loglog。其中 semilogx(x,y)命令绘制半对数坐标图形,其 X 轴取以 10 为底的对数坐标,Y 轴为线性坐标; semilogy(x,y)命令绘制半对数坐标图形,其 Y 轴取以 10 为底的对数坐标,X 轴为线性坐标; loglog(x,y)命令绘制全对数坐标图形,其 X、Y 轴都是取以 10 为底的对数坐标图形。

【例 2 - 51】　对数坐标图形。

```
>>x=0:0.05:2;
>> y=10.^x;
>>subplot(221);
>>semilogx(x,y),grid,xlabel('logx'),ylabel('y')
>>subplot(222);
>>semilogy(x,y),grid,xlabel('x'),ylabel('logy')
```

```
>>subplot(223);
>> loglog(x,y),grid,xlabel('logx'),ylabel('logy')
>>subplot(224);
>> plot(x,y),grid,xlabel('x'),ylabel('y')
```

所绘制的图形如图 2-8 所示,其中第一个分图是以 X 轴为对数坐标的半对数坐标图;第二个分图是以 Y 轴为对数坐标的半对数坐标图;第三个分图是全对数坐标图;第四个分图是线性坐标图。

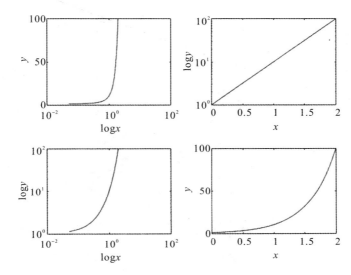

图 2-8　半对数坐标、对数坐标与线性坐标图形

2. 极坐标图

在 MATLAB 中,使用 polar(theta,radius)命令可以绘制相角为 theta,半径为 radius 的极坐标图形。

【例 2-52】　极坐标图形。

```
>> theta=0:0.01:2 * pi;
>> radius=2 * cos(2 * (theta−pi/8));
>> polar(theta,radius)
```

所绘制图形如图 2-9 所示。

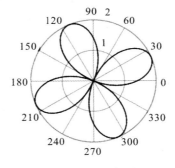

图 2-9　极坐标图

3. 直方图

在研究随机系统时，常常要用到统计直方图。MATLAB 提供 hist 命令函数来绘制描述概率分布的直方图。

【例 2 - 53】 直方图。

```
>> y=randn(1,1000);
>> x=-1.5:0.1:1.5;
>> hist(y,x)
>> xlabel('x')
```

所绘制图形如图 2-10 所示。

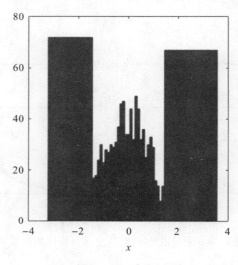

图 2-10　直方图

除了简单的线型图形，MATLAB 语言提供了许多特殊的二维图形的绘制方法，表 2-14 给出了 MATLAB 的二维特殊图形函数。

表 2-14　二维特殊图形函数

函　数	功　能	函　数	功　能
area	填充绘图	fplot	函数图绘制
bar	条形图	hist	直方图
barh	水平条形图	pareto	Pareto 图
comet	慧星图	pie	饼状图
errorbar	误差带图	plotmatrix	分散矩阵绘图
ezplot	简单绘制函数图	ribbon	三维图的二维条状显示图
ezpolar	简单绘制极坐标图	scatter	二维散点图
feather	矢量图	stem	离散序列柄状图
fill	多边形填充图	stairs	阶梯图

2.7.6　三维图和网格曲面图

MATLAB 语言提供了强大的三维图形的绘制功能，绘制三维图形与绘制二维图形在许多方面都很相似，其中曲线的属性设置完全相同。

1. 三维绘图函数 plot3

MATLAB 语言的三维绘图函数 plot3 是函数 plot 的三维扩展。其基本调用格式有两种，与函数 plot 相比，只是维数增加了一个而已。

（1）plot3(x,y,z)：其中 x,y 和 z 为 3 个具有相同维数的向量。函数绘制出这些向量所表示点的曲线。

（2）plot3(X,Y,Z)：其中 X,Y 和 Z 为 3 个具有相同阶数的矩阵。函数绘制出 3 个矩阵的列向量的曲线。

【例 2-54】　三维曲线绘图。

```
>>x=0:pi/90:5 * pi;
>> y=sin(x);
>> z=cos(x);
>> plot3(x,y,z);
>>xlabel('x'),ylabel('y'),zlabel('z');
>> grid
```

所绘制的三维曲线图如图 2-11 所示。

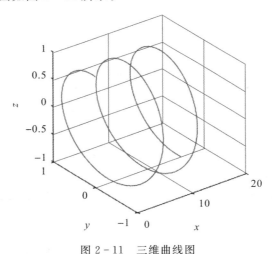

图 2-11　三维曲线图

【例 2-55】　参数为矩阵的三维图。

```
>>x=-2:0.2:2;
>> y=-2:0.2:2;
>> [X,Y]=meshgrid(x,y);% 生成网格点。
>> Z=X. * exp(-X.^2-Y.^2);
>> plot3(X,Y,Z,'k');
>> grid
>>xlabel('x'),ylabel('y'),zlabel('z');
```

```
>> size(Z)
ans =
    21    21
```

所绘制参数为矩阵的三维图如图 2－12 所示。从图中可以看出,图形由多条曲线组成,曲线的条数与矩阵 **Z** 的列数相同。

在例题 2－53 中,应用到了函数 meshgrid,该函数为 MATLAB 网图函数的一种。MATLAB 语言对于网格的处理方法是,将 xOy 平面按指定方式分隔成平面网格,然后根据程序中给定的方式计算第三维变量的值,即 z 轴的值,与对应的 xOy 平面的坐标构成三维点元素,根据由此得到的 (x,z) 和 (y,z) 计算各平面的曲线,彼此相连就构成了网格图。MATLAB 语言提供了一系列的网图函数,见表 2－15。

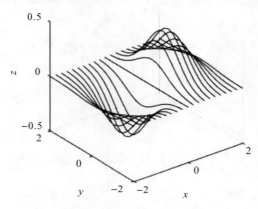

图 2－12　参数为矩阵三维图

表 2－15　网图函数

函　　数	功　　能
mesh	三维网格图
meshc	将网格与等高线结合
meshz	屏蔽的网格图
meshgrid	生成网格点

2.网格曲面图

MATLAB 语言应用函数 mesh 可以绘制三维网格曲面图。其具体的调用方式有两种。

(1) mesh(X,Y,Z):绘制四个矩阵变量的彩色网格曲面图,颜色由矩阵 **C** 设置。

(2) mesh(X,Y,Z,C):使用 C＝Z,即网图高度正比与图高。

在两种调用方式中,矩阵 **X**、**Y** 可以用向量 x、y 来代替,但必须满足向量 x、y 的维数分别等于矩阵 **Z** 列数和行数;或者是 x 为行向量,而 y 为列向量。

【例 2－56】　三维网格曲面图。

```
>> x=-8:0.5:8;
>> y=x';
>> a=ones(size(y)) * x;
```

```
>> b=y * ones(size(x));
>> c=sqrt(a.^2+b.^2)+eps;
>> z=sin(c)./c;
>> mesh(x,y,z)
>> xlabel('x'),ylabel('y'),zlabel('z');
```

所绘制的三维网格曲面图如图 2-13 所示。

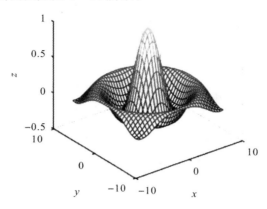

图 2-13　三维网格曲面图

除了三维曲线图和三维网格曲面图,MATLAB 语言还提供了不少特殊的三维图形函数,能够绘制各种类型的三维图。常见的特殊三维图形函数见表 2-16。

表 2-16　三维特殊图形函数

函　数	功　能	函　数	功　能
bar3	三维条形图	surfc	着色图与等高线图结合
comet3	三维慧星轨迹图	trisurf	三角形表面图
ezgraph3	函数控制绘制三维图	trimesh	三角形网格图
pie3	三维饼状图	waterfall	瀑布图
scatter3	三维散点图	cylinder	柱面图
stem3	三维离散数据图	sphere	球面图

2.7.7　屏幕控制

MATLAB 语言绘图的图形屏幕可以开启或关闭,可以同时开几处图形窗口,也可以同时在一个图形窗口内画出几幅分图,分图之间也可以用不同的坐标。MATLAB 语言的屏幕控制函数见表 2-17。下面列出几条常用的可以实现图形窗口间的转换和清除的命令函数。

（1）figure:打开图形窗口。MATLAB 语言中的第一幅图随 plot 命令自动打开,以后的 plot 命令都将图画在同一张图上。如果要画在另一张新图上,就要用函数 figure 打开新的图形窗口。

（2）clf:清除当前图形窗口的内容,图形窗口仍然保持。

（3）hold:保持当前图形窗口的内容,再输入 hold,就解除保持状态。这种拉线开关式的控制有时会造成混乱,可以使用 hold on 和 hold off 命令以得到确定的状态。

(4) close:关闭当前的图形窗口。

(5) close all:关闭 MATLAB 打开的所有图形窗口。

表 2 – 17   图形屏幕控制函数

函　数	功　能	函　数	功　能
figure	创建图形窗口	cla	清除当前坐标系
gcf	获取当前图形窗口的句柄	ishold	保持当前图形状态为真
clf	清除当前图形窗口	box	形成轴系方向
shg	显示图形	line	创建直线
refresh	刷新图形	patch	创建图形填充块
close	关闭图形窗口	image	创建图像
axes	在任意位置创建坐标系	surface	创建曲面
gca	获取当前坐标系的句柄	light	创建照明

2.7.8　坐标比例的选择

MATLAB 语言用 axis 命令对绘制图形的坐标轴进行调整。axis 命令的功能非常丰富,可以用它来控制坐标轴的比例和特性。

1. 坐标轴比例控制

函数 axis([xmin xmax ymin ymax])将图形的 x 轴范围限定在[xmin，xmax]之间;y 轴的范围限定在[ymin，ymax]之间。当用 MATLAB 绘制图形时,按照给定的数据值确定坐标轴参数范围。对坐标轴范围参数的修改,相当与对原来的图形进行放大或缩小处理。三维图形的坐标比例控制函数 axis([xmin xmax ymin ymax zmin zmax]),它在二维的基础上,将图形的 z 轴范围限定在[zmin，zmax]之间

2. 坐标轴特性控制

在函数 axis 中内含不同的控制字符串参数,可以对坐标轴特性进行控制。其控制功能见表 2 – 18。

表 2 – 18　axis 控制字符及功能

字　符	功　能
auto	自动设置坐标系(默认):xmin＝min(x);xmax＝max(x) ymin＝min(y);ymax＝max(y)
square	将图形设置为正方形图形
equal	将图形的 x、y 坐标轴单位刻度设置为相等
mormal	关闭 axis(square)和 axis(equal)命令的作用
xy	使用笛卡儿坐标系
ij	使用矩阵坐标系。即坐标原点在左上方,x 坐标从左向右增大,y 坐标从上向下增大

续 表

字　符	功　　能
on	打开所有轴标注、标记和背景
off	关闭所有轴标注、标记和背景

3. 坐标轴刻度、分格线和坐标框设置

(1)刻度设置。MATLAB 语言中没有现成的高层指令用于设置坐标刻度,因此必须通过对象图柄指令设置坐标刻度。set(gca,'Xtick', xs,'Ytick', ys)的功能是设置二维图形坐标刻度;set(gca, 'Xtick', xs,'Ytick', ys,'Ztick', zs)的功能是设置三维图形坐标刻度。

(2)分格线。函数 grid 的功能为是否画分格线的拉线开关式指令,其作用是使当前分格线状态翻转;grid on 为画出分格线;grid off 为不画分格线。

(3)坐标框。在缺省情况下,MATLAB 绘图所画坐标呈封闭形式。如果需要用开启形式坐标系,则需要用坐标框设置指令。函数 box 为是坐标形式在封闭式和开启式之间进行切换的指令;box on 使当前坐标呈封闭形式;box off 使当前坐标呈开启形式。

2.7.9　图形输出

在 MATLAB 中生成的图形或图像,既可以导入 Word、Corel Draw 和 LaTeX 等文字处理器,也可通过打印机或绘图仪打印输出。MATLAB 语言可以用两种不同的方式输出当前的图形。一方面,可以通过命令菜单或工具栏中的打印选项来输出,且菜单打印输出的实现非常简单;另一方面,可以使用 MATLAB 语言提供的内置打印引擎或系统的打印服务来实现。MATLAB 语言中实现命令打印的函数是 print。其调用格式为 print'控制字符串',控制字符串可以为空,也可以为字符串 - s、- device - options、- device - options filename 等。如果控制字符串为空,系统将当前的图形加载到默认的打印机上,这也是 print 函数常用的调用格式。print - s 的使用方法与不加控制字符串相同,只是所打印的对象应为 Simulink 的模型。使用 print - device - options 调用格式将对打印设备及属性进行简单控制。当使用 print - device - options filename 调用格式时,系统将把图形直接输出到相应的文件而不是打印机。

2.8　控　制　流　程

在 MATLAB 语言中,程序的控制非常重要,用户只有熟练掌握了这方面的内容,才能编制出高质量的应用程序。实现流程控制的语句包括循环语句和条件语句,它们决定了运算的过程和路径。循环语句和条件语句包含在每一种可以用于科学计算的高级语言程序中,它们更适合人的思维,扩展了计算功能,节省语句,从而使程序看起来更加简洁和清晰。当在计算中遇到许多有规律的重复运算时,MATLAB 语言同其他高级程序语言一样也提供了循环语句,可以很方便地实现循环操作。MATLAB 语言提供了两种循环方式,即 for 循环和 while 循环。在编写程序时,往往要根据一定的条件进行一定的选择来执行不同的语句,MATLAB 可以用 if 分支语句来控制程序的进程。

2.8.1　for 循环

for 循环的主要特点有两方面,一方面它的循环判断条件通常就是对循环次数的判断,即 for 循环语句的循环次数是预先设定好的;另一方面它可以多次嵌套 for 循环或者是与其他的结构形式嵌套使用。它的使用格式为

```
for  i＝表达式
    执行语句,……,执行语句
end
```

表达式是一个向量,其形式可以是 m:s:n,其中 m、s 和 n 可以为整数、小数或是负数。但是当 n＞m 时,s 必为大于 0 的数;而当 n＜m 时,s 必须为小于 0 的数。表达式也可以为 m:n 这样的形式,此时,s 的值默认为 1,n 必须大于 m。用户还可以直接将一个向量赋值给 i,此时程序将穷尽该向量的每一个值。i 还可以是字符串、字符串矩阵或是由字符串组成的单元阵。

【例 2－57】 for 循环的使用。

```
>> for  i＝1:10
        x(i)＝i^2;
    end
>> x
x =
  Columns 1 through 14
    1.0000    4.0000    9.0000   16.0000   25.0000   36.0000   49.0000   64.0000   81.0000
    100.0000   -3.0000   -2.5000   -2.0000   -1.5000
  Columns 15 through 28
    -1.0000   -0.5000        0    0.5000    1.0000    1.5000    2.0000    2.5000
    3.0000    3.5000    4.0000    4.5000    5.0000    5.5000
  Columns 29 through 33
    6.0000    6.5000    7.0000    7.5000    8.0000
>>whos
  Name        Size              Bytes  Class     Attributes

  i           1x1                   8  double
  x           1x33                264  double
```

【例 2－58】 for 循环的嵌套使用。

```
>> for k＝1:5
for i＝1:5
x(k,i)＝1/(k+i-1);
end
end
>> x
x =
    1.0000    0.5000    0.3333    0.2500    0.2000
    0.5000    0.3333    0.2500    0.2000    0.1667
```

0.3333	0.2500	0.2000	0.1667	0.1429
0.2500	0.2000	0.1667	0.1429	0.1250
0.2000	0.1667	0.1429	0.1250	0.1111

2.8.2　while 循环

与 for 循环不同,while 循环的判断控制语句可以是逻辑判断语句,因此,它的循环次数可以是一个不定数。这样一来,MATLAB 语言就赋予了 while 循环比 for 循环有更为广泛的用途。while 循环使用的通用格式为

```
while　表达式
        执行语句
end
```

在这个循环中,只要表达式的值不为假,程序就会一直运行下去,用户必须注意,当程序设计出现了问题,比如表达式的值总是为真时,程序将陷入死循环。因此在使用 while 循环时一定要在执行语句中设置使表达式的值为假的情况。

2.8.3　if 语句

在 MATLAB 语言中,利用 if 语句可以实现对程序进行分支条件控制。if 语句的结构通常有三种形式。

1. 一种选择

当 if 语句只有一种选择时,它的程序结构为

```
if　表达式
        执行语句
end
```

这是 if 语句最简单的一种应用形式,它只是一个判断语句,当表达式为真时,执行语句被执行;否则不予执行。

2. 两种选择

当 if 语句有两种选择时,它的程序结构为

```
if　表达式
        执行语句 1
else
        执行语句 2
end
```

此时,如果表达式为真,则系统将运行执行语句 1;如果表达式为假,则系统将运行执行语句 2。

3. 三种或者三种以上选择

当 if 语句有三种或者更多选择时,它的程序结构为

```
if　表达式 1
        表达式 1 为真时的执行语句 1
elseif　表达式 2
        表达式 2 为真时的执行语句 2
elseif　表达式 3
```

　　　　表达式 3 为真时的执行语句 3

elseif　表达式 4

　　　　表达式 4 为真时的执行语句 4

……

　　　　……

else

　　　　所有表达式都为假时的执行语句

end

在这种情况下,当运行到程序的某一条表达式为真时,则执行与之相关的执行语句,此时系统将不再检验其他的关系表达式。在实际应用中,最后的 else 命令可有可无。

【例 2-59】　if 语句的使用。

```
>> for i=1:10
if i<8
x(i)=i^2;
end
end
>> x=
      1      4      9      16      25      36      49
```

2.9　M　文　件

MATLAB 语言程序代码所编写的文件通常以". m"作为扩展名,因此这些文件被称为 M 文件。M 文件是一个 ASCII 码文件,可以用任何字处理软件来编写,MATLAB 的程序在第一次运行时由于要逐句解释运行程序,所以其速度较慢;但 M 文件一经运行就将编译代码放在内存中,再次运行的速度就大大加快了。MATLAB 语言的 M 文件有文本文件和函数文件两种,其中 M 函数文件是 MATLAB 程序设计的主流。

MATLAB 语言的文本文件比较简单,当用户需要在命令窗口运行大量的命令时,直接从命令窗口逐条输入就比较烦琐,可以将这一组命令存放在文本文件中,运行时只需要在命令窗口中输入文本文件名,MATLAB 就会自动执行该文件的所有命令。MATLAB 的文本文件有三个方面的特点:

(1)文本文件中的命令格式和前后位置,与在命令窗口中输入的没有任何区别。

(2) MATLAB 在运行文本文件时,只是简单地按顺序从文件中逐条读取命令,并送到 MATLAB 命令窗口中去执行。

(3)与在命令窗口中直接运行命令一样,文本文件运行产生的变量都驻留在 MATLAB 的工作空间中,可以很方便地查看变量,除非用 clear 命令清除工作空间;文本文件的所有命令可以访问工作空间的所有数据,在这种情况下,要注意避免变量的覆盖而造成程序出现错误。

【例 2-60】　编写一个文本文件,求 $\sin(1)$、$\sin(2)$、…、$\sin(10)$ 的值。

在 MATLAB 的命令窗口中输入 edit 命令,或是单击常用工具栏上的"新建"图标,打开 MATLAB 的"编辑/调试"窗口。在"编辑/调试"窗口中按顺序输入下面的命令语句:

％该文件用于顺次求出从 $\sin(1)$ 到 $\sin(10)$ 的值。

```
for i=1:10
a=sin(i);
fprintf('sin(%d)=',i)
fprintf('%12.8f\n',a)
end
```

　将该文本文件以文件名 sinvalue.m 保存在 MATLAB 的 work 文件夹中,然后在命令窗口输入 sinvalue,系统运行的结果为

```
>>sinvalue
sin(1)=    0.84147098
sin(2)=    0.90929743
sin(3)=    0.14112001
sin(4)=  -0.75680250
sin(5)=  -0.95892427
sin(6)=  -0.27941550
sin(7)=    0.65698660
sin(8)=    0.98935825
sin(9)=    0.41211849
sin(10)=  -0.54402111
```

2.10　输入和输出数据

　储存 MATLAB 工作空间中的变量,可以使用 save 命令,它将变量以二进制的方式储存与文件后缀名为 mat 的文档中。使用 save 命令的格式有以下六种。

　(1) save:当仅输入 save 命令时,会将工作空间中的所有变量储存到文件名为 matlab.mat 的二进制 mat 文档中。

　(2) save filename:指定储存的文件名,会将工作空间中的所有变量储存到文件名为 filename.mat 的二进制 mat 文档中。

　(3) save filename x y z:此时只将变量 x、y、z 储存到文件名为 filename.mat 的二进制 mat 文档中。

　(4) save filename u w － append:将变量 u、w 添加到文件名为 filename.mat 的二进制 mat 文档中。

　(5) save filename u w － ascii:将变量 u、w 保存到文件名为 filename.mat 的 8 位 ASCII 文档。

　(6) save filename u w － ascii － double:将变量 u、w 保存到文件名为 filename.mat 的 16 位 ASCII 文档。

　要将保存在文件中的变量从文件中读取出来,可以在 MATLAB 命令窗口中输入 load 命令,使用 load 命令的格式有三种。

　(1) load filename:系统会在默认的路径中自动寻找文件名为 filename.mat 的文档,并以二进制格式输入。如果当前路径下没有文件名为 filename.mat 的文档,系统就会另外寻找文件名为 filename 的文件,并以 ASCII 格式输入。

(2) load filename - ascii:系统强制将文件名为 filename 的文件作为 ASCII 文件输入。

(3) load filename - mat:系统强制将文件名为 filename 的文件作为 MAT 文件输入。

2.11   Simulink 仿真工具箱

Simulink 是可视化动态系统仿真环境,1990 年由 Math Works 软件公司为 MATLAB 提供的新的控制系统模型图输入与仿真工具,该工具很快就在控制工程界获得了广泛的认可,使得仿真软件进入了模型化图形组态阶段。Simulink 提供了一些按功能分类的基本的系统模块,用户只需要知道这些模块的输入输出及模块的功能,而不必考察模块内部是如何实现的,通过对这些基本模块的调用,再将它们连接起来就可以构成所需要的系统模型(以.mdl 文件进行存取),进而进行仿真与分析。因此用户可以把更多的精力投入到系统模型的构建,而非编程语言上。

2.11.1   Simulink 建模

1. Simulink 模型窗口的建立

启动 Simulink 之前必须首先运行 MATLAB,然后才能启动 Simulink 并建立系统模型。如图 2-14 所示为图形库浏览器界面。

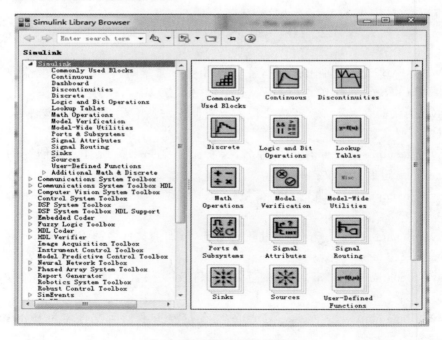

图 2-14   图形库浏览器界面

在 Simulink 环境下,打开一个空白的模型窗口有几种方法:

(1)在 MATLAB 的命令窗口中选择 File→New→New Model 菜单项。

(2)单击 Simulink 工具栏中的"新建模型"图标。

(3)选中 Simulink 菜单系统中的 File→New→Model 菜单项。

(4)还可以使用 new - system 命令来建立新模型。

无论采用哪种方式,都将自动地打开一个空白模型编辑窗口,模型编辑窗口由标题、功能菜单和用户模型编辑区三部分组成。在模型编辑窗口中允许用户对系统的结构图进行编辑、修改和仿真。将在后面各小节中将详细介绍模型的编辑、处理、仿真的方法。

绘制系统结构框图必须在用户模型编辑区进行,结构图中所需的模块,可直接从 Simulink 库浏览窗口中的各模块库里通过复制相应的标准模块得到。模型编辑窗口的标题扩展名为. mdl。

2. Simulink 模块库简介

在 MATLAB 命令窗口下给出 Simulink 命令,也可以单击 MATLAB 工具栏中的 Simulink 图标,打开如图 2 - 15 所示的 Simulink 模块集窗口。

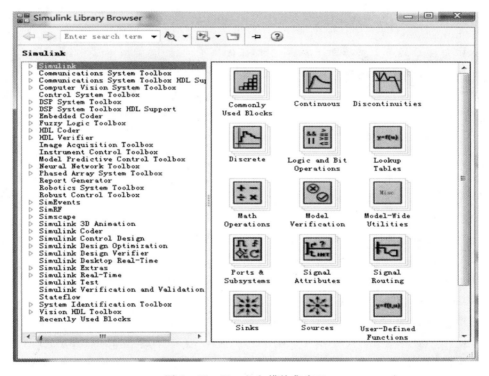

图 2 - 15　Simulink 模块集窗口

(1)Simulink 模块集窗口。

Simulink 模块集窗口由标题、标准模块库和功能菜单组成。

1)Continuous(连续系统模块库)。

2)Discrete(离散系统模块库)。

3)DisContinuities(非连续系统模块库)。

4)Signal Routing（信号路由模块库）。

5)Signal Attributes（信号属性模块库）。

6)Math Operations（数学运算模块库）。

7)Logic & Bit Operations（逻辑和位操作模块库）。

8)Lookup Tables（查表模块库）。

9)User Defined Functions（用户自定义函数模块库）。

10)Sinks（接收模块库）。

11)Sources（信号源模块库）。

13)Model Verification（模型检测模块库）。

14)Ports & Subsystems（端口与子系统模块库）。

15)Model－Wide Utilities（模型扩展功能模块库）。

16)Commonly Used Blocks（常用模块库）。

17)Blocksets& Toolboxes（模块集和工具箱）。

以上模块库均可采用双击左键的形式打开，显示每个模块所包含的标准模块及功能。

(2)Simulink 模块库使用。

对 Simulink 库浏览器的基本操作如下：

1)使用鼠标左键单击系统模块库，如果模块库为多层结构，则单击"＋"号载入库。

2)使用鼠标右键单击系统模块库，在单独的窗口打开库。

3)使用鼠标左键单击系统模块，在模块描述栏中显示此模块的描述。

4)使用鼠标右键单击系统模块，可以得到系统模块的帮助信息，将系统模块插入到系统模型中，查看系统模块的参数设置，以及回到系统模块的上一层库。

3.仿真模型构建

Simulink 采用框图直接"提取"的方法来构造仿真模型，系统仿真模型的创建就是在 Simulink 环境下绘制控制系统结构图的过程。

(1)模型编辑。

为了建立面向结构图的被控系统的仿真模型，首先要打开一个标题为"Untitled"的空白模型编辑窗口，如图 2－16 所示。其编辑窗口创建有以下 3 种方法：

1)在 Simulink 库浏览窗口中，单击工具栏中的新建快捷键。

2)在 Simulink 的标准模块库窗口中选择菜单命令 File→New→Model。

3)在 MATLAB6.X/7.X 操作界面中，选择菜单命令 File→New→Model；或在 MATLAB8.X 操作界面的主页（HOME）中，利用新建（New）菜单下的 Simulink Model 命令。

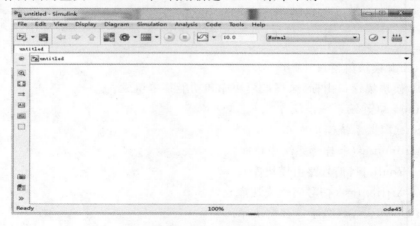

图 2－16　仿真操作界面

(2)模块的保存。

在模型编辑窗口中编辑好的系统仿真模型,可利用窗口中的菜单命令 File→Save 将其保存为模型文件,其扩展名为".mdl",也可用窗口中的菜单命令 File→Save as 将其任意更名保存。

4.仿真过程的设置

构建好一个系统的模型之后,接下来的事情就是运行模型,得出仿真结果。运行一个仿真的完整过程分成三个步骤:设置仿真参数、启动仿真、仿真结果分析。

(1)设置仿真参数和选择解法器。

设置仿真参数和选择解法器,选择 Simulation 菜单下的 Parameters 命令,就会弹出一个仿真参数对话框,它主要用三个页面来管理仿真的参数。

Solver 页,它允许用户设置仿真的开始和结束时间,选择解法器,说明解法器参数及选择一些输出选项。

1)仿真时间。注意这里的时间概念与真实的时间并不一样,只是计算机仿真中对时间的一种表示,比如 10 s 的仿真时间,如果采样步长定为 0.1,则需要执行 100 步;若把步长减小,则采样点数增加,那么实际的执行时间就会增加。一般仿真开始时间设为 0,而结束时间视不同的因素而选择。

2)求解器选项。用户在 Type 后面的第一个下拉选项框中指定仿真的步长选取方式,可供选择的有 Variable - step(变步长)和 Fixed - step(固定步长)方式。

变步长模式解法器有 ode45、ode23、ode113、ode15s、ode23s、ode23t、ode23tb 和 discrete。

ode45:缺省值,四/五阶龙格-库塔法,适用于大多数连续或离散系统,但不适用于刚性(stiff)系统。它是单步解法器,也就是说,当在计算 $y(t_n)$ 时,它仅需要最近处理时刻的结果 $y(t_{n-1})$。

ode23:二/三阶龙格-库塔法,它在误差限要求不高和求解的问题不太难的情况下可能会比 ode45 更有效,也是一个单步解法器。

(2)仿真结果分析。

仿真结果可以用数据的形式保存在文件中,也可以用图形的方式直观地显示出来,查看和分析结果曲线对于了解模型的内部结构,以及判断结果的准确性具有重要意义。采用以下方法可绘制模型的输出轨迹。

1)利用示波器模块(Scope)得到输出结果。

2)利用输出接口模块(Out)得到输出结果。

3)通过将数据传送到工作空间模块(To Workspace)得到输出结果。

4.Simulink 系统仿真

在这里,将以典型二阶系统为例,给出如何构建仿真模型,并进行仿真。

【例 2 - 61】　设典型二阶系统的传递函数为

$$G(s) = \frac{Y(s)}{R(s)} = \frac{4}{s^2 + 4\zeta + 4}$$

采用 Simulink 分别对 $\zeta=0.5$ 和 $\zeta=0.707$ 进行系统仿真。

解　建立系统的仿真模型如图 2 - 17 所示。

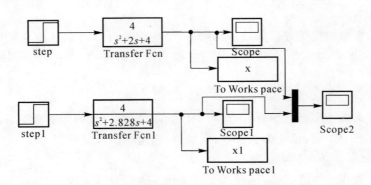

图 2-17 典型二阶系统 Simulink 仿真模型

在 Simulink 环境下完成系统模型的创建之后,设置仿真参数和选择解法器,然后选择 Simulink 菜单下的 start 选项或工具栏中的"启动"按钮,就可以启动仿真。结束时系统会发出鸣叫声。

仿真结果通过示波器观看输出变量的变化情况,也可在 MATLAB 命令窗口中给出绘图命令,图 2-18 所示为系统的时间响应曲线。

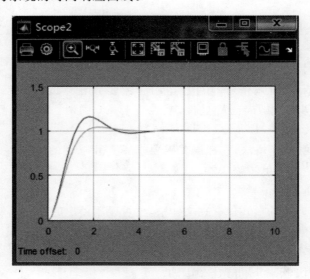

图 2-18 二阶系统单位阶跃响应曲线

根据系统传递函数,可导出用一阶微分方程表示的系统模型为

$$\begin{cases} \dot{x}_1(t) = x_2(t) \\ \dot{x}_2(t) = -4\zeta x_2 - 4x_1 + 4r(t) \\ y(t) = x_1(t) \end{cases}$$

按图 2-19 建立微分方程描述的系统数学模型,仿真结果与图 2-18 所示结果完全相同。

由这个例子可见,很多微分方程实际上都可以由 Simulink 用图示的方法完成仿真,这种思想也可应用于更复杂系统的仿真。

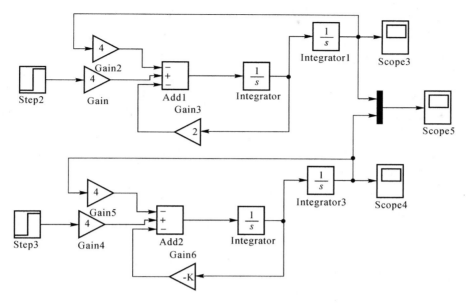

图 2-19   二阶系统微分方程的 Simulink 仿真模型

2.11.2   模糊控制系统的仿真

模糊控制是以模糊集理论、模糊语言变量和模糊逻辑推理为基础的一种智能控制方法,首先将操作人员或专家经验编写成模糊规则,然后将来自传感器的实时信号模糊化,将模糊化的信号作为模糊规则的输入,完成模糊推理,最后将推理后得到的输出量加到执行器上。模糊控制器的组成框图如图 2-20 所示。

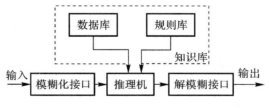

图 2-20   模糊控制器的组成框图

本节以单变量二维模糊控制器实现位置跟踪为例,介绍这种形式的模糊控制器的设计步骤。其设计思想是设计其他模糊控制器的基础。

1. 模糊控制器设计步骤

(1)模糊控制器结构。单变量二维模糊控制器是常见的结构形式如图 2-21 所示。

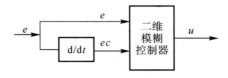

图 2-21   二维模糊控制器

（2）定义输入输出模糊集。对误差 e、误差变化 ec 及控制量 u 的模糊集及其论域定义如下：

e、ec 及 u 的模糊集均为 {NB,NM,NS,ZO.PS,PM,PB}。

e 和 ec 的论域为 {$-3,-2,-1,0,1,2,3$}。

u 的论域为 {$-4.5,-3,-1.5,0,1,3,4.5$}。

（3）定义输入输出隶属函数。误差 e、误差变化 ec 及控制量 u 的模糊集及其论域确定后，需对模糊变量确定隶属函数，即对模糊变量赋值，确定论域内元素对模糊变量的隶属度。

（4）建立模糊控制规则。

根据人的直觉思维推理，由系统输出的误差及误差变化趋势来设计消除系统误差的模糊控制规则，见表 2-19，表中共有 49 条模糊规则，各个模糊语句之间是"或"的关系，由第一条语句所确定的控制规则可以计算出 u1。同理，可以由其余各条语句分别求出控制量 $u_2,\cdots,u_{49}$，则控制量为模糊集和 U，可表示为

$$U = u_1 + u_2 + \cdots + u_{49}$$

表 2-19　模糊控制规则表

U		e						
		NB	NM	NS	ZO	PS	PM	PB
ec	NB	PB	PB	PM	PM	PS	ZO	ZO
	NM	PB	PB	PM	PS	PS	ZO	NS
	NS	PM	PM	PM	PS	ZO	NS	NS
	ZO	PM	PM	PS	ZO	NS	NM	NM
	PS	PS	PS	ZO	NS	NS	NM	NM
	PM	PS	ZO	NS	NM	NM	NM	NB
	PB	ZO	ZO	NM	NM	NM	NB	NB

（5）模糊推理。模糊推理是模糊控制的核心，它利用某种模糊推理算法和模糊规则进行推理，得出最终的控制量。

（6）反模糊化。通过模糊推理得到的结果是一个模糊集合。但在实际模糊控制中，必须要有一个确定值才能控制或驱动执行机构。将模糊推理结果转化为精确值的过程称为反模糊化，本例采用重心法实现反模糊化。

2. 模糊控制器的 MATLAB 仿真

MATLAB 的模糊逻辑工具箱共提供了 5 个 GUI 工具，用来建立模糊逻辑推理系统，它们分别是 FIS（模糊逻辑推理系统）编辑器、隶属函数编辑器、模糊规则编辑器、规则查看器（rule viewer）和表面图像查看器（surface viewer）。这些图形用户界面都动态地连接着，改变其中一个窗口的设置参数，其他的窗口也会自动地作出相应的改变。

若考虑被控制对象为

$$G(s) = \frac{40}{s^2 + 2s}$$

位置跟踪信号取正弦信号 $2\sin(t)$，基于 MATLAB 的模糊控制器仿真步骤如下：

（1）在 MATLAB 的命令窗口输入 fuzzy，然后按"Enter"键，打开 FIS 编辑窗口，如图 2-

22 所示。FIS 编辑器主要是处理模糊推理系统的一些基本问题,例如输入输出变量名,推理函数的选择等。由于本例为二维模糊控制器,所以在菜单 Editc→AddVariable 设置两个输入变量,一个输出变量。

(2)选中 FIS 窗口中的 input1,在右下角编辑区域将这个输入变量的名字改为 e,用同样的方法把 input2(输入变量 2)的名字改为 ec;把 output(输出变量)的名字改为 u,这时 FIS 窗口的状态如图 2－23 所示。

(3)现在开始编辑隶属函数。双击 e 就可以打开输入变量隶属函数的编辑窗口,每个变量默认的隶属函数缺省是 3 个,可通过 Edit→Add MFs 来增加隶属函数曲线的类型和数目。若要删除某个隶属函数,先选中这个隶属函数,然后按下"Delete"键即可。本例选择隶属函数 7 个,分别对应 NB(负大)、NM(负中)、NS(负小)、ZO(零)、PS(正小)、PM(正中)和 PB(正大)。其中 NM、NS、ZO、PS、PM 对应曲线类型设置为 trimf 型,NB 对应曲线类型设置为 zmf 型,而 PB 对应曲线类型设置为 smf 型。设置好的窗口如图 2－24 所示。

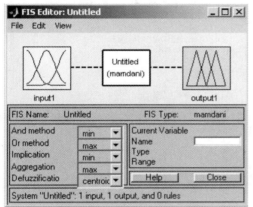

图 2－22　FIS 编辑器

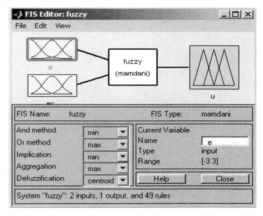

图 2－23　在 FIS 窗口中设置变量的名字

(4)用同样的方法打开另一个变量的隶属函数编辑窗口。设置 7 个隶属函数,分别对应 NB、NM、NS、ZO、PS、PM 和 PB,对应曲线类型设置同上,如图 2－25 所示。

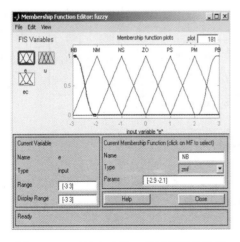

图 2－24　对输入变量 e 隶属函数的设置

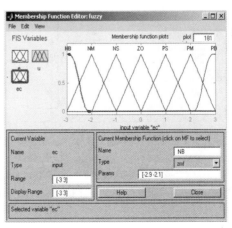

图 2－25　对输入变量 ec 隶属函数的设置

(5)输出变量隶属函数的编辑窗口,用同样的方法设置输出变量 u 的隶属函数。设置 7 个隶属函数,设置好的输出变量隶属函数编辑窗口如图 2-26 所示。

(6)模糊逻辑规则。在 FIS 窗口中,从菜单 Edit 里选择 Rules,打开规则编辑器。根据模糊控制规则表 2-19 进行设置,如图 2-27 所示。

(7)保存设计好的模糊逻辑系统。在主菜单中通过选项 File→Export→To Disk 把设计好的系统命名为 fuzzy.fis 保存到硬盘上。

(8)在 MATLAB 的命令窗口里输入 a=readfis('fuzzy'),可以看到输出信息,这说明已把设计好的 fuzzy.fis 文件读到工作区里了。

(9)接下来就可以设计 Simulink 文件了。通过 MATLAB 命令窗口的工具栏或直接在命令窗口中输入 Simulink,打开 Simulink 的功能模块库,新建一个 Simulink 编辑窗口。

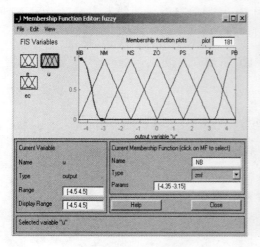

图 2-26　对输出变量 u 隶属函数的设置　　图 2-27　规则编辑器窗口

(10)搭建如图 2-28 所示的 Simulink 模型。

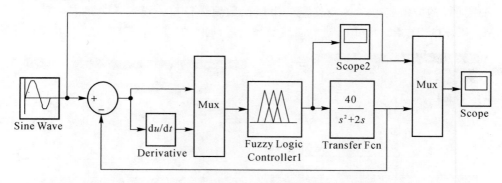

图 2-28　模糊控制位置跟踪的 Simulink 模型

双击 Fuzzy Logic Controller 功能模块,就可以打开一个对话框,如图 2-29 所示。在 FIS matrix 编辑区输入第(8)步中定义的 a,单击 OK 按钮,确认、关闭对话框。

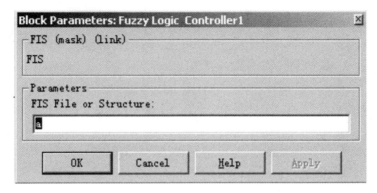

图 2 - 29　仿真环境设置

（11）进行仿真。通过菜单 Simulation→Simulation Parameters 打开仿真环境参数设置对话框，仿真的终止时间设为 30 s。运行结果如图 2 - 30 和图 2 - 31 所示

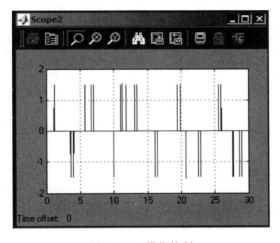

图 2 - 30　模糊控制

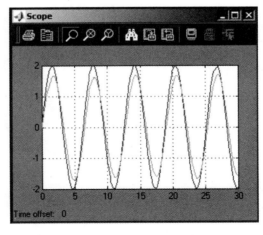

图 2 - 31　正弦位置跟踪

2.12 本 章 小 结

本章从 MATLAB 语言的基本功能,即从它的数值运算、基础绘图和编程等功能入手对 MATLAB 语言最基本的知识进行介绍。这些基本知识包括矩阵运算、向量运算、数组运算、基本初等函数及矩阵函数、数据分析、MATLAB 基础绘图和 MATLAB 编程基础等。这一切不仅是 MATLAB 语言运行的基础,也是应用 MATLAB 进行控制系统仿真的基础。本章还通过示例,介绍了 Simulink 工具箱的功能、仿真模型的建立及仿真过程,读者可以结合后面各章中的仿真示例对 MATLAB/Simulink 与控制系统仿真做更进一步的学习和理解。

第3章 控制系统数学模型及仿真方法

数字仿真是在数字机上建立系统模型并利用模型做实验,因此进行数字仿真首先要建立描述被仿真系统的数学模型,并将此模型转换成计算机可接受且与原模型等价的仿真模型,然后编制程序,使模型在计算机上运行。本章主要讲述控制系统的数学模型及数字仿真的基本理论与方法。

3.1 控制系统数学模型

3.1.1 数学模型

控制系统数学模型是指描述控制系统内部物理量(或变量)之间关系的数学表达式。数学模型可分为静态模型和动态模型。描述变量各阶导数之间关系的微分方程称为动态数学模型;动态模型中变量的各阶导数为零时,微分方程退化为代数方程,该模型称为静态数学模型。

3.1.2 数学模型类型

控制系统常用的数学模型:时域模型有微分方程、差分方程和状态方程等;复频域模型有传递函数、动态结构图、信号流图和频率特性等。控制系统若按数学模型分类,可分为线性和非线性系统,定常系统和时变系统。

1. 微分方程

线性定常系统用下述 n 阶线性微分方程描述:

$$a_n \frac{\mathrm{d}^n c(t)}{\mathrm{d}t^n} + a_{n-1} \frac{\mathrm{d}^{n-1} c(t)}{\mathrm{d}t^{n-1}} + \cdots + a_1 \frac{\mathrm{d}c(t)}{\mathrm{d}t} + a_0 c(t) = b_m \frac{\mathrm{d}^m r(t)}{\mathrm{d}t^m} +$$

$$b_{m-1} \frac{\mathrm{d}^{m-1} r(t)}{\mathrm{d}t^{m-1}} + \cdots + b_1 \frac{\mathrm{d}r(t)}{\mathrm{d}t} + b_0 r(t) \tag{3-1}$$

式中,$c(t)$ 是系统的输出量 $r(t)$ 是系统的输入量;$a_i(i = 0,1,2,\cdots,n)$ 和 $b_j(j = 0,1,2,\cdots,m)$ 是与系统结构和参数有关的常系数 $(n \geqslant m)$。

2. 传递函数

线性定常系统的传递函数定义为零初始条件下,系统(环节)输出量的拉氏变换与输入量的拉氏变换之比。

在微分方程中,设 $r(t)$ 和 $c(t)$ 及其各阶导数在 $t = 0$ 时刻的值均为零,即满足零初始条件,则对微分方程求拉氏变换,根据传递函数的定义可得系统的传递函数为

$$G(s) = \frac{C(s)}{R(s)} = \frac{b_m s^m + b_{m-1} s^{m-1} + \cdots + b_1 s + b_0}{a_n s^n + a_{n-1} s^{n-1} + \cdots + a_1 s + a_0} \quad (n \geqslant m) \tag{3-2}$$

3.状态空间模型

由于微分方程和传递函数都只描述了系统输入和输出之间的关系,为了全面描述系统的内部状态和输入、输出关系,有必要研究状态空间模型。

状态空间描述:状态方程和输出方程共同完成对系统的完整描述,称状态方程和输出方程的组合为状态空间描述或动态方程。

状态方程:描述系统状态变量与输入变量关系的一阶微分(差分)方程组,称为连续(离散)系统的状态方程。状态方程的一般形式为

$$\dot{x} = f[\mathbf{x}(t), \mathbf{u}(t), t] \text{ 或 } \mathbf{x}(k+1) = f[\mathbf{x}(k), \mathbf{u}(k), k] \tag{3-3}$$

输出方程:描述系统输出变量与状态变量及输入变量关系的代数方程,称为输出方程。输出方程的一般形式为

$$\mathbf{y}(t) = g[\mathbf{x}(t), \mathbf{u}(t), t] \text{ 或 } \mathbf{y}(k) = g[\mathbf{x}(k), \mathbf{u}(k), k] \tag{3-4}$$

线性系统的状态空间描述如下:

(1)连续系统。

$$\left. \begin{array}{l} \dot{\mathbf{x}}(t) = \mathbf{A}(t)\mathbf{x}(t) + \mathbf{B}(t)\mathbf{u}(t) \\ \mathbf{y}(t) = \mathbf{C}(t)\mathbf{x}(t) + \mathbf{D}(t)\mathbf{u}(t) \end{array} \right\} \tag{3-5}$$

(2)离散系统。

$$\left. \begin{array}{l} \mathbf{x}(k+1) = \mathbf{A}(k)\mathbf{x}(k) + \mathbf{B}(k)\mathbf{u}(k) \\ \mathbf{y}(k) = \mathbf{C}(k)\mathbf{x}(k) + \mathbf{D}(k)\mathbf{u}(k) \end{array} \right\} \tag{3-6}$$

式中,状态 $\mathbf{x}$、输入 $\mathbf{u}$ 和输出 $\mathbf{y}$ 的维数分别为 n、p 和 q;系统矩阵 $\mathbf{A} \in \mathbf{R}^{n \times n}$;控制矩阵(输入矩阵)$\mathbf{B} \in \mathbf{R}^{n \times p}$;输出矩阵(观测矩阵)$\mathbf{C} \in \mathbf{R}^{q \times n}$;前馈矩阵 $\mathbf{D} \in \mathbf{R}^{q \times p}$。

线性定常系统:线性系统状态空间描述中各系数矩阵均为常数矩阵。一般表达形式为

$$\left. \begin{array}{l} \dot{\mathbf{x}}(t) = \mathbf{A}\mathbf{x}(t) + \mathbf{B}\mathbf{u}(t) \\ \mathbf{y}(t) = \mathbf{C}\mathbf{x}(t) + \mathbf{D}\mathbf{u}(t) \end{array} \right\} \tag{3-7}$$

或

$$\left. \begin{array}{l} \mathbf{x}(k+1) = \mathbf{A}\mathbf{x}(k) + \mathbf{B}\mathbf{u}(k) \\ \mathbf{y}(k) = \mathbf{C}\mathbf{x}(k) + \mathbf{D}\mathbf{u}(k) \end{array} \right\} \tag{3-8}$$

线性系统状态空间描述表明:前馈矩阵对状态变量与输入变量的关系及输出变量与状态变量的关系无任何影响,即系统的动态性能与前馈矩阵无关,故一般情况下可认为 $\mathbf{D} \equiv \mathbf{0}$。此时,系统的状态空间描述为

$$\left. \begin{array}{l} \dot{\mathbf{x}}(t) = \mathbf{A}\mathbf{x}(t) + \mathbf{B}\mathbf{u}(t) \\ \mathbf{y}(t) = \mathbf{C}\mathbf{x}(t) \end{array} \right\} \tag{3-9}$$

或

$$\left. \begin{array}{l} \mathbf{x}(k+1) = \mathbf{A}\mathbf{x}(k) + \mathbf{B}\mathbf{u}(k) \\ \mathbf{y}(k) = \mathbf{C}\mathbf{x}(k) \end{array} \right\} \tag{3-10}$$

3.1.3 数学模型的建立

为了研究控制系统的共同规律,在控制系统分析和设计中,首先要建立系统的数学模型。建立控制系统数学模型的方法有两种,即分析法和实验法。

1.分析法

分析法即根据系统所遵从的物理或化学定律,按照信号传递的顺序,列写相应的微分方程。实验法即采用实验的方法获得系统数学模型。

图 3－1 为电枢控制直流电动机原理图。其输入为电枢电压 $u_a(t)$，输出为电动机转速 $\omega_m(t)$。图中 R_a、L_a 分别为电枢回路的电阻和电感；M_c 是折合到电动机轴上的总负载转矩。假设励磁磁通为常数。

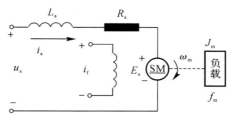

图 3－1　电枢控制直流电机运动控制系统原理图

直流电动机的运动方程由以下三部分组成。

（1）电枢回路电压平衡方程

$$u_a(t) = L_a \frac{di_a(t)}{dt} + R_a i_a(t) + E_a \tag{3-11}$$

式中，E_a 为电枢反电动势，它是电枢旋转时产生的反电动势，其大小与励磁磁通和转速成正比，方向与电枢电压 $u_a(t)$ 相反，即 $E_a(t) = C_e \omega_m(t)$，C_e 是反电势系数。

（2）电磁转矩方程

$$M_m(t) = C_m i_a(t) \tag{3-12}$$

式中，C_m 是电动机转矩系数；$M_m(t)$ 是电枢电流产生的电磁转矩。

（3）电动机轴上的转矩平衡方程

$$J_m \frac{d\omega_m(t)}{dt} + f_m \omega_m(t) = M_m(t) - M_c(t) \tag{3-13}$$

式中，f_m 是电动机和负载折合到电动机轴上的黏性摩擦因数；J_m 是电动机和负载折合到电动机轴上的转动惯量。

式（3－11）、式（3－12）消去中间变量可得

$$L_a J_m \frac{d^2 \omega_m(t)}{dt^2} + (L_a f_m + R_a J_m) \frac{d\omega_m(t)}{dt} + (R_a f_m + C_m C_e) \omega_m(t) =$$

$$C_m u_a(t) - L_a \frac{dM_c(t)}{dt} - R_a M_c(t) \tag{3-14}$$

由于电枢回路的电感 L_a 较小，通常可以忽略不计。所以，式（3－14）可简化为

$$T_m \frac{d\omega_m(t)}{dt} + \omega_m(t) = K_m u_a(t) - K_c M_c(t) \tag{3-15}$$

式中，$T_m = R_a J_m / (R_a f_m + C_m C_e)$ 是电动机机电时间常数；$K_m = C_m / (R_a f_m + C_m C_e)$；$K_c = R_a / (R_a f_m + C_m C_e)$ 是电动机传递系数。

由于实际系统大多都是非线性系统，所以为了研究系统方便，需将非线性系统进行线性化处理，非线性系统线性化的数学依据是泰勒级数展开式。

例如，在管道中流过阀门的流量满足如下方程：

$$Q = K \sqrt{p}$$

式中，K 为比例常数；p 为阀门前后的差压。设流量 Q 与差压 p 工作在平衡点（Q_0，p_0），则根据

泰勒级数展开式有

$$Q = Q_0 + K \frac{1}{2} \frac{1}{\sqrt{p_0}} (p - p_0)$$

$$\Delta Q = K \frac{1}{2} \frac{1}{\sqrt{p_0}} \Delta p$$

即

$$Q = K_p p$$

式中，$K_p = 0.5K \frac{1}{\sqrt{p_0}}$，为常数。

　　用分析法建立系统数学模型的条件是：生产设备的机理必须已为人们充分掌握，并且可以比较准确地进行数学描述。用分析法建模时，有时会出现模型中的某些参数难以确定或建模太复杂，这时就要用实验法来建立系统的数学模型。

　　2. 实验法

　　实验法建立控制系统数学模型可分为经典辨识法和现代辨识法两大类。经典辨识法不考虑测试数据中偶然性误差的影响，它只需对少量的测试数据进行比较简单的数学处理，计算量较小，可以不使用计算机。现代辨识法的特点是可以消除测试数据中的偶然性误差，即噪声带来的影响，为此就需要处理大量的测试数据，计算机是必不可少的工具。

　　用实验法建立被控对象的数学模型，首要的问题是选定模型的结构。工业过程控制系统被控对象常见的数学模型结构如下：

　　一阶惯性加纯滞后对象：

$$G(s) = \frac{Ke^{-\tau s}}{Ts + 1} \tag{3-16}$$

　　二阶惯性加纯滞后对象：

$$G(s) = \frac{Ke^{-\tau s}}{(T_1 s + 1)(T_2 s + 1)} \tag{3-17}$$

　　阶跃响应曲线法。给被控对象施加合适的阶跃输入，可得到阶跃响应曲线如图 3-2 所示。

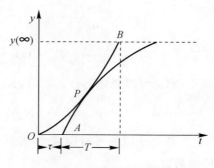

图 3-2　阶跃响应曲线

　　(1)用式(3-16)来拟合图 3-2 所示曲线，确定其中的参数 K、T 和 τ。

　　(a)作图法。设阶跃输入幅值为 Δu，则 K 可按下式求取：

$$K = \frac{y(\infty) - y(0)}{\Delta u} \tag{3-18}$$

T 和 τ 可用作图法来确定，即在如图 3-2 所示拐点 P 处作切线，该切线与时间轴相交于 A 点，与曲线的稳态值渐近线相交于 B 点。图中的 τ 和 T 即为式(3-16)中的 τ 和 T 的值。该方法简单，而且实践表明它可以成功地应用于 PID 控制器的参数整定，故应用比较广泛。

(b)两点法。上述作图法求取参数不够准确，下面采用两点法，即利用阶跃响应曲线 $y(t)$ 上的两点数据去计算 T 和 τ 的值，而 K 的值仍按照式(3-18)计算。

首先，把 $y(t)$ 转换成无量纲形式 $y(t)$，即

$$y^*(t) = \frac{y(t)}{y(\infty)} \tag{3-19}$$

式中，$y(\infty)$ 为 $y(t)$ 的稳态值。

与式(3-16)相对应的阶跃响应无量纲形式为

$$y^*(t) = \begin{cases} 0, & t < \tau \\ 1 - \exp\left(-\dfrac{t-\tau}{T}\right), & t \geqslant \tau \end{cases} \tag{3-20}$$

为求解式(3-20)中的 T 和 τ，必须选择两个时刻 t_1 和 t_2，其中 $t_2 > t_1 \geqslant \tau$。从实验结果中可以得到 $y_1^*(t)$ 和 $y_2^*(t)$ 为

$$\begin{cases} y_1^*(t) = 1 - \exp\left(-\dfrac{t_1-\tau}{T}\right) \\ y_2^*(t) = 1 - \exp\left(-\dfrac{t_2-\tau}{T}\right) \end{cases}$$

解得，

$$\begin{cases} T = \dfrac{t_2 - t_1}{\ln[1 - y^*(t_1)] - \ln[1 - y^*(t_2)]} \\ \tau = \dfrac{t_2\ln[1 - y^*(t_1)] - t_1\ln[1 - y^*(t_2)]}{\ln[1 - y^*(t_1)] - \ln[1 - y^*(t_2)]} \end{cases}$$

为计算方便，取 $y^*(t_1) = 0.39$，$y^*(t_2) = 0.63$，可得

$$\begin{cases} T = 2(t_2 - t_1) \\ \tau = 2t_1 - t_2 \end{cases}$$

由此可计算出 T 和 τ，准确与否还可另取两个时刻进行校验，即

$$\begin{cases} t_3 = 0.8T + \tau, & y^*(t_3) = 0.55 \\ t_4 = 2T + \tau, & y^*(t_4) = 0.87 \end{cases}$$

(2)用式(3-17)来拟合图 3-2 所示曲线，确定其中的参数 K、T_1、T_2 和 τ。

增益 K 的取值仍按式(3-18)计算。纯滞后时间 τ 可以根据阶跃响应曲线脱离无输出起始来确定，如图 3-3 所示。然后截去纯滞后部分，并将其化为无量纲形式的阶跃响应 $y^*(t)$。

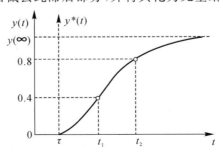

图 3-3　系统阶跃响应曲线

式（3-17）截去纯滞后时间后的传递函数为

$$G(s) = \frac{K}{(T_1 s + 1)(T_2 s + 1)}, \qquad T_1 \geqslant T_2 \qquad (3-21)$$

其阶跃响应为

$$y^*(t) = 1 - \frac{T_1}{T_1 - T_2} e^{-\frac{t}{T_1}} - \frac{T_2}{T_2 - T_1} e^{-\frac{t}{T_2}}$$

整理得

$$1 - y^*(t) = \frac{T_1}{T_1 - T_2} e^{-\frac{t}{T_1}} + \frac{T_2}{T_2 - T_1} e^{-\frac{t}{T_2}} \qquad (3-22)$$

根据式（3-22），利用图 3-3 所示的阶跃响应曲线上的两个点 $[t_1, y^*(t_1)]$ 和 $[t_2,$ $y^*(t_2)]$ 确定参数 T_1 和 T_2。分别取 $y^*(t)$ 为 0.4 和 0.8，再从曲线上求得 t_1 和 t_2，即可得到

$$\left.\begin{array}{l} \dfrac{T_1}{T_1 - T_2} e^{-\frac{t_1}{T_1}} - \dfrac{T_2}{T_2 - T_1} e^{-\frac{t_1}{T_2}} = 0.6 \\[3mm] \dfrac{T_1}{T_1 - T_2} e^{-\frac{t_2}{T_1}} - \dfrac{T_2}{T_2 - T_1} e^{-\frac{t_2}{T_2}} = 0.2 \end{array}\right\} \qquad (3-23)$$

将 $y^*(t)$ 所取两点查得的 t_1 和 t_2，代入式（3-23）即可得到 T_1 和 T_2。

【例 3-1】 某控制系统阶跃响应实验数据见表 3-1。采用作图法求取一阶惯性加纯滞后模型的参数。

表 3-1　某系统阶跃响应数据

$t(s)$	0	10	20	40	60	80	100	140	180	250	300	380	460	540	600
$y(t)$	0	0	0.2	0.8	2.0	3.6	5.4	8.8	11.8	14.4	16.6	17.8	18.4	19.3	19.6

解　编写基于 MATLAB 的仿真程序，对系统进行曲线拟合。仿真程序如下：

```
%B model
clearall;
closeall;
t=[0 10 20 40 60 80 100 140 180 250 300 400 500 600];
y=[0 0 0.2 0.8 2.0 3.6 5.4 8.8 11.8 14.4 16.6 18.4 19.3 19.6];
figure(1)
plot(t,y);
gridon;
xlabel('t(s)')
ylabel('y(cm)')
```

图 3-4 为表 3-1 的实验数据所拟合的阶跃响应曲线。从图中可近似得到系统的数学模型为

$$G(s) = \frac{6}{3s + 1} e^{-4s}$$

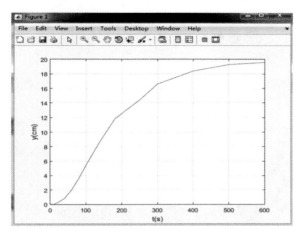

图 3-4　阶跃响应拟合曲线

3.2　MATLAB 中系统数学模型表示、转换与连接

1. 传递函数模型

已知传递函数模型为

$$G(s) = \frac{b_m s^m + b_{m-1} s^{m-1} + \cdots b_1 s + b_0}{a_n s^n + a_{n-1} s^{n-1} + \cdots + a_1 s + a_0}$$

则有

$$\mathrm{num} = \begin{bmatrix} b_m & b_{m-1} & \cdots & b_1 & b_0 \end{bmatrix}$$
$$\mathrm{den} = \begin{bmatrix} a_n & a_{n-1} & \cdots & a_1 & a_0 \end{bmatrix}$$

MATLAB 中生成传递函数的命令为

sys= tf(num,den);%生成连续系统传递函数

sys= tf(num,den,Ts);%生成离散系统传递函数

2. 零极点模型

MATLAB 中生成零极点模型的命令为

sys=zpk(z,p,k)

其中，$z = \begin{bmatrix} z_1 & z_2 & \cdots & z_m \end{bmatrix}$；$p = \begin{bmatrix} p_1 & p_2 & \cdots & p_n \end{bmatrix}$。

3. 系统模型的转换

MATLAB 可实现几种模型之间的相互转化，其命令如下：

(1)从传递函数到状态空间模型。

[A,B,C,D]=tf2ss(num,den)

(2)从状态空间模型到传递函数。

[num,den]=ss2tf(A,B,C,D,IV),IV 指输入。

(3)从状态空间模型到零极点模型。

[z,p,k]=ss2zp(A,B,C,D,IV)

[z,p,k]=(nem,den)

[A,B,C,D]=zp2ss(z,p,k)

4.系统典型连接

MATLAB 可实现典型连接形式的系统模型求解,3 种基本的实现命令如下:

(1)系统串联。

sys＝series(sys1,sys2)

(2)系统并联。

sys＝parallel(sys1,sys2)

(3)系统反馈。

sys＝feedback(sys1,sys2)

利用函数 tf 可以求得系统传递函数,利用 ss 函数可以求得系统的状态空间模型。

【例 3－2】 已知系统 1 和系统 2 的传递函数分别为

$$G_1(s) = \frac{5}{s^2 + 3s + 4}, \quad G_2(s) = \frac{1}{s+1}$$

试编写 MATLAB 程序,求系统并联后的传递函数。

解 图 3－5(a)展示了函数 tf 的使用过程。MATLAB 程序如图 3－5(b)所示。

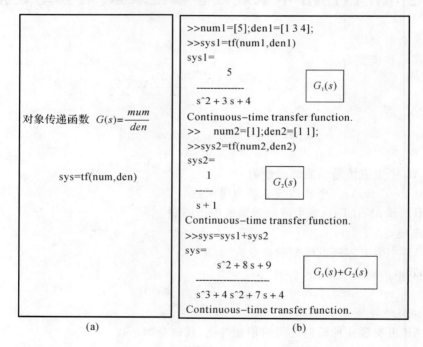

(a) (b)

图 3－5

(a)函数 tf 使用说明；(b)利用函数 tf 创建传递函数并实现相加运算

通常情况下,若闭环系统前向通道的传递函数为 $G(s)$,反馈通道传递函数为 $H(s)$,则闭环传递函数为

$$\Phi(s) = \frac{Y(s)}{R(s)} = \frac{G(s)}{1 + G(s)H(s)}$$

用 MATLAB 程序实现如图 3－6 所示。

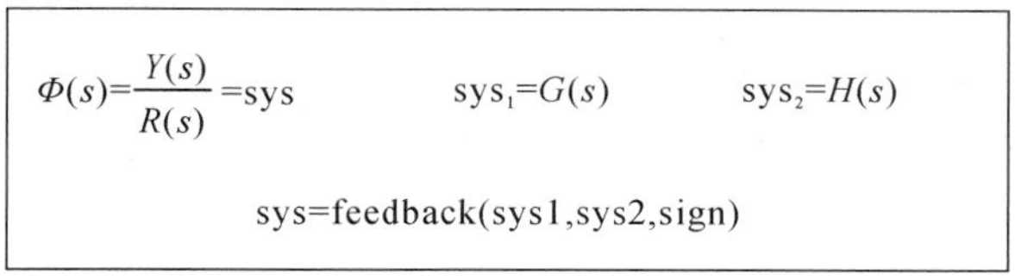

$$\Phi(s) = \frac{Y(s)}{R(s)} = \text{sys} \qquad \text{sys}_1 = G(s) \qquad \text{sys}_2 = H(s)$$

$$\text{sys} = \text{feedback(sys1,sys2,sign)}$$

图 3 - 6　函数 feedback 的使用说明

在给定传递函数后,可以求得等效的状态空间模型;反之亦然。函数 tf 能够将状态空间模型转换为传递函数模型;而函数 ss 则能够将传递函数转换为状态空间模型。函数的使用说明及其应用如图 3 - 7 所示。其中变量 sys_ss 指的是状态空间模型,而 sys_tf 指的是传递函数模型。

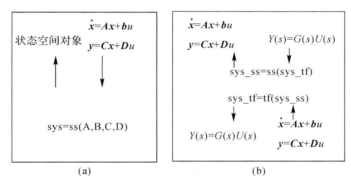

图 3 - 7　函数的使用说明及应用
(a)函数 ss 的使用说明;(b)传递函数与状态空间模型的相互转换

3.3　连续系统数值积分方法

连续系统的数学模型一般都能以微分方程的形式给出,因此连续系统数学仿真算法问题通常可归结为如何用计算机来求解微分方程的问题。数值积分法是解决该问题的重要方法之一。例如,已知

$$\left.\begin{array}{l} \dfrac{\mathrm{d}y}{\mathrm{d}t} = f(y,t) \\[2mm] y(t = t_0) = y(t_0) \end{array}\right\} \tag{3-24}$$

求解:$y(t)$。

解　对(3 - 22)式两边积分,有

$$y(t) = y(t_0) + \int_{t_0}^{t} f(y,t)\mathrm{d}t$$

当 $t = t_{m+1}$,$t_0 = t_m$ 时:

$$y(t_{m+1}) = y(t_m) + \int_{t_m}^{t_{m+1}} f(y,t)\mathrm{d}t$$

令

$$Q_m = \int_{t_m}^{t_{m+1}} f(y,t)\mathrm{d}t$$

则
$$y(t_{m+1}) = y(t_m) + Q_m \qquad (3-25)$$

数值积分法是解决在已知初值的情况下，通过对 $f(y,t)$ 进行近似积分，实现对 $y(t)$ 进行数值求解的方法，在数学上称为微分方程初值问题的数值方法。

3.3.1 欧拉法

设 Q_m 表示函数 $f(y,t)$ 在 t_m 和 t_{m+1} 相邻两次采样时刻之间的积分。若将此定积分中的 $f(y,t)$ 近似看成常数，即 $f(y,t) \approx f(y_m,t_m)$，则
$$Q_m \approx f(y_m,t_m)h$$

由式(3-25)可得
$$y(t_{m+1}) \approx y(t_m) + f(y_m,t_m)h$$

即
$$y_{m+1} = y_m + f(y_m,t_m)h \qquad (3-26)$$

式中，$h = t_{m+1} - t_m$ 为计算步距，$m = 0,1,2,\cdots,n-1$。

式(3-26)为著名的欧拉积分公式。欧拉公式计算简单，但精度较低。其原因是将 $f(y,t)$ 看成常数 $f(y_m,t_m)$，从而用矩形面积代替准确的曲面面积 Q_m，形成了较大的误差面积。为了提高计算精度产生了梯形法。

3.3.2 梯形法

梯形法是用梯形的面积近似定积分 Q_m，即
$$Q_m \approx \frac{h}{2}(f_m + f_{m+1})$$

式中，$f_m = f(y_m,t_m)$；$f_{m+1} = f(t_{m+1},t_{m+1})$。；

所以有
$$y(t_{m+1}) \approx y(t_m) + \frac{h}{2}(f_m + f_{m+1})$$

即
$$y_{m+1} = y_m + \frac{h}{2}(f_m + f_{m+1}) \qquad (3-27)$$

从式(3-27)中可以看出，用梯形法进行数值积分会出现这样一个问题：在计算 y_{m+1} 时，先要用 y_{m+1} 去计算式(3-27)右端的 f_{m+1}，而此时 y_{m+1} 还未求出，显然这是不可能实现的。因此，一般采用欧拉公式先预报一个 $y_{m+1}^{(0)}$，然后将预报的 $y_{m+1}^{(0)}$ 代入式(3-27)进行校正，求出 y_{m+1}，即

$$\left. \begin{array}{l} y_{m+1}^{(0)} = y_m + hf(y_m,t_m) \\ y_{m+1} = y_m + \dfrac{h}{2}(f_m + f_{m+1}^{(0)}) \end{array} \right\} \qquad (3-28)$$

$$f_m = f(y_m,t_m)$$
$$f_{m+1}^{(0)} = f(y_{m+1}^{(0)},t_{m+1})$$

一般称式(3-28)为预报－校正公式。显然，梯形法比欧拉法精度要高，但是每前进一个步距，计算工作量约为欧拉法的两倍。

3.3.3 龙格-库塔法

对于微分方程式(3-24)，若在其初值附近展开成泰勒级数，并只取前三项，则有

$$y_1 \approx y_0 + h \left. \frac{\mathrm{d}y}{\mathrm{d}t} \right|_{t=t_0} + \frac{1}{2}h^2 \left. \frac{\mathrm{d}^2 y}{\mathrm{d}t^2} \right|_{t=t_0} =$$

$$y_0 + f(y_0, t_0)h + \frac{1}{2}(\frac{\partial f}{\partial t} + f \frac{\partial f}{\partial y})h^2 \Big|_{t=t_0} \qquad (3-29)$$

设式(3-24)的解可以写成如下形式:

$$\left. \begin{aligned} y_1 &= y_0 + (a_1 k_1 + a_2 k_2)h \\ k_1 &= f(y_0, t_0) \\ k_2 &= f(y_0 + b_2 k_1 h, t_0 + b_1 h) \end{aligned} \right\} \qquad (3-30)$$

将 k_2 用二元函数泰勒级数展开式展开,并只取前三项,则

$$k_2 \approx f(y_0, t_0) + b_1 h \left. \frac{\partial f}{\partial t} \right|_{t=t_0} + b_2 k_1 h \left. \frac{\partial f}{\partial y} \right|_{y=y_0}$$

将 k_1、k_2 代入式(3-30),得

$$y_1 = y_0 + a_1 h f(y_0, t_0) + a_2 [f(y_0, t_0) + b_1 h \frac{\partial f}{\partial t} + b_2 k_1 h \frac{\partial f}{\partial y}]h =$$

$$y_0 + (a_1 + a_2)h f(y_0, t_0) + [a_2 b_1 h \frac{\partial f}{\partial t} + a_2 b_2 h \frac{\partial f}{\partial y}] \qquad (3-31)$$

比较式(3-29)与式(3-31),得

$$\left\{ \begin{aligned} a_1 + a_2 &= 1 \\ a_2 b_1 &= \frac{1}{2} \\ a_2 b_2 &= \frac{1}{2} \end{aligned} \right.$$

3 个方程中有 4 个未知数,因此解不唯一。取 $a_1 = a_2$,则求出 $a_1 = a_2 = \frac{1}{2}$,$b_1 = b_2 = 1$。

代入式(3-30)得

$$y_1 = y_0 = \frac{h}{2}(k_1 + k_2)$$

$$k_1 = f(y_0, y_0)$$

$$k_2 = f(y_0 + k_1 h, t_0 + h)$$

写成一般形式为

$$\left. \begin{aligned} y_{m+1} &= y_m = \frac{h}{2}(k_1 + k_2) \\ k_1 &= f(y_m, t_m) \\ k_2 &= f(y_m + k_1 h, t_m + h) \end{aligned} \right\} \qquad (3-32)$$

若在 $y_m = y(t_m)$ 的假设下,$t = t_{m+1}$ 时的准确解为 $y(t_m + 1)$,y_{m+1} 为用式(3-32)求得的近似解,则它们之差 $\varepsilon_{m+1} = y(t_{m+1}) - y_{m+1}$ 称为此时计算的截断误差。式(3-29)只取到泰勒级数展开式中 y 的二阶导数项,略去了三阶以上高阶导数项。为纪念提出该方法的德国数学家 C. Runge 和 M. W. Kutta,称这种计算方法为二阶龙格-库塔法。其截断误差正比于步长 h 的三次方,同理若在式(3-29)的计算中,取到 y 的三阶或四阶导数项,则有相应的三阶或四阶龙格-库塔法,相应的截断误差也应正比于 h^4 或 h^5。

一般在计算精度要求较高的情况下,多使用四阶龙格-库塔法。它的计算公式为

$$y_{m+1} = y_m + \frac{h}{6}(k_1 + 2k_2 + 2k_3 + k_4) \tag{3-33}$$

$$k_1 = f(y_m, t_m)$$

$$k_2 = f(y_m + \frac{h}{2}k_1, t_m + \frac{h}{2})$$

$$k_3 = f(y_m + \frac{h}{2}k_2, t_m + \frac{h}{2})$$

$$k_4 = f(y_m + hk_3, t_m + h)$$

比较欧拉公式与 y 的泰勒级数展开式可知,欧拉公式即泰勒级数展开式只取前两项。而将预报-校正公式与二阶龙格-库塔公式比较,发现它们完全一样。这样,通过对龙格库-塔法的介绍,可将前面讲的几种数值积分方法统一起来,都可看成是 $y(t)$ 在初值附近展开成泰勒级数所产生的,只是其泰勒级数所取项数的多少不同。欧拉法只取前两项,梯形法与二阶龙格-库塔法取前三项,四阶龙格-库塔法取前五项。从理论上说,取的项数愈多,计算精度愈高,但相应的计算公式更复杂,计算工作量更大。

以上介绍的几种数值积分公式有一个共同的特点:在计算 y_{m+1} 时只用到 y_m,而不直接用 $y_{m-1}, y_{m-2}, \cdots$ 各项的值,即在本次计算中仅仅用到前一次的计算结果,而不需要利用更前面各步的结果。这类计算方法称为单步法。单步法运算有下列优点:

(1)需要存储的数据量少,占用的存储空间少。

(2)只需要知道初值,就可启动递推公式进行运算,具有这种能力的计算方法称为自启动的计算方法。

(3)容易实现变步长运算。

3.3.4　微分方程数值积分的矩阵分析方法

前面介绍的数值积分公式,都是以求解单个典型微分方程 $\mathrm{d}y/\mathrm{d}t = f(y, t)$ 进行介绍的。而工程实际系统中大量的仿真对象是以一阶微分方程组或矩阵微分方程的形式给出,如:

$$\begin{cases} \dot{x}_1 = f_1(x_1, x_2, \cdots, x_n, t) \\ \dot{x}_2 = f_2(x_1, x_2, \cdots, x_n, t) \\ \qquad \cdots\cdots \\ \dot{x}_n = f_n(x_1, x_2, \cdots, x_n, t) \end{cases}$$

或
$$\dot{X} = F(X, t)$$

其中 $\boldsymbol{X} = \begin{bmatrix} x_1 & x_2 & \cdots & x_n \end{bmatrix}^\mathrm{T}$

$$\boldsymbol{F}(\boldsymbol{X}, t) = \begin{bmatrix} f_1(x_1, x_2, \cdots, x_n, t) \\ f_2(x_1, x_2, \cdots, x_n, t) \\ \cdots\cdots \\ f_n(x_1, x_2, \cdots, x_n, t) \end{bmatrix}$$

在这种情况下,各数值积分公式显然应采用相应的矩阵形式。

(1)欧拉公式。

$$\boldsymbol{X}_{m+1} = \boldsymbol{X}_m + h\boldsymbol{F}(\boldsymbol{X}_m, t_m) \tag{3-34}$$

(2)梯形公式。

$$\boldsymbol{X}_{m+1} = \boldsymbol{X}_m + \frac{h}{2}(\boldsymbol{F}_m + \boldsymbol{F}_{m+1}) \tag{3-35}$$

（3）二阶龙格-库塔公式。

$$\left.\begin{array}{l} \boldsymbol{X}_{m+1} = \boldsymbol{X}_m + \dfrac{h}{2}(\boldsymbol{F}_m + \boldsymbol{F}_{m+1}) \\[2mm] \boldsymbol{F}_m = \boldsymbol{F}(\boldsymbol{X}_m, t_m) \\[2mm] \boldsymbol{F}_{m+1} = \boldsymbol{F}(\boldsymbol{X}_m + h\boldsymbol{F}_m, t_{m+1}) \end{array}\right\} \tag{3-36}$$

（4）四阶龙格-库塔公式。

$$\boldsymbol{X}_{m+1} = \boldsymbol{X}_m + \frac{h}{6}(\boldsymbol{K}_1 + 2\boldsymbol{K}_2 + 2\boldsymbol{K}_3 + \boldsymbol{K}_4) \tag{3-37}$$

$$\boldsymbol{K}_1 = \begin{bmatrix} k_{11} \\ k_{21} \\ \cdots \\ k_{n1} \end{bmatrix} = \boldsymbol{F}(\boldsymbol{X}_m, t)$$

$$\boldsymbol{K}_2 = \begin{bmatrix} k_{12} \\ k_{22} \\ \cdots \\ k_{n2} \end{bmatrix} = \boldsymbol{F}(\boldsymbol{X}_m + \frac{h}{2}\boldsymbol{K}_1, t_m + \frac{h}{2})$$

$$\boldsymbol{K}_3 = \begin{bmatrix} k_{13} \\ k_{23} \\ \cdots \\ k_{n3} \end{bmatrix} = \boldsymbol{F}(\boldsymbol{X}_m + \frac{h}{2}\boldsymbol{K}_2, t_m + \frac{h}{2})$$

$$\boldsymbol{K}_4 = \begin{bmatrix} k_{14} \\ k_{24} \\ \cdots \\ k_{n4} \end{bmatrix} = \boldsymbol{F}(\boldsymbol{X}_m + h\boldsymbol{K}_3, t_m + h)$$

对一个 n 维向量 $\boldsymbol{X}$，每前进一个步距 h，至少要求 $4n$ 个 k_{ij} 之值。

对常见的线性定常系统 $\dot{\boldsymbol{X}} = \boldsymbol{AX} + \boldsymbol{Bu}$，四阶龙格-库塔法的 4 个 $\boldsymbol{K}$ 可表示为

$$\boldsymbol{K}_1 = \boldsymbol{AX}_m + \boldsymbol{Bu}(t_m)$$

$$\boldsymbol{K}_2 = \boldsymbol{A}\Big[\boldsymbol{X}_m + \frac{h}{2}\boldsymbol{K}_1\Big] + \boldsymbol{Bu}(t_m + \frac{h}{2})$$

$$\boldsymbol{K}_3 = \boldsymbol{A}\Big[\boldsymbol{X}_m + \frac{h}{2}\boldsymbol{K}_3\Big] + \boldsymbol{Bu}(t_m + \frac{h}{2})$$

$$\boldsymbol{K}_4 = \boldsymbol{A}\Big[\boldsymbol{X}_m + h\boldsymbol{K}_3\Big] + \boldsymbol{Bu}(t_m + h)$$

对 n 维向量 $\boldsymbol{X}$，取 h_j 是有 4 个分量的一维矢量，其中 $h_1 = 0, h_2 = \dfrac{h}{2}, h_3 = \dfrac{h}{2}, h_4 = h$，再取 $\boldsymbol{K}_0$ 为一零向量，其中 $k_{i0} = 0, i = 1, 2, \cdots, n$。则 4 个求 $\boldsymbol{K}_j$ 的公式可合并为一个公式

$$\boldsymbol{K}_j = \boldsymbol{A}\Big[\boldsymbol{X}_m + h_j\boldsymbol{K}_{j-1}\Big] + \boldsymbol{Bu}(t_m + h_j), \quad j = 1, 2, 3, 4 \tag{3-38}$$

在以后介绍的程序中，四阶龙格-库塔法的计算将建立在式（3-38）的基础上。

3.3.5　数值积分方法的计算稳定性

这里所说的数值积分方法的计算稳定性,在数学上是指微分方程初值问题算法的数值稳定性或计算稳定性。由于在系统仿真运算阶段,大量求解微分方程问题,实际上是用数值积分方法求解微分方程的问题。如欧拉法就是在已知 $y_n = y_0$ 时,用 $y_{n+1} = y_n + hf_n$ 完成对微分方程 $\dfrac{\mathrm{d}y}{\mathrm{d}x} = f(x,y)$ 的求解。所以习惯上将这些方法称为数值方法。

从稳定性理论中,我们知道如何从系统的微分方程或传递函数去判断该系统的稳定性。那么,对于一个稳定的连续系统,当用某数值积分方法进行仿真计算时,是否仍然稳定呢? 先看下面的例子:

【例 3-3】　已知微分方程

$$
\begin{cases}
\dfrac{\mathrm{d}y}{\mathrm{d}t} = -30y \\
y(0) = \dfrac{1}{3}
\end{cases}
\quad 0 \leqslant t \leqslant 1.5
$$

其精确解为 $y(t) = \dfrac{1}{3}\mathrm{e}^{-30t}$

取 $h = 0.1$,分别用欧拉法和四阶龙格-库塔法计算 $t = 1.5$ 时的 $y(t)$:

(1)欧拉法:　　　　　　　$y(1.5) = -1.092\,25 \times 10^4$

(2)四阶龙格-库塔法:　　　$y(1.5) = 3.957\,30 \times 10^1$

(3)精确解:　　　　　　　$y(1.5) = 9.541\,73 \times 10^{-21}$

显然,此时数值积分法计算的结果是错误的。为什么会出现这种情况呢? 这是因为数值积分方法只是一种近似方法,它在反复的递推运算中会引入误差。若误差的积累越来越大,将使计算出现不稳定的情况,从而得出错误的结果。因此,原系统的稳定性与数值积分法计算的稳定性是不同的两个概念。前者用原系统的微分方程、传递函数来讨论;后者用逼近微分方程的差分方程来讨论。选用的数值积分法不同,即使对同一系统,差分方程也各不相同,稳定性也各不一样。如何分析数值积分法的数值计算稳定性呢? 一般来讲,对高阶微分方程的数值计算稳定性作全面分析比较困难,通常用简单的一阶微分方程来考查其相应差分方程的计算稳定性。

微分方程

$$
\left.
\begin{array}{r}
\dfrac{\mathrm{d}y}{\mathrm{d}t} = \lambda y \\
y(0) = y_0
\end{array}
\right\}
\tag{3-39}
$$

为测试方程。据稳定性理论,当其特征方程的根在 s 平面的左半平面,即根的实部 $\mathrm{Re}\lambda < 0$ 时,则原系统稳定。此时相应的数值积分法的计算稳定性如何呢?

1. 欧拉法的计算稳定性

对式(3-39)按欧拉公式进行计算,有

$$
y_{m+1} = y_m + h\lambda y_m = (1 + h\lambda)y_m, \quad m = 0,1,\ldots,n-1
\tag{3-40}
$$

式(3-40)计算所得的 y_{m+1} 并不是 $t = (m+1)h$ 时刻的真值,而只是包含了各种误差的近似值。随着递推次数的增加,此误差是否会不断扩大,使 y_{m+1} 完全不能表示此时的真值呢? 这决定了此差分方程的计算稳定性。为简化问题的讨论,假设只在 $t = mh$ 时刻有误差 ε_m 引入,这样 y_{m+1} 的误差 ε_{m+1} 仅由 y_m 的误差引起,因此有

$$y_{m+1} + \varepsilon_{m+1} = y_m + \varepsilon_m + h\lambda(y_m + \varepsilon_m) = (1 + h\lambda)(y_m + \varepsilon_m) \qquad (3-41)$$

用式(3-41)减式(3-40)可得误差方程:

$$\varepsilon_{m+1} = (1 + h\lambda)\varepsilon_m$$

同理

$$\varepsilon_{m+2} = (1 + h\lambda)\varepsilon_{m+1} = (1 + h\lambda)^2 \varepsilon_m$$

$$\varepsilon_{m+n} = (1 + h\lambda)^n \varepsilon_m \qquad (3-42)$$

当 $|1 + h\lambda| > 1$ 时,$\varepsilon_{m+1} > \varepsilon_m$,表明此计算方法如果在计算中的某步引入了误差,随着计算步数的增加,这个误差将逐渐扩大,导致差分方程的解完全失真。

反之,当 $|1 + h\lambda| \leqslant 1$ 时,$\varepsilon_{m+1} \leqslant \varepsilon_m$,随着计算步数的增加,$\varepsilon_{m+1}$ 逐步减小并趋于零或有界。此时,称此差分方程的算法计算稳定。显然,合理地选择计算步长 h 使其满足 $|1 + h\lambda| \leqslant 1$ 是保证欧拉法计算稳定性的重要条件。

2. 梯形法的计算稳定性

对测试方程按照梯形法计算公式,有

$$y_{m+1} = y_m + \frac{h}{2}(\lambda y_m + \lambda y_{m+1})$$

$$y_{m+1} + \varepsilon_{m+1} = y_m + \varepsilon_m + \frac{h}{2}[\lambda(y_m + \varepsilon_m) + \lambda(y_{m+1} + \varepsilon_{m+1}]$$

所以有

$$\varepsilon_{m+1} = (1 + \frac{1}{2}h\lambda)\varepsilon_m / (1 - \frac{1}{2}h\lambda)$$

若原系统稳定,则 $\lambda < 0$,此时,无论 h 取任何正数值,都可保证下式成立:

$$\left| \frac{1 + \frac{1}{2}h\lambda}{1 - \frac{1}{2}h\lambda} \right| < 1 \qquad (3-43)$$

所以,$\varepsilon_{m+1} \leqslant \varepsilon_m$。

这就表明,某步计算引入的误差,将随着计算步数的增加而减小。也就是说,梯形法的计算步长在任何步长下都是稳定的,是一种绝对稳定的计算方法。

3.4　面向结构图的数字仿真

实际工程中控制系统数学模型常常以结构图的形式给出,对这类形式的系统进行仿真研究,主要是根据"仿真模型"编写出适当程序语句,使之能自动求解各环节变量的动态变化情况,从而得到关于系统输出各变量的有关数据、曲线等,以对系统进行性能分析和设计。

3.4.1　典型闭环系统的数字仿真

对控制系统最常见的典型结构进行模型化,然后讨论采用数值积分算法求解系统响应的仿真程序实现。

1. 典型闭环系统结构形式

控制系统最常见的典型闭环系统结构如图 3-8 所示。其中

$$G(s) = \frac{Y(s)}{U(s)} = \frac{b_m s^m + b_{m-1} s^{m-1} + \cdots + b_1 s + b_0}{a_n s^m + a_{n-1} s^{m-1} + \cdots + a_1 s + a_0} \tag{3-44}$$

它是在微分方程式(3-1)的基础上,经零初始条件下的拉氏变换求得的。

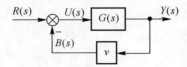

图 3-8　典型闭环系统结构图

在这里 $G(s)$ 仅表示系统的前向通道传递函数,描述控制量 $u(t)$ 与输出量 $y(t)$ 间的信号传递关系。v 是系统的反馈系数,设其为常系数。它的大小反映了反馈量 $b(t)$ 与输出量 $y(t)$ 之间的比例关系。

2. 系统仿真模型与求解思路

所谓仿真模型是指经一定方式把数学模型转化为便于在计算机上运行的表达形式。这种表达形式往往是一些适合于具体编程实现的数学关系式。

对如图 3-8 所示的系统而言,根据传递函数 $G(s)$,可按照能控标准型写出其对应的状态空间表达式

$$\left.\begin{array}{l} \dot{\boldsymbol{X}} = \boldsymbol{AX} + \boldsymbol{BU} \\ \boldsymbol{Y} = \boldsymbol{CX} \end{array}\right\} \tag{3-45}$$

式中

$$\boldsymbol{A} = \begin{bmatrix} 0 & 1 & 0 & \cdots & \cdots & 0 \\ 0 & 0 & 1 & & & 0 \\ \cdots & \cdots & \cdots & & & \cdots \\ -\bar{a}_0 & \cdots & & & & -\bar{a}_{n-1} \end{bmatrix}, \quad \boldsymbol{B} = \begin{bmatrix} 0 \\ 0 \\ \cdots \\ 0 \\ 1 \end{bmatrix}$$

$$\boldsymbol{C} = \begin{bmatrix} \bar{b}_0 & \bar{b}_1 & \cdots & \bar{b}_m & 0 & \cdots & 0 \end{bmatrix}$$

其中,在 $\boldsymbol{A}$、$\boldsymbol{C}$ 矩阵中,$\bar{a}_j$ 和 $\bar{b}_i$ 为式(3-45)归一化后分母、分子各系数($j = 1, 2, \cdots, n; i = 0, 1, \cdots, m$),即 $\bar{a}_j = \dfrac{a_j}{a_n}, \bar{b} = \dfrac{b_i}{b_m},$,且 $m = n - 1$。

由图 3-8 可知,控制量 $\boldsymbol{U} = r - v\boldsymbol{Y}$,代入式(3-45)得

$$\dot{\boldsymbol{X}} = \boldsymbol{AX} + \boldsymbol{B}(r - v\boldsymbol{Y})$$

再由

$$\boldsymbol{Y} = \boldsymbol{CX}$$

则

$$\dot{\boldsymbol{X}} = (\boldsymbol{A} - \boldsymbol{B}v\boldsymbol{C})\boldsymbol{X} + \boldsymbol{B}r = \boldsymbol{A}_b\boldsymbol{X} + \boldsymbol{B}r \tag{3-46}$$

即为系统闭环状态方程。

其中,$\boldsymbol{A}_b = \boldsymbol{A} - \boldsymbol{B}v\boldsymbol{C}$ 为闭环系统矩阵,而输入矩阵 $\boldsymbol{B}$ 和输出矩阵 $\boldsymbol{C}$ 不变。这就是图 3-8 系统的仿真模型。

仿真模型一旦确立,就可以考虑求解与编程实现。观察式(3-46)可知,该式为一个一阶微分方程组的矩阵表达形式,而数值积分法最适宜求解一阶微分方程,故可采用基于线性定常系统的四阶龙格-库塔法求解此闭环状态方程。即用

$$\boldsymbol{X}_{k+1} = \boldsymbol{X}_k + \frac{h}{b}(\boldsymbol{K}_1 + 2\boldsymbol{K}_2 + 2\boldsymbol{K}_3 + \boldsymbol{K}_4)$$

求得 t_{k+1} 时刻状态 $\boldsymbol{X}_{k+1}$,则可得相应时刻的输出值为

$$\boldsymbol{y}_{k+1} = \boldsymbol{C}\boldsymbol{X}_{k+1}$$

采用递推方式,即可求得各时间点的状态变量 $X(k)$ 和输出量 $Y(k)$ 。

3.4.2　复杂连接的闭环系统数字仿真

实际工程中常常遇到复杂结构形式的控制系统,它由若干典型环节按照一定规律连接而成,如图 3-9 所示。

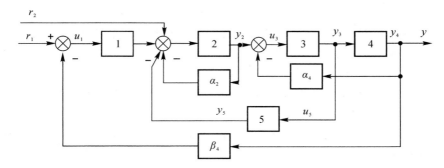

图 3-9　复杂控制系统拓扑结构图

1. 控制系统的连接矩阵

对如图 3-9 所示的线性系统来说,各环节均为线性,在各自的输入量 u_i 作用下,求出各自的输出量 y_i ,这种作用关系是通过各环节的数学描述体现出来的,其数学关系可以是 3.4.1 节所述任何一种。但各环节之间存在相互作用,u_i 不是孤立的,只要与其他环节有连接关系,就要受到相应 y_i 变化的影响。因此,要完整地将系统描述出来,还应该分析各环节输出 y_i 对其他环节输入有无影响,才能完整地进行仿真分析。

根据图 3-9 中 u_i 和 y_i 的连接关系,可逐个写出每个环节输入 u_i 受哪些环节输出 y_i 的影响,列写如下:

$$\left.\begin{aligned}
u_1 &= r_1 - \beta_4 y_4 \\
u_2 &= r_2 + y_1 - \alpha_2 y_2 - y_5 \\
u_3 &= y_2 - \alpha_4 y_4 \\
u_4 &= y_3 \\
u_5 &= y_3
\end{aligned}\right\} \tag{3-47}$$

引入向量
$$\boldsymbol{R} = \begin{bmatrix} r_1 & r_2 \end{bmatrix}^{\mathrm{T}}$$
$$\boldsymbol{U} = \begin{bmatrix} u_1 & u_2 & u_3 & u_4 & u_5 \end{bmatrix}^{\mathrm{T}}$$
$$\boldsymbol{Y} = \begin{bmatrix} y_1 & y_2 & y_3 & y_4 & y_5 \end{bmatrix}^{\mathrm{T}}$$

则式(3-47)可表示为

$$\begin{bmatrix} u_1 \\ u_2 \\ u_3 \\ u_4 \\ u_5 \end{bmatrix} = \begin{bmatrix} 1 & 0 \\ 0 & 1 \\ 0 & 0 \\ 0 & 0 \\ 0 & 0 \end{bmatrix} \begin{bmatrix} r_1 \\ r_2 \end{bmatrix} + \begin{bmatrix} 0 & 0 & 0 & -\beta_4 & 0 \\ 1 & -\alpha_2 & 0 & 0 & -1 \\ 0 & 1 & 0 & -\alpha_4 & 0 \\ 0 & 0 & 1 & 0 & 0 \\ 0 & 0 & 1 & 0 & 0 \end{bmatrix} \begin{bmatrix} y_1 \\ y_2 \\ y_3 \\ y_4 \\ y_5 \end{bmatrix} \tag{3-48}$$

即
$$U = W_0 R + WY \qquad (3-49)$$

其中
$$W_0 = \begin{bmatrix} 1 & 0 \\ 0 & 1 \\ 0 & 0 \\ 0 & 0 \\ 0 & 0 \end{bmatrix}, \quad W = \begin{bmatrix} 0 & 0 & 0 & -\beta_4 & 0 \\ 1 & -\alpha_2 & 0 & 0 & -1 \\ 0 & 1 & 0 & -\alpha_4 & 0 \\ 0 & 0 & 1 & 0 & 0 \\ 0 & 0 & 1 & 0 & 0 \end{bmatrix}$$

式中，W 为 $n \times n$ 阶连接矩阵，矩阵中元素清楚地表示出各环节之间的连接关系；W_0 为 $n \times m$ 阶的输入连接矩阵（当参考输入为 m 阶时），矩阵中各元素表示环节与参考输入之间的连接关系。仔细研究连接矩阵 W，可从其元素值直接看出各环节之间的连接情况如下：

（1）$W_{ij} = 0$，表示环节 j 不与环节 i 相连。

（2）$W_{ij} \neq 0$，表示环节 j 与环节 i 有连接关系。

（3）$W_{ij} > 0$，表示环节 j 与环节 i 直接相连（$W_{ij=1}$）或通过比例系数相连（W_{ij} 为任意正实数）。

（4）$W_{ij} < 0$，表示环节 j 与环节 i 直接负反馈相连（$W_{ij} = -1$）或通过比例系数负反馈相连（W_{ij} 为任意负实数）。

（5）$W_{ij} \neq 0$，表示环节 i 单位自反馈（$W_{ij} = 1$ 或 $W_{ij} = -1$）或通过比例系数自反馈（W_{ij} 为任意实数）。

用连接矩阵表示复杂系统中各环节的连接关系，使得对复杂连接结构的控制系统的仿真变得简明方便。同样的思路完全可以用在连接关系更为复杂的多输入、多输出控制系统中，只需将与参考输入、系统输出有关系的矩阵维数扩展到与输入向量维数一致即可。

要采用 3.4.1 节所述方法仿真，必须先将复杂结构图简化为如图 3-8 所示的典型结构形式，求出相应的传递函数，然后运用上节所述方法进行仿真分析。但存在如下问题：①系统结构复杂，内部存在交叉耦合、局部回环等情况时，化简并非易事，尤其通过手工化简会使工作量陡增；②有时在分析中，还需要得知结构图中某些环节的输出变量情况，若经过化简消去这些环节，则不便进行观察分析；③在分析中常常需要改变某参数，观察其对输出的影响，但改动一个参数值，就有可能需将所有传递函数分子、分母系数统统重新计算再次输入计算机，很不方便；④对实际系统中存在的非线性情况，更是无法加以考虑。鉴于以上情况，在进行面向复杂连接的闭环系统结构图的仿真方法中，必须使其能克服以上方法的不足之处且应该具有以下特点：

（1）可按照系统结构图输入各环节参数，对应关系明确，改变参数方便。

（2）可方便地观察各环节输出动态响应。

（3）各环节存在非线性特性时易于处理。

2. 典型环节的二次模型化

复杂连接闭环系统数字仿真的基本思路是：与实际系统的结构图相对应，在计算机程序中也应能方便地给出表示各实际环节的典型环节，并将环节之间的连接关系输入计算机，由计算机程序自动形成闭环状态方程，运用数值积分方法求解响应。因此，选定典型环节十分重要，要使其既具有代表性，又不会造成输入数据的复杂烦琐。考虑控制系统典型环节有以下几种情况。

比例环节：

$$G(s) = K$$

积分环节：
$$G(s) = \frac{K}{2}$$

比例积分：
$$G(s) = \frac{K_1 s + K_2}{s}$$

惯性环节：
$$G(s) = \frac{K}{Ts + 1}$$

一阶超前滞后环节：
$$G(s) = K\frac{T_1 s + 1}{T_2 s + 1}$$

二阶振荡环节：
$$G(s) = \frac{K}{T^2 s^2 + s\zeta Ts + 1}$$

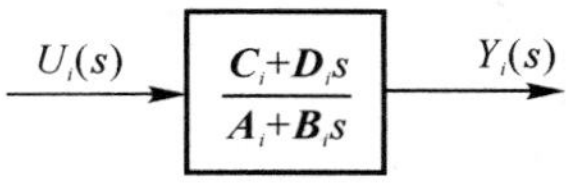

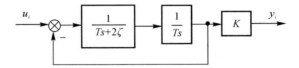

图 3-10　典型一阶环节

可见，除二阶振荡环节外，都是一阶环节，完全可用一个通用一阶环节（见图 3-10）表示，即

$$G_i(s) = \frac{Y_i(s)}{U_i(s)} = \frac{C_i + D_i s}{A_i + B_i s} \quad (i = 1, 2, \cdots, n) \tag{3-50}$$

式中，$Y_i(s)$ 为第 i 个环节的输出；$U_i(s)$ 为第 i 个环节的输入；n 为系统中的环节数，即是系统的阶次。而二阶振荡环节可以化为如图 3-11 所示方式连接而成的等效结构图。

图 3-11　二阶振荡环节的等效结构图

由图 3-11 可见，二阶振荡环节完全可以用一阶环节等效连接得到。因此，选定式（3-50）作为组成复杂系统仿真模型的典型环节是可行的。

设：输入向量 $\boldsymbol{U} = [u_1, u_2, \cdots, u_n]^{\mathrm{T}}$，其中各分量表示各环节输入量；输出向量 $\boldsymbol{Y} = [y_1, y_2, \cdots, y_n]^{\mathrm{T}}$，其中各分量表示各环节输出量；模型参数阵为

$$\boldsymbol{A} = \begin{bmatrix} A_1 & \cdots & \cdots & 0 \\ \cdots & A_2 & \cdots & \cdots \\ \cdots & & & \cdots \\ 0 & \cdots & \cdots & A_n \end{bmatrix}, \quad \boldsymbol{B} = \begin{bmatrix} B_1 & & & 0 \\ & B_2 & & \\ & & \ddots & \\ 0 & & & B_n \end{bmatrix}$$

$$\boldsymbol{C} = \begin{bmatrix} C_1 & & & 0 \\ & C_2 & & \\ & & \ddots & \\ 0 & & & C_n \end{bmatrix}, \quad \boldsymbol{D} = \begin{bmatrix} D_1 & & & 0 \\ & D_2 & & \\ & & \ddots & \\ 0 & & & D_n \end{bmatrix}$$

于是，系统中所有环节输出、输入关系用矩阵表示如下：

$$(\boldsymbol{A} + \boldsymbol{B}s)\boldsymbol{Y}(s) = (\boldsymbol{C} + \boldsymbol{D}s)\boldsymbol{U}(s) \tag{3-51}$$

3. 系统的连接矩阵与仿真算法

仅把系统中各环节描述出来还不够，要进行数值积分求解，还必须把各环节之间的相互作用关系清楚地表达出来，这种表达是通过建立前面所述的连接矩阵实现的。根据前面的连接

矩阵

$$U = W_0 R + WY \tag{3-52}$$

将式(3-52)代入式(3-51),则

$$(A + Bs)Y = (C + Ds)(WY + W_0 R)$$

整理,得

$$(B - DW)\dot{Y} = (CW - A)Y + CW_0 R + DW_0 \dot{R} \tag{3-53}$$

为避免输入函数为阶跃函数时,初始点导数($\dfrac{\mathrm{d}r_i}{\mathrm{d}t}\Big|_{t=0} \to \infty$, r_i 为阶跃函数)为无穷大,要求使 $DW_0 = 0$,则

$$(B - DW)\dot{Y} = (CW - A)Y + CW_0 R \tag{3-54}$$

即

$$Q\dot{Y} = PY + CW_0 R \tag{3-55}$$

式中,$Q = B - DW$;$P = CW - A$

若 Q 矩阵的逆矩阵 Q^{-1} 存在,则对式(3-55)两边同时左乘 Q^{-1},得

$$\dot{Y} = Q^{-1}PY + Q^{-1}CW_0 R$$

即

$$\dot{Y} = \tilde{A}Y + \tilde{B}R \tag{3-56}$$

其中

$$\tilde{A} = Q^{-1}P \quad \tilde{B} = Q^{-1}CW_0$$

式(3-56)是典型的一阶微分方程组矩阵形式,利用前面介绍的求解方法,可方便地求出各环节的输出响应。然而,建立系统仿真模型还应注意以下两点:

(1) Q^{-1} 存在的条件。为了分析 Q^{-1} 存在的条件,就需要分析如图 3-12 所示控制系统。

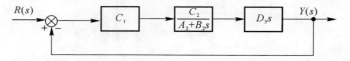

图 3-12　控制系统结构图

显然,该系统的

$$A = \begin{bmatrix} 1 & & \\ & A_2 & \\ & & 1 \end{bmatrix}, \quad B = \begin{bmatrix} 0 & & \\ & B_2 & \\ & & 0 \end{bmatrix}, \quad C = \begin{bmatrix} C_1 & & \\ & C_2 & \\ & & 0 \end{bmatrix}, \quad D = \begin{bmatrix} 0 & & \\ & 0 & \\ & & D_3 \end{bmatrix}$$

$$W_0 = \begin{bmatrix} 1 \\ 0 \\ 0 \end{bmatrix}, \quad W = \begin{bmatrix} 0 & 0 & -1 \\ 1 & 0 & 0 \\ 0 & 1 & 0 \end{bmatrix}$$

$$Q = B - DW = \begin{bmatrix} 0 & 0 & 0 \\ 0 & B_2 & 0 \\ 0 & -D_3 & 0 \end{bmatrix}$$

由于 Q 阵中有两列元素全为零,所以 Q^{-1} 不存在。其原因在于它的第一个环节为纯比例环节,第三个环节为纯微分环节,按典型环节给出的方程分别为

$$y_1 = C_1 u_1$$
$$y_2 = D_3 \dot{u}_3$$

显然不是微分方程而是代数方程,因而使 $Q - 1$ 不存在。为避免系统中出现代数方程,必须保证系统中所有环节的 $B_i \neq 0$,从而使环节能用微分方程给出。从数学上说,因为 $Q = B - DW$,

$B_i \neq 0$ 保证了 $\boldsymbol{B}$ 非奇异,即使此时 $\boldsymbol{DW} = 1$,也可保证 $\boldsymbol{Q}$ 非奇异。所以当系统中出现纯比例、纯微分这类使 $B_i = 0$ 的环节时,则应设法与其他环节合并处理,或设法化为系统可接受的环节。

(2) $\boldsymbol{DW}_0 = 0$ 的条件。当被仿真系统的输入函数有阶跃函数时,阶跃函数在 $t = 0$ 点的 $\dot{r}_i \rightarrow \infty$,此时若 $\boldsymbol{DW}_0 \neq 0$,将使微分方程中的 $\boldsymbol{Q}^{-1}\boldsymbol{DW}_0\boldsymbol{R}$ 为无穷大。使

$$\left.\begin{aligned} \dot{\boldsymbol{Y}} &= \boldsymbol{Q}^{-1}\boldsymbol{P}\boldsymbol{Y} + \boldsymbol{Q}^{-1}\boldsymbol{CW}_0\boldsymbol{R} + \boldsymbol{Q}^{-1}\boldsymbol{W}_0\dot{\boldsymbol{R}} \\ \dot{\boldsymbol{Y}} &= \widetilde{\boldsymbol{A}}\boldsymbol{Y} + \widetilde{\boldsymbol{B}}\boldsymbol{R} + \boldsymbol{Q}^{-1}\boldsymbol{W}0\dot{\boldsymbol{R}} \end{aligned}\right\} \tag{3-57}$$

无解。为避免出现这种情况,要求 $\boldsymbol{DW}_0 = 0$。由于 $\boldsymbol{D}$ 为 $N \times N$ 阶对角阵,$\boldsymbol{W}_0$ 为 $N \times R$ 阶矩阵,而 $\boldsymbol{W}_0$ 中只有承受输入作用的那些环节的 $W_{ii}^0 \neq 0$,其余都为零。

$$\begin{bmatrix} D_1 & & & & & \\ & D_2 & & & & \\ & & \cdots & & & \\ & & & D_i & & \\ & & & & \cdots & \\ & & & & & D_n \end{bmatrix} \begin{bmatrix} W_{11}^0 & W_{12}^0 & \cdots & W_{1r}^0 \\ W_{21}^0 & W_{22}^0 & \cdots & W_{2r}^0 \\ \cdots & \cdots & \cdots & \cdots \\ W_{n1}^0 & W_{n2}^0 & \cdots & W_{nr}^0 \end{bmatrix} = [0]_{N \times R}$$

要使 $\boldsymbol{DW}_0 = 0$,只要被输入函数作用的那些环节的 $D_i = 0$ 即可。

综上可知,只要在建立系统模型时,注意使含有微分项系数的环节不直接与外加参考输入相连接,或对原系统作一些处理,即可保证 $DW_0 = 0$,达到求解方便的目的。

4. 计算步长的选择

3.4.1 节及本节所述仿真程序均采用四阶龙格-库塔法求解状态方程,方法本身为四阶精度,误差与 h^4 同数量级,精度满足一般工程实际要求,但仍然应注意若计算步长选取不恰当,会造成计算稳定性差的问题。

仿真中采用固定步长计算方法,即计算步长 h_0 固定不变,这样计算过程简便,误差也在工程设计允许范围之内。

通常可按以下经验数据选择四阶龙格-库塔法的步长值:

$$h_0 \leqslant \frac{1}{5\omega_c}; \omega_c \text{ 为系统开环频率特性的剪切频率}$$

或

$$h_0 \leqslant \frac{t_r}{10}; t_r \text{ 为系统阶跃响应的上升时间}$$

$$h_0 \leqslant \frac{t_s}{40}; t_s \text{ 为系统阶跃响应的调节时间(过渡过程时间)}$$

若系统中有局部闭环,则以上各值应按响应速度最快的局部闭环考虑。当 t_r、t_s 大致能估计范围时,以上经验数据意味着,为充分反映系统响应开始阶段变化较快的情况,在 t_r 内至少应计算 10 个点;或为全面反映系统响应整个过渡过程变化情况,在 t_s 内至少应计算 40 个点。

还应注意到,h_0 的选取应小于系统中最小时间常数 T 的两倍,即

$$h_0 < 2T$$

以保证数值计算的稳定性,得到较可靠的结果。

【例 3-4】 考虑某系统结构如图 3-13 所示,用 S 函数编写程序对系统进行仿真。

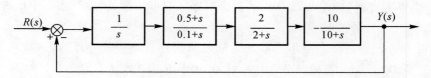

图 3-13 控制系统结构图

解 根据系统的连接关系可得

$$\boldsymbol{W} = \begin{bmatrix} 0 & 0 & 0 & -1 \\ 1 & 0 & 0 & 0 \\ 0 & 1 & 0 & 0 \\ 0 & 0 & 1 & 0 \end{bmatrix}, \quad \boldsymbol{W}_0 = \begin{bmatrix} 1 \\ 0 \\ 0 \\ 0 \end{bmatrix}$$

$$\boldsymbol{A} = \begin{bmatrix} 0 & & & \\ & 0.1 & & \\ & & 2 & \\ & & & 10 \end{bmatrix}, \quad \boldsymbol{B} = \begin{bmatrix} 1 & & & \\ & 1 & & \\ & & 1 & \\ & & & 1 \end{bmatrix}$$

$$\boldsymbol{C} = \begin{bmatrix} 1 & & & \\ & 0.5 & & \\ & & 2 & \\ & & & 10 \end{bmatrix}, \quad \boldsymbol{D} = \begin{bmatrix} 0 & & & \\ & 1 & & \\ & & 0 & \\ & & & 0 \end{bmatrix}$$

编写 MATLAB 程序如下：

```
%jgt method
clear all;
close all;
r=1;
W=[0 0 0 -1;1 0 0 0;0 1 0 0;0 0 1 0];
W0=[1;0;0;0];Wc=[0 0 0 1];
A=[0 0.1 2 10];A=diag(A);B=[1 1 1 1];B=diag(B);
C=[1 0.5 2 10];C=diag(C);D=[0 1 0 0];D=diag(D);
h=0.2;ST=15;
Q=B-D*W;
P=C*W-A;
A1=inv(Q)*P;B1=inv(Q)*C*W0;
x=[zeros(length(A1),1)];c=[zeros(length(Wc(:,1)),1)];
time=0;
for k=1:ST/h
    K1=A1*x+B1*r;
    K2=A1*(x+h*K1/2)+B1*r;
    K3=A1*(x+h*K2/2)+B1*r;
    K4=A1*(x+h*K3)+B1*r;
    x=x+h*(K1+2*K2+2*K3+K4)/6;
    c=[c,Wc*x];
```

```
        time=[time,time(k)+h];
end
figure(1)
plot(time,c);
```

仿真中取 $h=0.2$，在 MATLAB 命令窗口执行所编写的 m 文件，得到仿真曲线如图 3-14 所示。

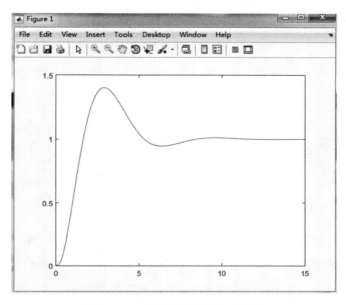

图 3-14　系统单位阶跃响应曲线

3.5　连续系统的离散相似法

前面介绍的仿真方法都是针对线性连续控制系统而言，无论如何变化，最终都是通过数值积分方法求得结果的。我们已在前面讨论过采用数值积分方法进行系统仿真的特点，这里来分析其不足之处。

(1)单步法求解过程中，每计算一个步长 h，要多次求取函数的导数值，以获得不同方法下的各次斜率 K_1、K_2、$\cdots$，等等，步骤烦琐。

(2)在多步法求解过程中，又要求存储各状态变量值前 k 次时刻的数据，当系统阶次较高时，存储量相当大，而且启动时还需要其他算法配合。

(3)隐式算法求解必须经若干次迭代，才取得一个时刻的变量数值，计算速度受影响。

(4)虽能得到各线性环节的输出响应值，但由于数值积分方法本身的原因所限，它是统一由状态方程求解变量值，对单个环节输出的特殊变化（如非线性变化）难以单独考虑，故还不能对环节中含有非线性特性的情况进行仿真。

由此可知，在工程精度允许的条件下，应寻找其他方法求解系统状态方程，克服以上不足之处，尤其希望能找到灵活处理典型非线性系统问题的仿真方法，它更具有实际应用意义。

3.5.1 连续系统的离散化模型法

差分方程是描述离散(采样)控制系统的数学模型,其主要特点是方程中各变量由各相邻时刻的变化量(差分及高阶差分关系)制约,方程一旦列出,就相当于得到递推方程。从初始时刻开始,可以递推求出各离散时刻的状态变量值。因此,在一定条件下,将连续系统的微分方程形式的状态方程转化为差分方程形式的状态方程,就可以不必采用数值积分求解。连续系统状态方程的离散化方法在控制理论课程中已有详细叙述。这里从数字仿真的角度简要说明。

1. 连续系统状态方程的离散化

设连续系统状态方程为

$$\left.\begin{array}{l} \dot{X} = AX + Bu \\ Y = CX \end{array}\right\} \qquad (3-58)$$

$X(t_0) = X_0$,为状态初始值则由现代控制理论基础可知,状态变量 $X(t)$ 的解为

$$X(t) = \Phi(t)X(0) + \int_0^t \Phi(t-\tau)Bu(\tau)d\tau$$

即

$$X(t) = e^{At}X(0) + \int_0^t e^{A(t-\tau)}Bu(\tau)d\tau \qquad (3-59)$$

这就是控制理论中介绍的线性时不变系统的运动方程,$\Phi(t)$ 称为状态转移矩阵。若将该系统进行离散化处理,并取相邻两采样时刻为 kT 和 $(k+1)T$,则它们的状态变量值为

$$X(kT) = e^{AkT}X(0) + \int_0^{kT} e^{A(kT-\tau)}Bu(\tau)d\tau \qquad (3-60)$$

$$X[(k+1)T] = e^{A(k+1)T}X(0) = \int_0^{(k+1)T} e^{A((k+1)T-\tau)}Bu(\tau)d\tau \qquad (3-61)$$

为使此关系式能用递推形式给出,用式(3-61)减去 e^{AT} 与式 (3-60)的乘积得

$$X[(k+1)T] = e^{AT}X(kT) = \int_{kT}^{(k+1)T} e^{A[(k+1)T-\tau]}Bu(\tau)d\tau$$

取 $\tau = (k+1)T - t$ 进行变量代换,则

$$X[(k+1T)] = e^{AT}X(kT) + \int_0^T e^{At}Bu(t)dt \qquad (3-62)$$

若采用零阶保持器,在相邻两个采样时刻输入信号保持不变,即 $u(t) = u(kT)$,$kT \leqslant t < (k+1)T$,则此时

$$X[(k+1T)] = e^{AT}X(kT) + \int_0^T e^{At}dtBu(kT) \qquad (3-63)$$

若希望递推公式精度更高些,应该考虑到在两次采样时刻 kT 和 $(k+1)T$ 之间 $u(t)$ 一直在变化,用一阶保持器近似更为合理。

$$u(t) = u(kT) + \frac{u[(k+1)T] - u(kT)}{T}t, \quad kT \leqslant t < (k+1)T$$

而

$$\frac{u[(k+1)T] - u(kT)}{T} = \dot{u}(kT)$$

所以

$$u(t) = u(kT) + \dot{u}(kT)t \qquad (3-64)$$

于是把式(3-64)代入式(3-62)中,可得

$$X[(k+1T)] = \mathrm{e}^{AT}X(kT) + \int_0^T \mathrm{e}^{At}\mathrm{d}t\boldsymbol{B}u(kT) + \int_0^T \mathrm{e}^{At}\boldsymbol{B}t\,\mathrm{d}t\dot{u}(kT) \qquad (3-65)$$

已知
$$\Phi(T) = \mathrm{e}^{AT}$$

令
$$\Phi_m(T) = \int_0^T \mathrm{e}^{At}\mathrm{d}t\boldsymbol{B}$$

$$\widetilde{\Phi}_m(T) = \int_0^T \mathrm{e}^{At}\boldsymbol{B}t\,\mathrm{d}t$$

则采用零阶保持器时有
$$X[(k+1)T] = \Phi(T)X(kT) + \Phi_m(T)u(kT) \qquad (3-66)$$

采用一阶保持器时有
$$X[(k+1)T] = \Phi(T)X(kT) + \Phi_m(T)u(kT) + \widetilde{\Phi}m(T)\dot{u}(kT) \qquad (3-67)$$

利用 MATLAB 语言控制系统工具箱中的功能函数,可使离散化系数矩阵 $\Phi(T)$、$\Phi_m(T)$、$\widetilde{\Phi}_m(T)$ 的求取过程大为简化。若已知连续系统状态方程中各矩阵模型参数($\boldsymbol{A}$、$\boldsymbol{B}$、$\boldsymbol{C}$、$\boldsymbol{E}$)以及采样周期 T,则语句[F,G]=c2d(A,B,T);返回的矩阵 $\boldsymbol{F}$、$\boldsymbol{G}$ 就是所要求的 $\Phi(T)$、$\Phi_m(T)$。

如果考虑精度高一些且输入加了一阶保持器的算法,则在求得 $\boldsymbol{F}$、$\boldsymbol{G}$ 后,再用一条组合语句 H=((inv(A))^2 * (F-eye(n)) * B-T * B;得到的矩阵 $\boldsymbol{H}$ 就是所要求的 $\widetilde{\Phi}_m(T)$。语句中所用的求取公式为
$$\widetilde{\Phi}_m(T) = \boldsymbol{A}^{-2}[\Phi(T) - \boldsymbol{I}]\boldsymbol{B} - T\boldsymbol{B}$$

是通过分部积分得到的。

MATLAB 中还提供了功能更强的求取连续系统离散化矩阵的函数 c2dm( )。它与 c2d( ) 的区别在于:允许使用者在调用时自行选择确定离散化变换方式(见附录),并且所得到的是标准的离散化状态方程:
$$\begin{cases} \boldsymbol{X}_{k+1} = \boldsymbol{Ad}\boldsymbol{X}_k + \boldsymbol{Bd}\boldsymbol{u}_k \\ \boldsymbol{Y}_{k+1} = \boldsymbol{Cd}\boldsymbol{X}_k + \boldsymbol{Dd}\boldsymbol{u}_k \end{cases}$$

式中的各系数矩阵($\boldsymbol{Ad}$,$\boldsymbol{Bd}$,$\boldsymbol{Cd}$,$\boldsymbol{Dd}$)也可由语句求得。

语句调用格式如下:

[Ad,Bd,Cd,Dd]=c2dm(A,B,C,D),'选项');

与其他转换方式类似,语句:

[A,B]=d2c(F,G,T),;

[A,B,C,D]=d2cm(Ad,Bd,Cd,Dd,T,'选项');

是离散化过程的逆过程,它是用以完成从离散化系统转换为连续系统各系数矩阵求取过程的功能函数。有关这些语句使用的详细情况请参阅有关参考文献。

2. 典型环节的离散化

对阶次较高的系统,系统离散化后求取 $\Phi(T)$、$\Phi_m(T)$、$\widetilde{\Phi}_m(T)$ 并非易事,遇到复杂连接的系统结构图时,欲采用上述方法,事先需要设法化简、合并,还要做大量的工作,这就失去了计算机仿真运算的意义。因此,下面考虑如何把典型环节连续模型化为离散模型,使离散化仿真模型也能面向复杂连续系统。

仍以式(3-50)定义的典型环节为前提,即
$$G_i(s) = \frac{Y_i(s)}{U_i(s)} = \frac{C_i + D_is}{A_i + B_is} \quad (i = 1,2,\cdots,n) \qquad (3-68)$$

为方便起见,略去下标 i ,并改写为

$$G(s) = \frac{Y(s)}{U(s)} = \frac{C}{A+Bs} + \frac{C}{A+Bs}\frac{D}{C}s \tag{3-69}$$

令

$$x = \frac{C}{A+Bs}u \tag{3-70}$$

则

$$y = \frac{C}{A+Bs}u + \frac{C}{A+Bs}u\frac{D}{C}s = x + \frac{D}{C}sx \tag{3-71}$$

显然,由式(3-70)和式(3-71)易得对应典型环节的连续微分方程

$$\begin{cases} \dot{x} = -\dfrac{A}{B}x + \dfrac{C}{B}u \\ y = (1 - \dfrac{AD}{CB})x + \dfrac{D}{B}u \end{cases}$$

按离散化步骤,可推得

$$\left. \begin{array}{l} x_{k+1} = \Phi(T)x_k + \Phi_m(T)u_k + \tilde{\Phi}(T)\dot{u}_k \\ y_{k+1} = \Phi_c x_{k+1} + \Phi_d u_{k+1} \end{array} \right\} \tag{3-72}$$

其中,

$$\left. \begin{array}{l} \Phi(T) = \mathrm{e}^{-\frac{A}{B}T} \\[2mm] \Phi_m(T) = \dfrac{C}{A}(1 - \mathrm{e}^{-\frac{A}{B}T}) \\[2mm] \tilde{\Phi}_m(T) = \dfrac{C}{A^2}(AT - B + B\mathrm{e}^{-\frac{A}{B}T}) \\[2mm] \Phi_c = 1 - \dfrac{AD}{CB} \\[2mm] \Phi_d = \dfrac{D}{B} \end{array} \right\} \tag{3-73}$$

对典型一阶环节来说,它们均为标量系数,且求法固定。只要将已知 A、B、C、D 各值代入式(3-71)即可求得离散化系数 $\Phi(T)$、$\Phi_m(T)$、$\tilde{\Phi}_m(T)$ 以及 Φ_c、Φ_d 。

积分环节: $G(s) = \dfrac{K}{s}$, $A = 0$, $B = 1$, $C = K$, $D = 0$,则

$$\begin{cases} \Phi(T) = \mathrm{e}^{-\frac{A}{B}T} = 1 \\[2mm] \Phi_m(T) = \lim\limits_{A \to 0}\dfrac{C}{A}(1 - \mathrm{e}^{-\frac{A}{B}T}) = KT \\[2mm] \tilde{\Phi}_m(T) = \lim\limits_{A \to 0}\dfrac{C}{A^2}(AT - B + B\mathrm{e}^{-\frac{A}{B}T}) = \dfrac{KT^2}{2} \\[2mm] \Phi_c = 1, \Phi_d = 0 \end{cases}$$

所以,状态与输出递推公式为

$$\left. \begin{array}{l} x_{k+1} = x_k + KTu_k + \dfrac{KT^2}{2}\dot{u}_k \\[2mm] y_{k+1} = x_{k+1} \end{array} \right\} \tag{3-74}$$

比例积分环节: $G(s) = \dfrac{K(bs+1)}{s}$, $A = 0$, $B = 1$, $C = K$, $D = bK$ 。

由于 A, B, C 均与积分环节相同,所以 $\Phi(T)$、$\Phi_m(T)$、$\tilde{\Phi}_m(T)$ 和 Φ_c 与积分环节完全相同,相应状态方程也完全相同。

但因 $D \neq 0$,只有 Φ_d 不同,所以输出方程为

$$y_{k+1} = x_{k+1} + Kbu_{k+1} \tag{3-75}$$

惯性环节: $G(s) = \dfrac{K}{s+a}, A = a, B = 1, C = K, D = 0$,则

$$\left. \begin{aligned} \Phi(T) &= \mathrm{e}^{-aT} \\ \Phi_m(T) &= \frac{K}{a}(1 - \mathrm{e}^{-aT}) \\ \widetilde{\Phi}_m(T) &= \frac{K}{a^2}(aT - 1 + \mathrm{e}^{-aT}) \\ \Phi_c &= 1, \Phi_d = 0 \end{aligned} \right\} \tag{3-76}$$

状态与输出递推公式为

$$x_{k+1} = \mathrm{e}^{-aT}x_k + \frac{K}{a}(1 - \mathrm{e}^{-aT})u_k + \frac{K}{a^2}(aT - 1 + \mathrm{e}^{-aT})\dot{u}_k \tag{3-77}$$

$$y_{k+1} = x_{k+1}$$

比例惯性环节: $G(s) = K\dfrac{s+b}{s+a} = b\dfrac{\dfrac{K}{b}s + K}{s+a}, A = a, B = 1, C = K, D = \dfrac{K}{b}$。

很明显,因为 A、B、C 均与惯性环节相同,状态方程离散化系数 $\Phi(T)$、$\Phi_m(T)$、$\widetilde{\Phi}_m(T)$ 也相同,故状态方程递推公式与惯性环节的状态方程完全相同。又因为 $D \neq 0$,Φ_c、Φ_d 与惯性环节不同,所以输出方程需特别考虑。

注意到当 $\left(\dfrac{y}{b}\right) = \dfrac{\dfrac{K}{b}s + K}{s+a}u$ 时,对应有

$$\left(\frac{y}{b}\right) = \left(1 - \frac{AD}{CB}\right)x + \frac{D}{B}u$$

故有
$$y_{k+1} = (b-a)x_{k+1} + Ku_{k+1} \tag{3-78}$$

显然
$$\Phi_c = b - a, \quad \Phi_d = K$$

由上面的分析可知,四种典型环节包括了一阶环节的所有不同形式,其离散化系数能统一由 K、a、b 三个参数表示。

这种方法通常称为按环节离散化方法,其精度有限。由于典型环节离散化模型的状态递推方程包含 $\dot{u}_k$ 项,所以环节仿真精度仅为二阶,因此整个系统仿真精度也不会高于二阶。但该方法的突出优点是可以在仿真过程中考虑非线性环节影响,从而使对各类系统仿真的适应能力得到增强。

【例 3 - 5】 设控制系统的结构图如图 3 - 15 所示,求在单位阶跃信号作用下的系统响应。

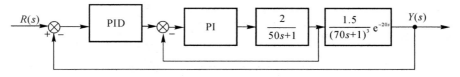

图 3 - 15　控制系统的结构图

解　把如图 3 - 15 所示的系统转化为如图 3 - 16 所示的标准形式的系统结构图,对图 3 - 16

中的每个环节加零阶保持器超前一拍进行离散化,即可得到系统各环节离散化后的差分方程如下:

$$e_1(k+1) = r(k+1) - c(k)$$

$$x_{\text{up1}}(k+1) = K_{\text{p1}} e_1(k+1)$$

$$x_{\text{ui1}}(k+1) = x_{\text{ui1}}(k) + Ki1 Tse_1(k+1)$$

$$x_{\text{ud}}(k+1) = K_{\text{d1}} \frac{e_1(k+1) - e_1(k)}{Ts}$$

$$x_{\text{upid}}(k+1) = x_{\text{up1}}(k+1) + x_{\text{ui1}}(k+1) + x_{\text{ud}}(k+1)$$

$$e_2(k+1) = x_{\text{upid}} - x_3(k)$$

$$x_{\text{up2}}(k+1) = K_{\text{p2}} e_2(k+1)$$

$$x_{\text{ui2}}(k+1) = u_{\text{ui2}}(k) + K_{\text{i2}} Tse_2(k+1)$$

$$x_{\text{pi1}}(k+1) = x_{\text{up2}}(k+1) + x_{\text{ui2}}(k+1)$$

$$x_3(k+1) = \text{e}^{-\frac{Ts}{50}} x_3(k) + 2(1 - \text{e}^{-\frac{Ts}{50}}) u_{\text{pi}}(k+1)$$

$$x_4(k+1) = \text{e}^{-\frac{Ts}{70}} x_4(k) + 1.5(1 - \text{e}^{-\frac{Ts}{70}}) x_3(k+1)$$

$$x_{5\sim6}(k+1) = \text{e}^{-\frac{Ts}{70}} x_{5\sim6}(k) + 1.5(1 - \text{e}^{-\frac{Ts}{70}}) x_{4\sim5}(k+1)$$

$$y(k+1) = x_6(k+1-\frac{20}{Ts})$$

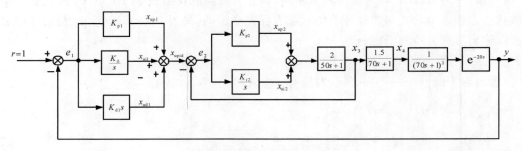

图 3 - 16 转化图

根据上述差分方程,设计算步距为 1,仿真时间为 1 000,编制 MATLAB 仿真程序如下:

```
clear all;
close all;
Ts=1;r=1;ui1=0;ui2=0;
x(1:6)=0;
Kp1=1.2;Ki1=0.006;Kd1=60;
Kp2=0.33;Ki2=5.2;
m=20;
DX(1:m)=0;y=0;e0=0;
a1=exp(-Ts/50);a2=exp(-Ts/70);
for i=1:1000
    e1=r-y;
    up=e1*Kp1;
    ui1=ui1+Ki1*Ts*e1;
    ud=Kd1*(e1-e0)/Ts;
```

```
    upid＝up＋ui1＋ud；
    e0＝e1；
    e2＝upid－x(3)；
    up＝Kp2 * e2；
    ui2＝ui2＋Ki2 * Ts * e2；
    upi＝up＋ui2；
    x(3)＝a1 * x(3)＋2 * (1－a1) * upi；
    x(4)＝a2 * x(4)＋1.5 * (1－a2) * x(3)；
    x(5:6)＝a2 * x(5:6)＋(1－a2) * x(4:5)；
    y＝DX(m)；
for k＝m:－1:2
        DX(k)＝DX(k－1)；
end
    DX(1)＝x(6)；
    y1(i)＝y；t(i)＝i * Ts；
end
plot(t,y1,′r:′)
```

仿真结果如图 3－17 所示。

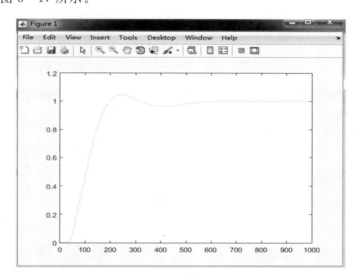

图 3－17　系统单位阶跃响应曲线

3.6　非线性系统的数字仿真

若系统中含有非线性元件,则会给仿真模型的建立和计算都带来一些新问题。非线性系统表示为状态方程形式为

$$\dot{\boldsymbol{X}}(t) = \boldsymbol{F}(\boldsymbol{X}, \boldsymbol{U}, t), \quad \boldsymbol{X}(t_0) = \boldsymbol{X}_0 \tag{3－79}$$

由式(3-79)可见,状态方程右端不再是状态变量 $\boldsymbol{X}$ 和输入函数 $\boldsymbol{U}$ 的线性组合,而是与 $\boldsymbol{X}$、

U 有关的变量矩阵。这对采用前述仿真程序进行运算将造成困难,因为程序不能通用,所以对不同的系统仿真必须输入不同的自定义函数来表征非线性环节,且阶次越高的系统,越复杂且烦琐。到目前为止,还没有统一的方法能解决所有的非线性问题。但对于一些包含常见典型非线性环节的控制系统,通过合理地建立模型和描述性能,利用 3.5 节讨论的按环节离散化仿真的方法,可以很方便地在程序中加入非线性环节,从而达到对非线性系统进行数字仿真的目的。

下面介绍典型非线性环节及其 MATLAB 程序描述。

1. 饱和非线性

如图 3-18 所示饱和非线性环节的数学描述为

$$u_c = \begin{cases} -a, & u_r \leqslant a \\ u_r, & -a < u_r < a \\ a, & u_r \geqslant a \end{cases} \qquad (3-80)$$

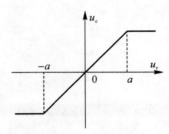

图 3-18　饱和非线性环节

根据上述饱和非线性环节的输入输出关系,编制 MATLAB 程序如下:

```
%filename:Satu.m
function uc=satu(ur,a)
if (abs(ur)>=a)
if  (ur>0) uc=a;
else uc=-a;
end
else
uc=ur;
end
```

2. 死区非线性特性

如图 3-19 所示死区非线性环节的数学描述为

$$u_c = \begin{cases} u_r + a, & u_r \leqslant a \\ 0, & -a < u_r < a \\ u_r - a, & u_r \geqslant a \end{cases} \qquad (3-81)$$

根据上述死区非线性环节的输入输出关系,编制 MATLAB 程序如下:

```
%filename:Dead.m
function uc=dead(ur,a)
if (abs(ur)>=a)
```

```
if  (ur>0) uc=ur-a;
else uc=ur+a;
end
else
uc=0;
end
```

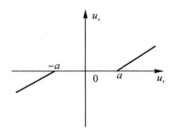

图 3 - 19　死区非线性环节

3. 继电非线性特性

图 3 - 20 所示继电非线性环节的数学描述为

$$u_c = \begin{cases} a, & u_r > 0 \\ -a, & u_r < 0 \end{cases} \qquad (3-82)$$

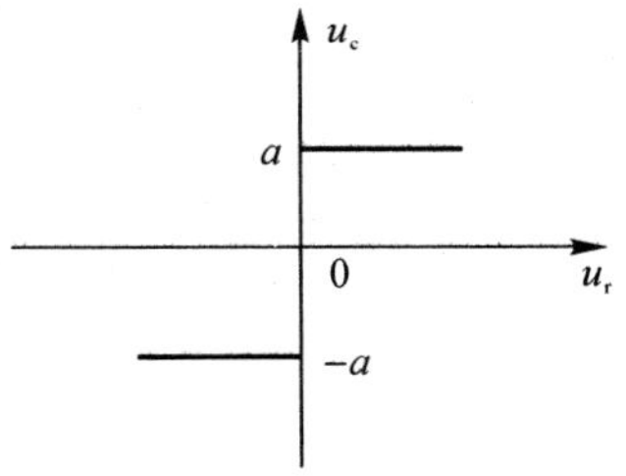

图 3 - 20　继电非线性环节

　根据上述继电非线性环节的输入输出关系,编制 MATLAB 程序如下:

```
%filename:Sigal.m
function uc=signal(ur,a)
if (ur>0) uc=a;
end
if  (ur<0) uc=-a;
end
```

4. 滞环非线性特性

图 3 - 21 所示滞环非线性环节的数学描述为

$$u_c(kT) = \begin{cases} u_r(kt) - a, & \dot{u}_r > 0 \text{ 且} \\ u_r(kT) + a, & \dot{u}_r < 0 \text{ 且} -a_1 < u_r < a_1 \\ u_c[(k-1)T], & \text{其他} \end{cases} \qquad (3-83)$$

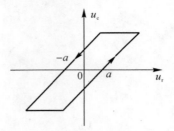

图 3 - 21 滞环非线性环节

根据上述滞环非线性环节的输入输出关系,编制 MATLAB 程序如下:

```
%filename:Backlash. m
function [uc,ur1]=backlash(ur1,ur,uc1,a)
if (ur>ur1)
if ((ur-a)>=uc1)
uc=ur-a;
else uc=uc1;
end
elseif (ur<ur1)
if ((ur+a)><=uc1)
uc=ur+a;
else uc=uc1;
end
else uc=uc1;
end
end
    ur1=ur
```

典型非线性环节的共同特点是只需一个参数 a 就能反映出该环节的非线性特性,表达非常简洁。如饱和环节中 a 表示环节的饱和值;死区环节中 a 却表示环节的死区值;而在滞环环节中 a 又表示环节的滞环宽度值。不过要注意到,各环节的放大系数规定均为 1,若不为 1 则应设法合入其前后的线性环节中,这样做也是为了建立模型方便的需要。

对于含有典型非线性环节的系统,在进行数字仿真时并不需要增加前述系统典型环节的个数,只需要将典型非线性环节施加于典型线性环节的前面或者后面,通过其输入输出关系改变典型环节的输入或输出,其余按不含典型非线性环节的系统进行仿真即可。

【例 3 - 6】 考虑某系统结构如图 3 - 22 所示,用 S 函数编写程序对系统进行仿真。

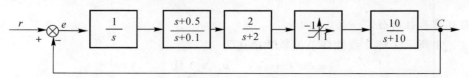

图 3 - 22 非线性系统结构图

解 根据系统的连接关系可得

$$W = \begin{bmatrix} 0 & 0 & 0 & -1 \\ 1 & 0 & 0 & 0 \\ 0 & 1 & 0 & 0 \\ 0 & 0 & 1 & 0 \end{bmatrix}, \quad W_0 = \begin{bmatrix} 1 \\ 0 \\ 0 \\ 0 \end{bmatrix}$$

$$A = \begin{bmatrix} 0 & & & \\ & 0.1 & & \\ & & 2 & \\ & & & 10 \end{bmatrix}, \quad B = \begin{bmatrix} 1 & & & \\ & 1 & & \\ & & 1 & \\ & & & 1 \end{bmatrix}$$

$$C = \begin{bmatrix} 1 & & & \\ & 0.5 & & \\ & & 2 & \\ & & & 10 \end{bmatrix}, \quad D = \begin{bmatrix} 0 & & & \\ & 1 & & \\ & & 0 & \\ & & & 0 \end{bmatrix}$$

编写 MATLAB 程序如下：

```
%Noline sys
clearall;
closeall;
r=1;x1=0;
W=[0 0 0 -1;1 0 0 0;0 1 0 0;0 0 1 0];
W0=[1;0;0;0];Wc=[0 0 0 1];
A=[0 0.1 2 10];A=diag(A);B=[1 1 1 1];B=diag(B);
C=[1 0.5 2 10];C=diag(C);D=[0 1 0 0];D=diag(D);
h=0.2;ST=15;
H=B-D*W;
Q=C*W-A;
A1=inv(H)*Q;B=inv(H)*C*W0;
x=[zeros(length(A1),1)];c=[zeros(length(Wc(:,1)),1)];
time=0;
for k=1:ST/h
    K1=A1*x+B*r;
    K2=A1*(x+h*K1/2)+B*r;
    K3=A1*(x+h*K2/2)+B*r;
    K4=A1*(x+h*K3)+B*r;
    x=x+h*(K1+2*K2+2*K3+K4)/6;
    x1=x([3],[1]);
if (abs(x1)>=1)
if x1>0; x1=1;
else x1=-1;
end
else
    x([3],[1])=x1;
end
```

```
        c=[c,Wc*x];
        time=[time,time(k)+h];
end
figure(1)
plot(time,c)
```

仿真中取 $h=0.2$，在 MATLAB 命令窗口执行所编写的 m 文件，得到仿真曲线如图 3-23 所示。

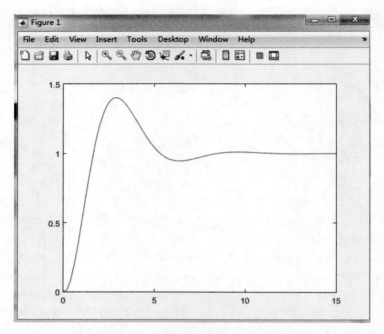

图 3-23　非线性系统的单位阶跃响应曲线

【例 3-7】　考虑非线性系统的结构图如图 3-24 所示。通过仿真求解系统的输出响应。

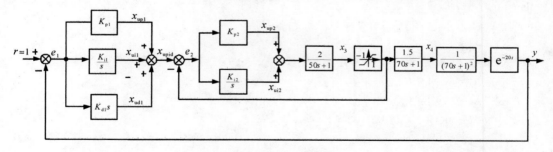

图 3-24　非线性系统结构图

解　根据系统结构图可知，非线性环节位于典型环节 3 的后面，只需要对环节 3 的输出按照饱和非线性环节的输入输出关系进行修改即可。其程序如下：

```
%Nonlinear sys
clear all;
close all;
```

```
Ts＝1;r＝1;ui1＝0;ui2＝0;
x(1:6)＝0;
Kp1＝1.2;Ki1＝0.006;Kd1＝60;
Kp2＝0.33;Ki2＝5.2;
m＝20;
DX(1:m)＝0;c＝0;e0＝0;
a1＝exp(－Ts/50);a2＝exp(－Ts/70);
for i＝1:1000
    e1＝r－c;
    up＝e1 * Kp1;
    ui1＝ui1＋Ki1 * Ts * e1;
    ud＝Kd1 * (e1－e0)/Ts;
    upid＝up＋ui1＋ud;
    e0＝e1;
    e2＝upid－x(3);
    up＝Kp2 * e2;
    ui2＝ui2＋Ki2 * Ts * e2;
    upi＝up＋ui2;
    x(3)＝a1 * x(3)＋2 * (1－a1) * upi;
if (abs(x(3))＞＝2)
if (x(3)＞0) x(3)＝2;
else x(3)＝－2;
end
else
        x(3)＝x(3);
end
    x(4)＝a2 * x(4)＋1.5 * (1－a2) * x(3);
    x(5:6)＝a2 * x(5:6)＋(1－a2) * x(4:5);
    c＝DX(m);
for k＝m:－1:2
        DX(k)＝DX(k－1);
end
    DX(1)＝x(6);
    c1(i)＝c;c2(i)＝x(3);t(i)＝i * Ts;
end
plot(t,c1,′r:′)
```

仿真结果如图 3－25 所示。将例 3－7 的仿真程序与例 3－5 进行比较可以发现,程序是在例 3－5 的基础上,在大的 for 循环中增加了 if 表示的 7 行非线性环节的仿真程序。

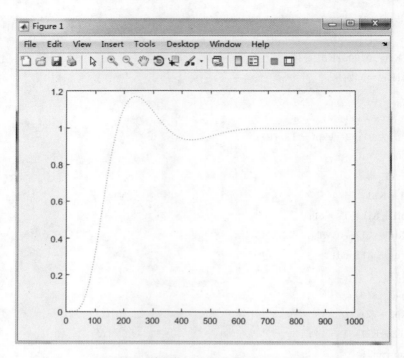

图 3 - 25　非线性系统的单位阶跃响应曲线

第4章 控制系统计算机辅助分析

4.1 控制系统的时域分析

4.1.1 控制系统时域分析方法

由于控制系统数学模型的时域形式一般是微分方程、差分方程和状态空间表达式，所以，在时域内对控制系统进行分析，首先需要求取系统在典型输入信号作用下的时间响应，然后根据控制系统的时间响应对系统的动态性能和稳态性能进行分析计算。

1. 典型输入信号

典型输入信号是指根据实际系统常常遇到的输入信号的形式，是在数学描述上加以理想化的一些基本输入函数。控制系统中常用的典型输入信号有单位阶跃函数、单位斜坡（速度）函数、单位加速度（抛物线）函数、单位脉冲函数和正弦函数，见表4-1。

表4-1 常用的典型输入信号

函数名	函数的时域表达式	拉氏变换象函数
阶跃函数	$r(t) = \begin{cases} 0, t < 0 \\ A, t \geqslant 0 \end{cases}$	$R(s) = \dfrac{A}{s}$
斜坡函数	$r(t) = \begin{cases} 0, t < 0 \\ Bt, t \geqslant 0 \end{cases}$	$R(s) = \dfrac{B}{s^2}$
抛物线函数	$r(t) = \begin{cases} 0, t < 0 \\ \dfrac{1}{2} Ct^2, t \geqslant 0 \end{cases}$	$R(s) = \dfrac{C}{s^3}$
单位理想脉冲函数	$\delta(t) = \begin{cases} \infty, t = 0 \\ 0, t \neq 0 \end{cases}$ $I = \int_{-\infty}^{+\infty} \delta(t)\mathrm{d}t = 1$	$R(s) = 1$
正弦函数	$r(t) = A\sin\omega t$	$R(s) = \dfrac{A\omega}{s^2 + \omega^2}$

2. 动态过程与稳态过程

（1）动态过程。指系统在输入信号作用下，其输出量从初始状态到达最终状态的响应过程。根据系统结构和参数，动态过程表现为衰减、发散和等幅振荡形式。一个实际可以运行的系统,其动态过程必须是衰减的,即系统必须是稳定的。

(2)稳态过程。指系统在输入信号作用下,当时间 t 趋于无穷大时,系统输出量的表现方式。

3.动态性能和稳态性能

(1)动态性能。实际系统中,由于阶跃输入对系统来说是最严峻的工作状态,所以,通常以阶跃响应来定义动态过程的时域性能指标。描述稳定的系统在单位阶跃函数作用下,动态过程随时间 t 的变化状况的指标称为动态性能指标。图 4-1 给出了单位阶跃响应 $c(t)$ 的波形,系统的动态性能指标定义如下:

1)延迟时间 t_d:系统输出响应第一次达到稳态值 $c(\infty)$ 的 50% 所需的时间。

2)上升时间 t_r:系统输出响应从稳态值 $c(\infty)$ 的 10% 上升到稳态值的 90% 所需的时间;或系统输出响应从零第一次达到稳态值 $c(\infty)$ 所需的时间。

3)峰值时间 t_p:系统输出响应超过稳态值 $c(\infty)$ 到达第一个峰值所需的时间。

4)调节时间 t_s:系统输出响应到达并保持在稳态值 $c(\infty)$ 的 $\pm 5\%$ 内所需的最短时间。

5)超调量 σ_p:$\sigma_p = \dfrac{c(t_p) - c(\infty)}{c(\infty)} \times 100\%$。

用 t_r 或 t_p 评价系统的响应速度;用 σ_p 评价系统的阻尼程度;而 t_s 是同时反映系统响应速度和阻尼程度的综合性指标。

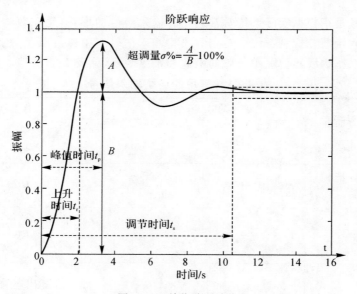

图 4-1 单位阶跃响应

(2)稳态性能。在单位负反馈控制系统中,误差定义为

$$e(t) = r(t) - c(t)$$

稳态误差是指稳定的系统在输入外作用下,经历过渡过程后进入稳态时的误差,即

$$e_{ss} = \lim_{t \to \infty} e(t)$$

不同输入信号作用下系统的稳态误差可以根据表 4-2 进行计算。

表 4－2　输入信号作用下系统的稳态误差

系统类型	误差系数			典型输入信号作用下稳态误差		
				阶跃输入 $r(t) = A \cdot 1(t)$	斜坡输入 $r(t) = Bt$	抛物线输入 $r(t) = \frac{1}{2}Ct^2$
	K_p	K_v	K_a	$e_{ss} = \dfrac{A}{1+K_p}$	$e_{ss} = \dfrac{B}{1+K_v}$	$e_{ss} = \dfrac{C}{1+K_a}$
0 型	K	0	0	$\dfrac{A}{1+K}$	∞	∞
Ⅰ 型	∞	K	0	0	$\dfrac{B}{K}$	∞
Ⅱ 型	∞	∞	K	0	0	$\dfrac{C}{K}$

表中 0 型、Ⅰ 型和 Ⅱ 型系统是根据系统开环传递函数 $G(s)H(s)$ 中所含积分环节的个数决定的，K_p 为系统的静态位置误差系数、K_v 为系统的静态速度误差系数、K_a 为系统的静态加速度误差系数，分别定义为

$$K_p = \lim_{s \to 0} G_k(s)$$
$$K_v = \lim_{s \to 0} s G_k(s)$$
$$K_a = \lim_{s \to 0} s^2 G_k(s)$$

4.1.2　一阶系统时域分析

用一阶微分方程描述的系统称为一阶系统。

1. 数学模型

图 4－2 为一阶系统的动态结构图，其数学模型表示如下：

微分方程：
$$T \frac{\mathrm{d}c(t)}{\mathrm{d}t} + c(t) = r(t) \tag{4-1}$$

传递函数：
$$\Phi(s) = \frac{C(s)}{R(s)} = \frac{1}{Ts+1} （满足零初始条件）$$

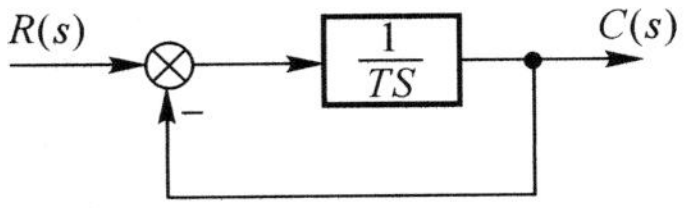

图 4－2　一阶系统动态结构图

2. 时间响应

一阶系统在典型信号作用下的输出响应见表 4－3。由表可知，系统对输入信号导数的响应，等于系统对该输入信号响应的导数；或者可以说，系统对输入信号积分的响应，等于系统对该输入信号响应的积分，而积分常数由零输出初始条件确定。该特征适用于任何阶线性定常系统，但不适用于线性时变系统和非线性系统。

表 4 - 3　一阶系统对典型输入信号的响应

输入信号	输出响应
$\delta(t)$	$\frac{1}{T}e^{-\frac{t}{T}}, t \geqslant 0$
$1(t)$	$1 - e^{-\frac{t}{T}}, t \geqslant 0$
t	$t - T + Te^{-\frac{t}{T}}, t \geqslant 0$
$\frac{1}{2}t^2$	$\frac{1}{2}t^2 - Tt + T^2(1 - e^{-\frac{t}{T}}), t \geqslant 0$

一阶系统单位阶跃响应的性能指标如下。

（1）调节时间：$\qquad\qquad t_s = (3 \sim 4)T$

（2）超调量：$\qquad\qquad\qquad \sigma_p = 0$

特别注意：$c(T) = 0.632c(\infty), \frac{dc(t)}{dt}|_{t=0} = \frac{1}{T}$，用它可以求解实验法建立系统数学模型的时间常数。

4.1.3　二阶系统时域分析

以二阶微分方程描述运动方程的控制系统称为二阶系统。

1. 数学模型

图 4 - 3(a)(b)为二阶系统不同参数的动态结构图。其数学模型如下：

微分方程：$\qquad \frac{d^2c(t)dt^2}{} + \frac{dc(t)}{dt} + Kc(t) = Kr(t)$ $\qquad\qquad$ (4 - 2)

传递函数：$\quad \Phi(s) = \frac{C(s)}{R(s)} = \frac{K}{Ts^2 + s + K} = \frac{\omega_n^2}{s^2 + 2\zeta\omega_n s + \omega_n^2}$（满足零初始条件）

式中：$\omega_n = \sqrt{\frac{K}{T}}$，为无阻尼振荡频率，$rad/s$；$\zeta = \frac{1}{2\sqrt{TK}}$ 为阻尼比。

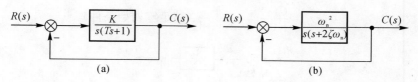

图 4 - 3　二阶系统动态结构图

2. 二阶系统时域分析

二阶系统闭环特征方程式为

$$s^2 + 2\zeta\omega_n s + \omega_n^2 = 0$$

$$s_{1,2} = -\zeta\omega_n \pm \omega_n\sqrt{\zeta^2 - 1}$$

对于结构和功能不同的二阶系统，ζ 和 ω_n 的物理含意是不同的。

（1）欠阻尼情况（$0 < \zeta < 1$）。

令 $\sigma = \zeta\omega_n$（衰减系数），$\omega_d = \omega_n\sqrt{1-\zeta^2}$（阻尼振荡频率），则有

$$s_{1,2} = -\sigma \pm j\omega_d \quad （s\,左半平面一对共轭复数根）$$

注意：实际系统通常都有一定的阻尼比，因此，不可能采用实验法测得 ω_n，而只能测得 ω_d。

1）单位脉冲响应：

$$c(t) = \frac{\omega_n}{\sqrt{1-\zeta^2}}e^{-\zeta\omega_n t}\sin\omega_d t, \quad t \geqslant 0 \qquad (4-3)$$

2）单位阶跃响应：

$$c(t) = 1 - \frac{1}{\sqrt{1-\zeta^2}}e^{-\zeta\omega_n t}\sin(\omega_d t + \beta), \quad t \geqslant 0 \qquad (4-4)$$

式中，$\beta = \arctan(\sqrt{1-\zeta^2}/\zeta)$，或 $\beta = \arccos\zeta$。

性能指标

$$t_d = \frac{1+0.7\zeta}{\omega_n}$$

$$t_r = \frac{\pi - \beta}{\omega_d}(s)$$

$$t_p = \frac{\pi}{\omega_d}(s)$$

$$t_s = \frac{3.5(4.4)}{\zeta\omega_n}(s)$$

$$\sigma_p = e^{-\frac{\zeta\pi}{\sqrt{1-\zeta^2}}} \times 100\%$$

稳态误差为零。

3）单位斜坡响应：

$$c(t) = t - \frac{2\zeta}{\omega_n} + \frac{1}{\omega_n\sqrt{1-\zeta^2}}e^{-\zeta\omega_n t}\sin(\omega_d t + 2\beta), t \geqslant 0 \qquad (4-5)$$

误差响应：　$e(t) = r(t) - c(t) = \frac{2\zeta}{\omega_n} - \frac{1}{\omega_n\sqrt{1-\zeta^2}}e^{-\zeta\omega_n t}\sin(\omega_d t + 2\beta), t \geqslant 0$

（2）无阻尼情况（$\zeta = 0$）。

$$s_{1,2} = \pm j\omega_n \quad （s\,平面虚轴上一对纯虚根）$$
$$c(t) = 1 - \cos\omega_n t, t \geqslant 0 \qquad\qquad ,(4-6)$$

系统响应以 ω_n 为频率做等幅振荡。

（3）临界阻尼情况（$\zeta = 1$）。

$$s_{1,2} = -\omega_n \quad （s\,左半平面一对相等的负实根）$$

1）单位脉冲响应：$\qquad c(t) = \omega_n t e^{-\omega_n t}, t \geqslant 0 \qquad (4-7)$

2）单位阶跃响应：$\qquad c(t) = 1 - e^{-\omega_n t}(1 + \omega_n t), t \geqslant 0 \qquad (4-8)$

单调上升，无稳态误差。

3）单位斜坡响应：$\qquad c(t) = t - \frac{2}{\omega_n} + \frac{2}{\omega_n}e^{-\omega_n t}(1 + \frac{\omega_n t}{2}), t \geqslant 0 \qquad (4-9)$

（4）过阻尼情况（$\zeta > 1$）。

$$s_{1,2} = -\zeta\omega_n \pm \omega_n\sqrt{\zeta^2-1} \quad （s\,左半平面一对不相等的负实根）$$

1)单位脉冲响应： $c(t) = \dfrac{1}{T_1 - T_2}(e^{-t/T_1} - e^{-t/T_2}), t \geqslant 0$ （4-10）

2)单位阶跃响应： $c(t) = 1 - \dfrac{T_1 e^{-t/T_1}}{T_1 - T_2} + \dfrac{T_2 e^{-t/T_2}}{T_1 - T_2}, t \geqslant 0$ （4-11）

非振荡过程,稳态误差为零。

3)单位斜坡响应： $c(t) = T - \dfrac{2\zeta}{\omega_n} + \dfrac{T_1^2 e^{-t/T_1}}{T_1 - T_2} - \dfrac{T_2^2 e^{-t/T_2}}{T_1 - T_2}, t \geqslant 0$ （4-12）

误差响应 $c(t) = \dfrac{2\zeta}{\omega_n} - \dfrac{T_1^2 e^{-t/T_1}}{T_1 - T_2} + \dfrac{T_2^2 e^{-t/T_2}}{T_1 - T_2}, t \geqslant 0$

注意:闭环极点距离虚轴越远,系统的调节时间越短。

3.改善典型二阶系统动态性能的方法

(1)采用比例-微分控制。二阶系统比例-微分控制结构如图4-4所示。

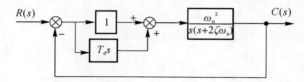

图4-4 二阶系统的比例-微分控制

其传递函数为

$$\Phi(s) = \frac{\omega_n(1 + T_d s)}{s^2 + 2(\zeta + \omega_n T_d)\omega_n s + \omega_n^2} = $$
$$\frac{\omega_n}{s^2 + 2\zeta_d \omega_n s + \omega_n^2} + T_d s \frac{\omega_n^2}{s^2 + 2\zeta_d \omega_n s + \omega_n^2}$$

其中, $\zeta_d = \zeta + \dfrac{1}{2}T_d \omega_n$,且增加了一个闭环零点。

单位阶跃响应： $c(t) = c_1(t) + T_d \dfrac{dc_1(t)}{dt}$ （4-13）

其中, $c_1(t)$ 为标准二阶系统的单位阶跃响应。

比例-微分控制的特点如下:

1)系统开环增益和自然振荡频率不变。

2)增大了系统阻尼比,减小了稳态误差。

3)使系统上升时间加快,调节时间缩短。

4)抗高频干扰的能力下降。

(2)采用测速反馈控制。二阶系统的测速与反馈控制结构如图4-5所示。

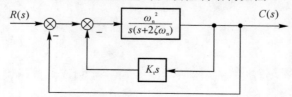

图4-5 二阶系统的测速反馈控制

其传递函数为

$$\Phi(s) = \frac{\omega_n}{s^2 + 2\zeta_t\omega_n s + \omega_n^2}$$

其中，$\zeta_d = \zeta + \dfrac{1}{2}K_t\omega_n$

测速反馈控制的特点如下：

1）自然振荡频率不变。

2）增大了系统阻尼比，减小了稳态误差。

3）系统开环增益下降。

4）使系统上升时间加快，调节时间缩短。

5）对噪声有抑制作用。

（3）两种控制方法的比较。

1）附加阻尼来源不同。

2）使用环境不同。

3）对开环增益的影响不同。

4）对动态性能的影响不同。

4. 高阶系统分析

设高阶系统的闭环传递函数为

$$G(s) = \frac{b_m s^m + b_{m-1} s^{m-1} + \cdots + b_1 s + b_0}{s^n + a_{n-1} s^{n-1} + \cdots + a_1 s + a_0} =$$

$$\frac{b_m s^m + b_{m-1} s^{m-1} + \cdots + b_1 s + b_0}{\prod\limits_{i=1}^{n_1}(s + p_i) \prod\limits_{j=1}^{n_2}(s^2 + 2\zeta_j\omega_j s + \omega_j^2)}$$

则，高阶系统的单位阶跃响应为

$$Y(s) = \frac{b_m s^m + b_{m-1} s^{m-1} + \cdots + b_1 s + b_0}{\prod\limits_{i=1}^{n_1}(s + p_i) \prod\limits_{j=1}^{n_2}(s^2 + 2\zeta_j\omega_j s + \omega_j^2)} \cdot \frac{1}{s}$$

$$y(t) = \frac{A}{s} + \sum_{i=1}^{n_1} B_i e^{-p_i t} + \sum_{j=1}^{n_2} e^{-\zeta_j\omega_j t}\sin(\omega_j t + \beta_j)$$

4.1.4　MATLAB 常用时域分析函数及分析示例

1. MATLAB 常用时域分析函数

MATLAB 提供了丰富的时域分析函数，控制系统分析中常用的分析函数见表 4-4。

表 4-4　常用的时域分析函数

函数名	功　能	函数名	功　能
step( )	求取连续系统的单位阶跃响应	dstep( )	求取离散系统的单位阶跃响应
impulse( )	求取连续系统的单位脉冲响应	dimpulse( )	求取离散系统的单位脉冲响应
initial( )	求取连续系统的零输入响应	dinitial( )	求取离散系统的零输入响应
lsim( )	求取连续系统的任意输入响应	dlsim ·	求取离散系统的任意输入响应

续 表

函数名	功　能	函数名	功　能
laplace( )	求取连续时间函数拉氏变换	ilaplace( )	求取拉氏反变换
ztrans( )	求取 Z 变换	iztrans( )	求取 Z 反变换

2. MATLAB 时域分析示例

【例 4-1】 已知控制系统的闭环传递函数为

$$\Phi(s) = \frac{12}{s^2 + 2s + 12}$$

求系统的单位脉冲响应。

解 编写 MATLAB 程序如下：

```
%impulse
clear all;
closeall;
num=[12];
den=[1 2 12];
sys=tf(num,den);
t=[0:0.1:10];
y=impulse(sys,t);
plot(t,y);
```

系统的单位脉冲响应曲线如图 4-6 所示。

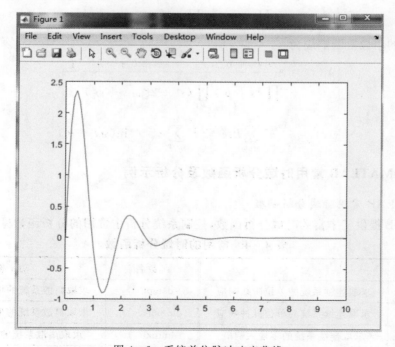

图 4-6　系统单位脉冲响应曲线

【例 4 - 2】　已知单位负反馈系统开环传递函数为

$$G(s) = \frac{\omega_n^2}{s(s + 2\zeta\omega_n)}$$

其中，$\omega_n = 1$，试分别绘制当 ζ 为 $0, 0.2, 0.4, 0.6, 0.8, 1.0, 1.2, 1.4$ 时的单位阶跃响应曲线。

解　编写 MATLAB 程序如下：

```
%step
clear all；
close all；
wn＝1；
cosi＝[0,0.2,0.4,0.6,0.8,1.0,1.2,1.4]；
num＝wn * wn；
t＝[0:0.1:15]；
for i=1:8
den＝conv([1,0],[1 2 * cosi(i) * wn])；
s1＝tf(num,den)；
sys＝feedback(s1,1)；
y(:,i)＝step(sys,t)；
end
plot(t,y(:,1:8))；grid
gtext('cosi=0')；gtext('cosi=0.2')；gtext('cosi=0.4')；gtext('cosi=0.6')；
gtext('cosi=0.8')；gtext('cosi=1.0')；gtext('cosi=1.2')；gtext('cosi=1.4')；
```

绘制的不同 ξ 下的单位阶跃响应曲线如图 4 - 7 所示。

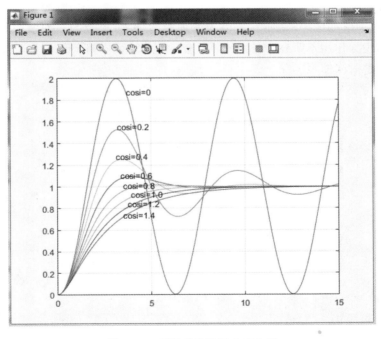

图 4 - 7　系统单位阶跃响应曲线

【例 4-3】 在同一个坐标系中绘制典型二阶系统、具有零点的二阶系统和三阶系统的阶跃响应曲线,并比较它们的性能。系统的传递函数分别为

$$\Phi(s) = \frac{3.2}{(s+0.8+j1.6)(s+0.8-j1.6)}$$

$$\Phi(s) = \frac{3.2}{(s+0.8+j1.6)(s+0.8-j1.6)(0.33s+1)}$$

$$\Phi(s) = \frac{3.2(.33s+1)}{(s+0.8+j1.6)(s+0.8-j1.6)}$$

解 编写 MATLAB 程序如下:

```
num1=3.2;
den1=conv([1,0.8+1.6*j],[1,0.8-1.6*j]);
num2=num1;
den2=conv(den1,[0.33,1]);
num3=conv(num1,[0.33,1]);
den3=den1;
step(num1,den1)
grid
hold on
step(num2,den2)
step(num3,den3)
gtext('系统 1')
gtext('系统 2')
gtext('系统 3')
```

得出的响应曲线如图 4-8 所示。由于增加的闭环零、极点与一对复数极点距离相对较近,复数极点的主导作用不明显。与系统 1 比较,系统 2 超调量降低,调整时间延长;系统 3 的超调量增加,调整时间缩短。

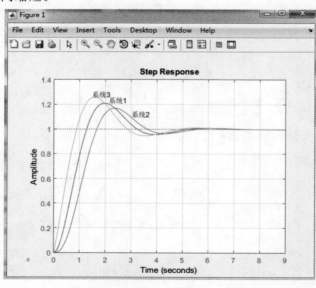

图 4-8 增加零极点对系统阶跃响应的影响

【例 4 - 4】　已知单位负反馈控制系统的开环传递函数为

$$G(s) = \frac{K}{s(Ts+1)}$$

其中，$T = 1$，求当 K 分别为 $0.1, 0.2, 0.5, 0.8, 1.0, 1.5, 2.0$ 时系统的单位阶跃响应。

解　由前面的分析可知　　　$\omega_n = \sqrt{\dfrac{K}{T}}, \zeta = \dfrac{1}{\sqrt{TK}}$

所以，当 $T = 1$ 为常数时，K 的变化将影响无阻尼自然振荡频率和阻尼比。K 越大，阻尼比越小，超调越大。

编写如下所示的 MATLAB 程序：

```
%K 变化
clear all;
close all;
T=1;
K=[0.1,0.2,0.5,0.8,1.0,1.5,2.0];
num=1;
den=conv([1,0],[T 1]);
t=[0:0.1:25];
for i=1:7
s1=tf(num*K(i),den);
sys=feedback(s1,1);
y(:,i)=step(sys,t);
end
plot(t,y(:,1:7));grid
gtext('K=0.1');gtext('K=0.2');gtext('K=0.5');gtext('K=0.8');
gtext('K=1.0');gtext('K=1.5');gtext('K=2.0');
```

计算结果如图 4 - 9 所示。

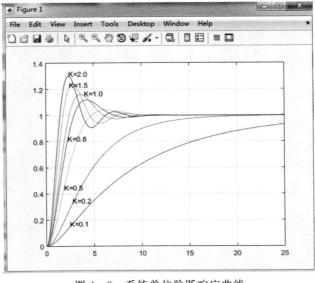

图 4 - 9　系统单位阶跃响应曲线

【例 4 - 5】 已知系统被控对象的传递函数为

$$G(s) = \frac{K}{s(Ts + 1)}$$

采用测速反馈控制,其系统结构如图 4 - 5 所示。已知 $T = 1$、$K = 1$,试绘制速度反馈系数 K_t 分别为 $0, 0.05, 0.2, 0.5, 1.0, 2.0$ 时的单位阶跃响应曲线。

解 编写 MATLAB 程序如下:

```
%速度反馈
clear all;
close all;
T=1;K=1;
Tao=[0,0.05,0.2,0.5,1.0,2.0];
for i=1:6
num=1;
t=[0:0.1:20];
fori=1:6
    den=conv([1,0],[T 1+Tao(i)]);
    s1=tf(num*K,den);
    sys=feedback(s1,1);
    y(:,i)=step(sys,t);
end
plot(t,y(:,1:6));grid
gtext('Tao=0');gtext('Tao=0.05');gtext('Tao=0.2');gtext('Tao=0.5');
gtext('Tao=1.0');gtext('Tao=2.0');
```

由此绘制的不同速度反馈下的系统单位阶跃响应曲线如图 4 - 10 所示。由图可知,K_t 增大,系统的阻尼比增大,超调量减小。(说明:图 4 - 10 中的 τ 就是 K_t)

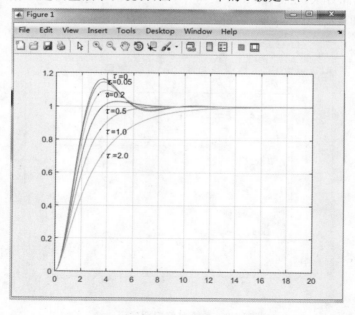

图 4 - 10 系统单位阶跃响应曲线

【例 4 - 6】 设单位负反馈控制系统被控对象的传递函数为

$$G(s) = \frac{4}{s(s+2)}$$

控制器采用比例-微分控制器 $1 + T_d s$,试求 T_d 分别为 $0,0.2,0.4$ 时的单位阶跃响应。

解 编写 MATLAB 程序如下:

```
%比例微分控制
clear all;
close all;
Td=[0,0.2,0.4];
den=[1 2 0];
t=[0:0.1:10];
for i=1:3
    num=[4 * Td(i) 4];
    s1=tf(num,den);
    sys=feedback(s1,1);
    y(:,i)=step(sys,t);
end
plot(t,y(:,1:3));grid
gtext('Td=0');gtext('Td=0.2');gtext('Td=0.4');
```

所求得的不同微分系数下系统的单位阶跃响应曲线如图 4 - 11 所示。

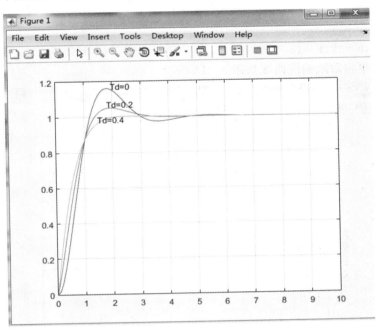

图 4 - 11 系统单位阶跃响应曲线

由仿真结果可知,增大微分系数,系统的超调量减小,系统响应速度加快。

【例 4 - 7】 设控制系统结构图如图 4 - 12 所示。当 $K = 10,12,15$ 时,利用 MATLAB 在同一张图上绘制系统的单位阶跃响应曲线。

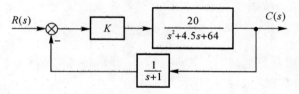

图 4-12　控制系统结构图

解　编写 MATLAB 程序如下：

```
clear all;
close all;
K=[10,12,15];
t=0:0.1:20;
nump=[20];denp=[1 4.5 64];sysp=tf(nump,denp);
numh=[1];denh=[1 1];sysh=tf(numh,denh);
for i=1:length(K)
    sys1=K(i)*sysp;
    sys=feedback(sys1,sysh);
    y(:,i)=step(sys,t);
end
plot(t,y(:,1),t,y(:,2),'—',t,y(:,3),':');
xlabel('Time(s)')
ylabel('Step response');
legend('K=10','K=12','K=15',-1)
```

绘制的系统单位阶跃响应曲线如图 4-13 所示。

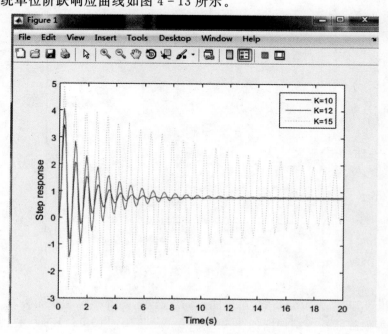

图 4-13　系统的单位阶跃响应曲线

4.2　控制系统的频域分析

频域分析是工程上常用的一种利用频率特性对控制系统性能进行分析的方法。

4.2.1　频域分析的一般方法

1. 频率特性

当正弦信号作用于稳定的线性系统时,系统输出的稳态分量依然为同频率的正弦信号,这种过程称为系统的频率响应。

设有稳定的线性定常系统,在正弦信号作用下,系统输出的稳态分量为同频率的正弦函数,其振幅与输入正弦信号的振幅之比称为幅频特性;其相位与输入正弦信号的相位之差称为相频特性。系统频率响应与输入正弦信号的复数比称为系统的频率特性,表示为

$$G(j\omega) = A(\omega)e^{j\varphi(\omega)} = U(\omega) + jV(\omega) \tag{4-14}$$

其中

$$A(\omega) = \sqrt{U^2(\omega) + V^2(\omega)} \quad \varphi(\omega) = \arctan\frac{V(\omega)}{U(\omega)}$$

说明:频率特性还可推广到不稳定的线性定常系统。

传递函数与频率特性的关系如下:

$$G(j\omega) = G(s)\,|_{s=j\omega} \tag{4-15}$$

2. 最小相位系统

右半 s 平面内既无零点又无极点,同时也不含延迟环节的系统是最小相位系统,对应的传递函数称为最小相位传递函数;反之,在右半 s 平面内有零点或极点,或含延迟环节的系统为非最小相位系统,相应的传递函数为非最小相位传递函数。当频率由 0 变化至无穷时,在幅频特性相同的各系统中,最小相位系统的相角变化范围是最小的,且相频特性和幅频特性变化的趋势是一致的,而非最小相位系统的相角变化范围通常大于前者,或者相频特性的变化范围虽不大,但相角的变化趋势与幅频特性的变化趋势是不一致的。

3. 开环频率特性绘制

(1)极坐标频率特性图。

极坐标频率特性图也称奈奎斯特(Nyquist)图,或幅相特性图。它是以频率 ω 为参变量,以复平面上的向量表示频率特性 $G(j\omega)$ 的方法。当 ω 从 $-\infty$ 连续变化至 $+\infty$ 时,$G(j\omega)$ 向量的端点在复平面上连续变化形成的轨迹即为极坐标频率特性曲线。由频率特性和传递函数的关系可知,频率特性曲线是映射 $G(s)$ 当自变量沿 s 平面虚轴变化时的象曲线,通常将绘有极坐标频率特性曲线的复平面称为 $G(s)$ 平面。

(2)开环对数频率特性绘制。

1)将开环传递函数分解为典型环节传递函数的串联。

2)确定各典型环节的交接频率,并将其由小到大标注在对数坐标图的频率轴上。

3)绘制对数幅频特性的低频段渐近线。低频段由 $\dfrac{K}{s^v}$ 决定(v 为开环系统的类型),低频段的斜率为 $-20v\,\mathrm{dB/dec}$;高度为 $L(\omega)\,|_{\omega=1} = 20\lg K$ 。

4)从 $\omega = \omega_1$ 点起,渐近线斜率发生变化,斜率的变化取决于 ω_1 对应典型环节的种类,在每一个交接频率处斜率都会发生变化,两个相邻交接频率之间为直线。

5)高频段的斜率为 $-20(n-m)\,\mathrm{dB/dec}$。

6)Bode 图中的三角形关系为:斜率＝对边高度÷邻边长度。

（3）传递函数的实验确定方法。

传递函数的实验确定方法如下:

1)根据测得的数据画出系统的 Bode 图。

2)确定系统的环节。Bode 图的对数幅频特性的斜率必须是 $\pm 20v\text{dB/dec}$ 的倍数。斜率如果在 ω_1 处变化 -20dB/dec,说明传递函数中包含一个 $\dfrac{1}{\dfrac{1}{\omega_1}s+1}$ 的惯性环节;斜率如果在 ω_2 处变化 -40dB/dec,说明传递函数中包含一个 $\dfrac{1}{\dfrac{1}{\omega_2^2}s^2+2\zeta\dfrac{1}{\omega_2}s+1}$ 的振荡环节,其无阻尼自然振荡频率就是交接频率。阻尼比 ζ 可以通过测量对数幅频特性在交接频率处的幅值或交接频率附近的谐振峰值得到。

3)确定系统的增益。低频段在 $\omega=1$ 处的高度,$L(\omega)\mid_{\omega=1}=20\lg K$,可求得 K 。

4.幅相频率特性与对数频率特性的关系

幅相频率特性的负实轴对应于对数坐标图的 $-\pi$ 线;单位圆对应于对数坐标图上的 0dB 线;$(-1,\text{j}0)$ 点对应于对数坐标图上的 0dB 线;单位圆内的点对应于对数坐标图上的负 dB 值。

5.闭环频率特性、开环频率特性、开环对数幅频特性之间的关系

图 4-14 所示为闭环幅频特性。由带宽的定义(幅频特性的幅值下降为零频幅值的 0.707 倍所对应的频率即为带宽频率)可知,系统②的带宽频率大于系统①的带宽频率,故系统②的响应速度比系统①的响应速度快。对高阶系统而言, $M_r=\dfrac{1}{\sin\gamma}$,$\sigma_p=0.16+$

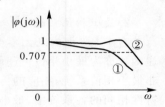

图 4-14 闭环幅频特性

$0.4(M_r-1)$,中频段长度 $h=\dfrac{M_r+1}{M_r-1}$,故系统的超调量随着中频段长度的增大而增大,因此,系统②的超调量比系统①的超调量大。

图 4-15 所示为开环对数幅频特性,由图可知,系统②的穿越频率大于系统①的穿越频率,故系统②的响应速度快于系统①。

图 4-16 所示为开环系统的奈奎斯特曲线(极坐标图),由图可知,系统①为零型系统,系统②为Ⅰ型系统。系统①的相角裕度大于系统②的相角裕度,故系统①的稳定性比系统②好。

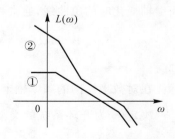

图 4-15 开环对数幅频特性

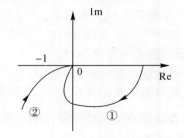

图 4-16 开环系统的奈奎斯特曲线

6.频率域稳定判据

（1）奈奎斯特稳定判据。开环幅相特性对 $-1\rightarrow-\infty$ 的负实轴的正穿越次数和负穿越次数

（见图 4-17）之和满足：$N_+ + N_- = \dfrac{P}{2}$（P 是开环不稳定根的

个数），则闭环系统稳定；否则，不稳定。

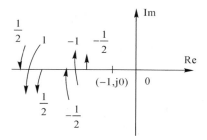

$\quad$（2）对数频率稳定判据。由于开环幅相特性中，$-1 \rightarrow$
$-\infty$ 的负实轴上的频率特性对应于对数幅频特性 $L(\omega) > 0$
的频段和对数相频特性的 $-\pi$ 线。所以对数稳定判据描述为：
在 $L(\omega) > 0$ 的频段，开环相频特性对 $-\pi$ 线的正穿越次数和

负穿越次数之和满足：$N_+ + N_- = \dfrac{P}{2}$，则闭环系统稳定；否 图 4-17　奈奎斯特稳定判据表示图

则，不稳定。其中不稳定根的个数为 $Z = P - 2N$。如图 4-18 所示。

$\quad$注意：以上方法中，均要先完成 ω 由 $0 \rightarrow 0^+$ 对幅相特性和对数相频特性的补画。

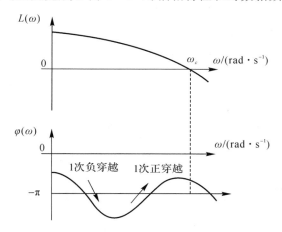

图 4-18　系统开环幅频和相频特性曲线

（3）稳定裕度。

1）相角裕度。ω_c 为系统的剪切频率，满足 $|\,G(j\omega_c)H(j\omega_c)\,| = 1$，则相角裕度定义为
$$\gamma = 180° + \varphi(\omega_c) \tag{4-16}$$
式中，$\varphi(\omega_c)$ 是开环频率特性在剪切频率处的相位，如图
4-19 所示。

2）幅值裕度。ω_g 为系统的穿越频率，满足 $\varphi(\omega_g) =$
$(2k+1)\pi, k = 0, \pm 1, \pm 2, \cdots$，则幅值裕度定义为
$$h = \frac{1}{A(\omega_g)} \tag{4-17}$$
式中，$A(\omega_g)$ 是开环频率特性在穿越频率处的幅值，如图
4-19 所示。

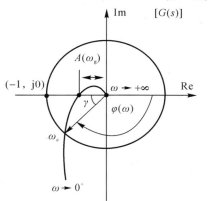

$\quad$决定系统稳定的条件是系统必须同时满足相角裕度
和幅值裕度，缺一不可。对于最小相位系统，欲使闭环系
统稳定，则要求 $\gamma > 0, h > 1(20\lg h > 0)$。

图 4-19　剪切频率与穿越频率示意图

$\quad$7.闭环系统的频域性能指标

$\quad$（1）系统频域指标的计算。

1)典型二阶系统。

开环传递函数为

$$G(s) = \frac{\omega_n^2}{s(s + 2\zeta\omega_n)}, \zeta > 0$$

剪切频率：

$$\omega_c = \omega_n \sqrt{\sqrt{1 + 4\zeta^4} - 2\zeta^2}$$

相角裕度：$\gamma = \arctan\sqrt{2\zeta\sqrt{1 + 4\zeta^4} - 2\zeta^2}$

幅值裕度：$+\infty$

带宽频率：

$$\omega_b = \omega_n \sqrt{(1 - 2\zeta^2) + \sqrt{2 - 4\zeta^2 + 4\zeta^4}}$$

谐振频率：

$$\omega_r = \omega_n \sqrt{(1 - 2\zeta^2)}, \quad 0 < \zeta < 0.707$$

谐振峰值：

$$M_r = \frac{1}{\sqrt{2\zeta(1 - 2\zeta^2)}}, \quad 0 < \zeta < 0.707$$

2)高阶系统。对高阶系统来说，一般采用图解法来确定相角裕度 γ 和幅值裕度 h 之值。谐振峰值一般用经验公式 $M_r = \frac{1}{\sin\gamma}$ 估算。

(2)频域指标和时域指标的转换。

1)典型二阶系统：

$$\sigma\% = e^{-\pi\sqrt{\frac{M_r - \sqrt{M_r^2 - 1}}{M_r + \sqrt{M_r^2 - 1}}}}$$

2)高阶系统：

$$\sigma\% = 0.16 + 0.4(M_r - 1), 1 \leqslant M_r \leqslant 1.8$$

$$t_s = \frac{K_0\pi}{\omega_c}, \quad K_0 = 2 + 1.5(M_r - 1) + 2.5(M_r - 1)^2, \quad 1 \leqslant M_r \leqslant 1.8$$

4.2.2 频域分析应用实例

1. 利用 MATLAB 绘制控制系统的 Bode 图

利用 MATLAB 提供的 bode( )函数可以绘制系统的对数频率特性图。bode()函数有下面几种常用的调用格式。

(1)bode(num,den)   %MATALB 自动绘制 Bode 图

(2)[mag,phase,w]=bode(num,den)

  [mag,phase,w]=bode(num,den,w)

这种格式带有输出变量,执行该命令,MATLAB 将自动形成一行矢量的频率点并返回与这些频率点对应的幅值和相角的列矢量(相角以度为单位),但不显示频率特性曲线。为了得到系统 Bode 图,需使用绘图命令。

  subplot(2,1,1) %图形窗口分割成 2×1 的两个区域,选中第一个区域

  semilogx(w,20 * log10(mag)) %在当前窗口横轴为对数坐标的半对数坐标系里生成

            %对数幅频特性曲线,纵轴以 20lg(mag)线性分度

  subplot(2,1,2) %激活图形窗口的第二个区域

  semilogx(w,phase) % 在半对数坐标系中绘制对数相频特性曲线,纵轴以相角线性分度

【例 4 - 8】 已知系统传递函数为

$$G(s) = \frac{1}{s(s+1)(s+2)}$$

绘制其 Bode 图。

解　编写 MATLAB 程序如下：

```
num=1;
den=[1 3 2 0];
w=-1:1:100;
[m,p]=bode(num,den,w);
subplot(2,1,1);
semilogx(w,20 * log10(m));
grid
title('对数幅频特性曲线')
xlabel('\omega(1/s)')
ylabel('L(\omega)(dB)')
subplot(2,1,2);
semilogx(w,p);
grid
title('对数相频特性曲线')
xlabel('\omega(1/s)')
ylabel('\phi(\omega)(deg)')
```

运行程序，得到结果如图 4-20 所示。由图 4-20 可知，以 $G(s)$ 为开环传递函数的单位反馈系统，$L_{\mathrm{h}} \approx 10\mathrm{dB}$，$\gamma \approx 45°$。使用 margin( ) 函数和 allmargin ( ) 函数能够获得幅值稳定裕度、相角稳定裕度、幅值穿越频率、相角穿越频率及系统稳定性等信息。

```
[Kh,r,wg,wc]=margin(m,p,w)
Kh= 4.0002
r=41.5332
wg=1.4142
wc=0.6118
```

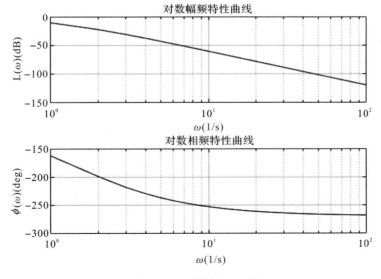

图 4-20　系统的 Bode 图

计算对数幅值稳定裕度：

Lh＝20 * log10(Kh)

使用 cloop 命令绘制单位反馈时闭环系统频率特性曲线，如图 4－21 所示。

```
[ncloop,dcloop]＝cloop(num,den);          ％求取闭环传递函数的分母多项式向量和分子多项式向量
[mc,pc,w]＝bode(ncloop,dcloop);           ％计算闭环幅值和相角向量
subplot(2 1 1)                            ％分割图形窗口为 2×1,选中图形区域 1
plot(w,mc)                                ％绘制闭环幅频特性曲线
subplot(2 1 2)                            ％分割图形窗口为 2×1,选中图形区域 2
plot(w,pc)                                ％绘制闭环相频特性曲线
```

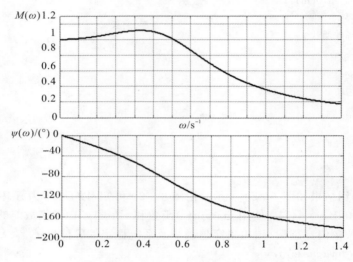

图 4－21　例 4－8 闭环系统频率特性图

【例 4－9】　已知二阶系统的传递函数为

$$G(s) = \frac{\omega_n^2}{s^2 + 2\zeta\omega_n s + \omega_n^2}$$

其中，$\omega_n = 0.707 = 0.707$,试分别绘制 ζ 为 $0.1,0.4,1.0,1.5,2.0$ 时的 Bode 图。

解　编写 MATLAB 程序如下：

```
％ bode
w＝[0,logspace(-2,2,200)];
wn＝0.707;
cosi＝[0.1 0.5 0.707 1.0 1.5 2.0];
for i＝1:6
    s1＝tf([wn * wn],[1 2 * cosi(i) * wn wn * wn]);
    bode(s1,w);
    hold on;
end
gtext('cosi＝0.1');gtext('cosi＝0.4');gtext('cosi＝0.707');gtext('cosi＝1');
gtext('cosi＝1.5');gtext('cosi＝2.0');
```

绘制的系统对数幅频特性和相频特性曲线如图 4－22 所示。

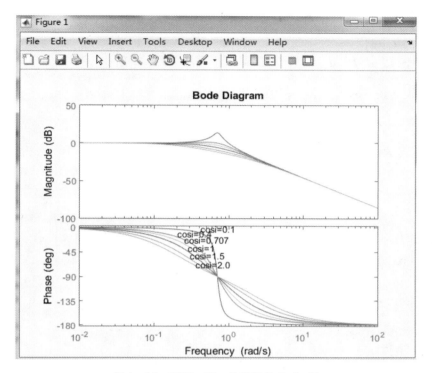

图 4 - 22　不同 ζ 下二阶系统的 Bode 图

3.利用 MATLAB 绘制控制系统奈奎斯特图

MATLAB 提供了 nyquist( )函数用于绘制系统奈奎斯特曲线。该函数常用的调用格式有以下几种：

（1）nyquist(num,den)

（2）[re,im]＝nyquist(num,den)

　　　[re,im,w]＝nyquist(num,den)

　　　[re,im,w]＝nyquist(num,den,w)

w 为频率矢量。这些带有输出变量的命令执行后只产生频率特性的实部、虚部和频率矢量，在屏幕上不产生图形,用 plot 命令可以绘制极坐标频率特性曲线。

【例 4 - 10】　已知系统的传递函数为

$$G(s) = \frac{3}{s^2 + 0.8s + 1}$$

利用 MATLAB 绘制奈奎斯特曲线。

解　编写 MATLAB 程序如下：

```
%nyquist
num=[3];
den=[1 0.8 1];
nyquist(num,den)
grid
```

绘制的奈奎斯特曲线如图 4 - 23 所示。

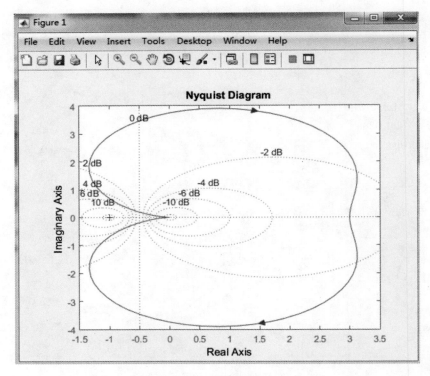

图 4-23　奈奎斯特图

　　图中实轴、虚轴的范围都是 MATLAB 自动产生的,如果采用手工确定的范围画奈奎斯特图,可以输入以下命令

v=[-2 2 -2 2];

axis(v);

即指定实轴、虚轴的范围均为-2 到 2。上述命令也可合并写作

axis([xmin,xmax,ymin,ymax]);

　　MATLAB 自动绘制的极坐标频率特性曲线其频率变化范围是(-∞,+∞),也可以通过功能菜单选择为[0,+∞)。另外,在绘制奈奎斯特图时,若 MATLAB 运算中包括"被零除"现象,得到的奈奎斯特图可能是错误的,此时只要给定 axis(v),则可对错误的图进行修正。

　　4.利用 MATLAB 绘制控制系统尼柯尔斯图

　　MATLAB 中 nichols( )函数的调用格式有

nichols(num,den)

[mag,phase]=nichols(num,den,w)

后者利用指定的频率矢量计算频率特性的幅值和相角,使用下面的命令和方法求取对数幅频特性,并绘制对数幅相特性曲线。

magdb=20 * log10(mag)

plot(phase,magdb)

用 ngrid 命令加画尼柯尔斯图线。

　　【例 4-11】　某控制系统传递函数为

$$G(s) = \frac{0.000\ 1s^3 + 0.028\ 1s^2 + 1.063\ 56s + 9.6}{0.000\ 6s^3 + 0.028\ 6s^2 + 0.063\ 56s + 6}$$

绘制对数幅相特性曲线,并加画尼柯尔斯图线和坐标线。

解 编写 MATLAB 程序如下:

```
%nichols
num=[0.0001 0.0281 1.06356 9.6];
den=[0.0006 0.0286 0.06356 6];
s1=tf(num,den);
ngrid('new')
nichols(s1);
```

MATLAB 绘制的尼柯尔斯图如图 4-24 所示。

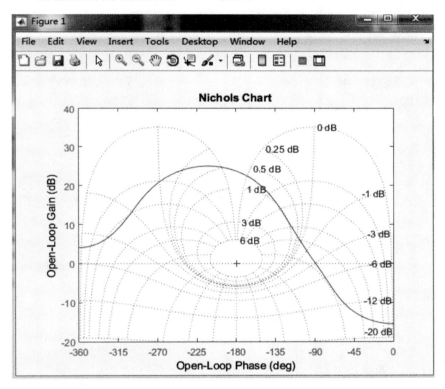

图 4-24 尼柯尔斯图

5.控制系统 MATLAB 辅助分析

在利用 MATLAB 自动绘图命令 bode(num,den)、nyquist(num,den)和 nichols(num,den)等绘制的频率特性图形窗口中,进行适当的操作可以获得 MATLAB 自动提供的系统开环频率特性的特征量以及对应的闭环系统是否稳定等信息。

(1)将光标置于频率特性曲线上。①单击鼠标左键,MATLAB 将自动用"·"标注对应的点,并显示其频率特性信息:频率和对应的幅频特性或相频特性之值;②按下鼠标左键,沿频率特性曲线推动光标,显示的信息将随光标位置变化。

(2)光标置于频率特性图的其他位置。单击鼠标右键,MATLAB 显示功能选项菜单,包括坐标轴的属性设置、给图形加画网格线等。其中"characteristics"选项可以用来在特性曲线上标注 ω_c、ω_g 及 M_p 等频域性能指标。将光标移到这些点上，MATLAB 将显示对应的频率值、幅值稳定裕度、相角稳定裕度、频率特性峰值及闭环系统是否稳定等信息。

4.3 线性系统的根轨迹分析方法

4.3.1 根轨迹增益与根轨迹方程

对系统进行分析就要研究闭环零极点的分布。根轨迹法就是利用开环零极点确定闭环极点的图解方法。根轨迹是开环系统传递函数的某一个参数从零变到无穷大时，闭环系统特征方程的根（闭环极点）在 s 平面上变化的轨迹。

1. 根轨迹增益

设系统前向通道传递函数为 $G(s) \dfrac{K_G^* \prod\limits_{j=1}^{m_1}(s-z_j)}{\prod\limits_{i=1}^{n_1}(s-p_i)}$，则称 K_G^* 为系统的前向通道根轨迹增益。

设系统反馈通道传递函数为 $H(s) \dfrac{K_H^* \prod\limits_{j=1}^{m_2}(s-z_j)}{\prod\limits_{i=1}^{n_2}(s-p_i)}$，则称 K_H^* 为系统的反馈通道根轨迹增益。

系统开环传递函数为

$$G(s)H(s) = \frac{K^* \prod\limits_{j=1}^{m_1}(s-z_j)\prod\limits_{j=1}^{m_2}(s-z_j)}{\prod\limits_{i=1}^{n_1}(s-p_i)\prod\limits_{j=1}^{n_2}(s-p_j)} = \frac{K^* \prod\limits_{j=1}^{m}(s-z_j)}{\prod\limits_{i=1}^{n}(s-p_i)}$$

式中，$n = n_1 + n_2$，$m = m_1 + m_2$，且 $K^* = K_G^* K_H^*$ 为开环根轨迹增益。

开环增益 K 与根轨迹增益的关系为

$$K = \frac{K^* \prod\limits_{j=1}^{m}(z_j)}{\prod\limits_{i=1}^{n}(-p_i)}$$

系统闭环传递为

$$\Phi(s) = \frac{K_G^* \prod\limits_{j=1}^{m_1}(s-z_j)\prod\limits_{j=1}^{n_2}(s-p_i)}{\prod\limits_{i=1}^{n}(s-p_i) + K^* \prod\limits_{j=1}^{m}(s-z_j)}$$

由以上公式可得到如下结论：

(1)闭环系统根轨迹增益等于开环系统前向通道根轨迹增益；若系统为单位反馈，则闭环系统根轨迹增益就等于开环系统根轨迹增益。

（2）闭环零点等于开环前向通道传递函数的零点与反馈通道传递函数的极点的并集。对于单位反馈系统,闭环零点就是开环零点。

（3）闭环极点与开环极点、开环零点和根轨迹增益 K^* 都有关。

2.根轨迹方程

对于负反馈闭环系统,由系统的闭环特征方程式

$$1 + G(s)H(s) = 0$$

可得

$$G(s)H(s) = -1$$

该方程可表示为

$$\frac{K^* \prod\limits_{j=1}^{m} (s - z_j)}{\prod\limits_{i=1}^{n} (s - p_i)} \tag{4-19}$$

由于根轨迹上的每一个点都满足此等式,所以,式(4-19)称为根轨迹方程。根轨迹方程可分解为下面两个方程来描述。

相角条件：$\sum\limits_{j=1}^{m} \angle(s - z_j) - \sum\limits_{i=1}^{n} \angle(s - p_i) = \pm(2k+1)\pi, k = 0,1,2,\cdots$ \qquad (4-20)

幅值条件：

$$\frac{\prod\limits_{j=1}^{m} |s - z_j|}{\prod\limits_{i=1}^{n} |s - p_i|} = \frac{1}{K^*} \tag{4-21}$$

根轨迹上的任何一点均应满足相角条件和幅值条件。相角条件是决定系统闭环根轨迹的充分必要条件。在绘制根轨迹时,一般只需要相角条件,当需要确定根轨迹上某点的 K^* 值时,才会用到幅值条件。

4.3.2　绘制根轨迹的基本法则

1.180°根轨迹的绘制规则

（1）根轨迹的起点与终点：根轨迹起始于开环极点,终止于开环零点。

（2）根轨迹的分支数：对于 n 阶系统,根轨迹有 n 个起点,故根轨迹有 n 个分支。

（3）根轨迹的连续性和对称性：根轨迹连续且对称于实轴。

（4）实轴上的根轨迹：实轴上的根轨迹,其右边的开环零极点(实)之和为奇数。

（5）根轨迹的渐近线：$n-m$ 条渐近线与实轴的夹角和交点为

$$\phi_a = \frac{(2k+1)\pi}{n-m} \quad (k = 0,1,\cdots,n-m-1), \quad \sigma_a = \frac{\sum\limits_{i=1}^{n} P_i - \sum\limits_{j=1}^{m} z_j}{n-m}$$

（6）根轨迹的分离点和分离角：若 l 条根轨迹相遇,其分离点坐标由 $\sum\limits_{i=1}^{n} \frac{1}{d - p_i} = \sum\limits_{j=1}^{m} \frac{1}{d - z_j}$ 确定;分离角等于 $(2k+1)\pi/l$。

(7)根轨迹的起始角与终止角：

起始角：
$$\theta_{p_i} = (2k+1)\pi + \left(\sum_{j=1}^{m} \varphi_{z_j} p_i - \sum_{\substack{j=1 \\ (j \neq 1)}}^{n} \theta_{p_j} p_i \right)$$

终止角：
$$\varphi_{z_i} = (2k+1)\pi + \left(\sum_{\substack{j=1 \\ (j \neq 1)}}^{m} \varphi_{z_j} p_i - \sum_{j=1}^{n} \theta_{p_j} z_i \right)$$

(8)根轨迹与虚轴的交点：根轨迹与虚轴交点的 K^* 值和 ω 值，可用劳斯判据确定。

(9)根之和：
$$\sum_{i=1}^{n} s_i = \sum_{i=1}^{n} P_i$$

2.0°根轨迹

前面给出了负反馈系统的根轨迹方程，得到了 180° 根轨迹。这里，研究正反馈系统的根轨迹绘制方法。

正反馈系统的闭环特征方程式为 $D(s) = 1 - G(s)H(s) = 0$，根轨迹方程为 $G(s)H(s) = 1$。

相角条件：
$$\sum_{j=1}^{m} \angle(s - z_j) - \sum_{i=1}^{n} \angle(s - p_i) = \pm 2k\pi, \quad k = 0, 1, 2, \cdots$$

幅值条件与 180° 根轨迹相同。因此，0° 根轨迹的绘制规则需要调整与相角条件有关的规则即可，故需要调整的根轨迹绘制规则如下：

(1)实轴上的根轨迹，其右边的开环零极点(实)之和为偶数。

(2)根轨迹的渐近线：$n - m$ 条渐近线与实轴的夹角和交点为
$$\phi_a = \frac{2k\pi}{n-m} \quad (k = 0, 1, \cdots, n-m-1)$$

(3)根轨迹的起始角与终止角：

起始角
$$\theta_{p_i} = 2k\pi + \left(\sum_{j=1}^{m} \varphi_{z_j} p_i - \sum_{\substack{j=1 \\ (j \neq 1)}}^{n} \theta_{p_j} p_i \right)$$

终止角
$$\varphi_{z_i} = 2k\pi + \left(\sum_{\substack{j=1 \\ (j \neq 1)}}^{m} \varphi_{z_j} z_i - \sum_{j=1}^{n} \theta_{p_j} z_i \right)$$

3.参数根轨迹

前述根轨迹的绘制，均是研究开环增益 $K^* = 0 \to \infty$ 时，闭环特征方程的根变化的轨迹。在实际系统分析与设计中，常常会遇到除开环增益以外的其他参数变化对闭环特征方程的影响，这种不以开环增益为可变参数绘制的根轨迹称为参数根轨迹。

为了绘制参数根轨迹，需要对闭环特征方程 $1 + G(s)H(s) = 0$ 进行等效变换，得到等效的开环传递函数，使其满足

$$G_1(s)H_1(s) = \pm 1 \tag{4-22}$$

其中，$G_1(s)H_1(s) = A\dfrac{P(s)}{Q(s)}$。

这样可按前述方法绘制参数 A 变化时的参数根轨迹。

4.系统性能分析

闭环零极点与时间响应：工程实际中，常常采用主导极点的概念对高阶系统进行近似分析。闭环极点中距离虚轴最近，且其附近又没有零点的实数极点和共轭复数极点，称为主导极

点。它对系统的动态特性影响最大,起着主要作用。系统性能分析如下:

(1)稳定性。如果根轨迹全部位于 s 平面的左半平面,则闭环系统一定稳定。

(2)运动形式:根据根轨迹在 s 平面的分布判断。若系统无闭环零点,且闭环系统的极点均为实极点,则响应一定是单调的;若极点为共轭复数极点,则系统响应为振荡的。

(3)动态参量的计算:根据主导极点和偶极子的概念,参照一阶或二阶系统进行计算。

4.3.3 根轨迹分析应用实例

根轨迹反映闭环系统特征方程的根随系统中的可调参数变化的过程。利用根轨迹图可以分析可调参数与闭环(主导)极点及闭环系统性能指标之间的关系。

MATLAB 提供的用于绘制根轨迹的函数为 rlocus( ),其调用格式为

rlocus(num,den)

rlocus(sys)

不带返回变量调用函数时,MATLAB 将自动绘制闭环系统的根轨迹图。这时可以利用 MATLAB 提供的图形工具读取根轨迹上的数据。将光标置于某一根轨迹分支上,单击鼠标左键,弹出的对话框中将显示:系统名称、鼠标所处位置处根的坐标、该点对应的根轨迹增益值、阻尼比、超调量和无阻尼振荡角频率。按下鼠标左键,沿根轨迹曲线移动光标,对话框中显示的内容将随极点位置变化。鼠标置于图形区域,单击右键,在弹出的对话框中选择"属性",即可为根轨迹图添加等阻尼和等频率网格线,或根据需要调整图形的显示区域。

[R,K]=rlocus(num, den)

[R,K]=rlocus (num, den,K)

[R,K]=rlocus (A,B,C,D)

[R,K]=rlocus (A,B,C,D,K)

带返回变量引用 rlocus( )函数时,返回值 R 为系统的闭环极点列向量,K 为对应的根轨迹增益,但需要调用绘图函数 plot(R,′x′)才能画出根轨迹图。

在利用根轨迹对系统进行分析时,常常需要确定根轨迹上的某点对应的增益值及其他闭环极点,这时可以在绘制了根轨迹图后,执行下面的命令:

[K,poles]=rlocfind (num, den)

[K,poles]=rlocfind (A,B,C,D)

图形窗口屏幕上会生成一个"+"字光标,使用鼠标移动它到希望的位置处,然后单击左键便可得到根轨迹增益值及对应的闭环极点列向量,MATLAB 还将所有的极点用"+"字在根轨迹图上标注出来。

这条指令也可以在不绘制根轨迹图时使用,其调用格式为

[K,poles]=rlocfind (num, den,P)

其中,输入参数 P 是指定的闭环极点。

rlocus( )函数也可用于绘制离散控制系统的根轨迹图。

1.利用根轨迹分析参数变化对系统性能的影响

【例 4-12】 已知控制系统的开环传递函数为

$$G_k(s) = \frac{K_g(s+1)}{s(s-1)(s^2+4s+16)}$$

试绘制系统的根轨迹图并讨论 K_g 变化对系统性能的影响。

解 在 MATLAB 命令窗口输入系统的开环传递函数,求取开环零点和开环极点:

```
>>num=[1,1]; den=conv([1,-1,0],[1,4,16]);
>>sys=tf(num,den)
```

Transfer function:

$$\frac{s+1}{s^4 + 3 s^3 + 12 s^2 - 16 s}$$

```
>>[P, Z]=pzmap(sys)
P0 =
            0
    -2.0000 + 3.4641i
    -2.0000 - 3.4641i
     1.0000
Z0 =
    -1
```

由此可知,系统有一个位于右半 s 平面的开环极点,开环系统不稳定,且一定有位于右半 s 平面的根轨迹,闭环系统是条件稳定的。

```
>>rlocus(sys)
```

绘制系统根轨迹如图 4 - 25 所示。由图可知对分析控制系统性能有价值的部分对应于根轨迹增益的取值范围 $1 \leqslant K_g \leqslant 80$,采用下面的方法绘制这一部分的根轨迹如图 4 - 26 所示。

```
>>K=[0:0.05:80]; clpoles=rlocus (sys, K);
>>plot(clpoles)
```

利用下面的命令可得分离点及对应的根轨迹增益:

```
>>[Kd1,pd1]=rlocfind (sys)
Kd1 =
    70.5674
pd1 =
    0.7627 + 3.6334i
    0.7627 - 3.6334i
    -2.2789
    -2.2466
>>[Kd2,pd2]=rlocfind (sys)
Kd2 =
```

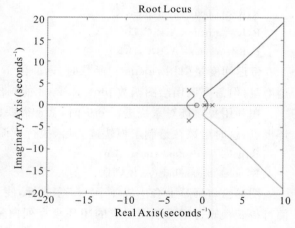

图 4 - 25 系统的根轨迹图

　　　3.0774

　pd2 =

　　　−1.9482 ＋ 3.3906i

　　　−1.9482 − 3.3906i

　　　0.4482 ＋ 0.0194i

　　　0.4482 − 0.0194i1

　　同样的方法可得根轨迹与虚轴的交点及临界根轨迹增益。

　＞＞[Kp1,pp1]＝rlocfind (sys)

　Kp1 =

　　　23.2949

　pp1 =

　　　−1.5006 ＋ 2.7051i

　　　−1.5006 − 2.7051i

　　　0.0006 ＋ 1.5603i

　　　0.0006 − 1.5603i

　＞＞[Kp2,pp2]＝rlocfind (sys)

　Kp2 =

　　　35.9470

　pp2 =

　　　0.0089 ＋ 2.5771i

　　　0.0089 − 2.5771i

　　　−1.5089 ＋ 1.7707i

　　　−1.5089 − 1.7707i

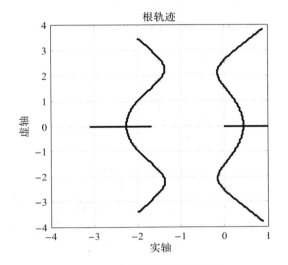

图 4 − 26　系统的局部根轨迹图

　　稳定性分析：由图 4 − 26 可以清楚地看出起
始于两个共轭复数极点的根轨迹分支始终位于左半 s 平面,对整个系统的稳定性没有影响。当
$23.3 ＜ K_g ＜ 35.9$ 时,由开环极点 0 和 1 出发的两个根轨迹分支位于左半 s 平面,控制系统稳
定。当 K_g 取值超出此范围时,上述根轨迹分支位于右半 s 平面,闭环系统是不稳定的。这类参
数必须在一定范围内取值(不能过大也不能过小)闭环才能稳定的系统称为条件稳定系统。通
常系统如果有局部回路,则可能出现不稳定的前向通道。开环为非最小相位的系统一定是条件
稳定的。在系统运行过程中,条件稳定是危险的。一旦参数变化使 K_g 的取值对应于不稳定的工
作状态,系统稳定性将遭到破坏。

　　实际应用中应当尽量避免条件稳定问题。在系统中增加适当的校正装置,可以缓解有时
还可以消除条件稳定问题。通常增加稳定的开环零点可使系统根轨迹左移,从而提高系统的
稳定程度,改善系统的瞬态性能。

　　动态性能分析：条件稳定系统有位于右半 s 平面的根轨迹分支,即使根轨迹位于左半 s 平
面,系统稳定,闭环极点也离虚轴很近,阻尼较小,系统在单位阶跃输入信号作用下的超调量很
大,过渡过程时间也较长。因此,条件稳定的系统其性能不能令人满意,这也是要避免系统条
件稳定的一个重要原因。

　　稳态性能分析：系统的稳态误差与开环系统前向通道所含积分环节的个数及开环放大系
数有关。系统的前向通道中所含积分环节的个数可由开环零极点分布图得出。对应于确定的
K_g 值,开环放大系数与根轨迹增益及开环零、极点的关系为

$$K = K_{\mathrm{g}} \frac{\displaystyle\prod_{i=1}^{m} z_i}{\displaystyle\prod_{\substack{j=1 \\ p_j \neq 0}}^{n} p_j} 。$$

【例 4 - 13】 系统开环传递函数为

$$G(s)H(s) = \frac{K(s+1)}{s(s-1)(s+4)}$$

试用 MATLAB 绘制系统的根轨迹。

解　编写 MATLAB 程序如下：

```
clear all;
close all;
num=[1 1];
den=conv([1 0],conv([1 -1],[1 4]));
s1=tf(num,den);
rlocus(s1);
title
```

绘制的根轨迹如图 4 - 27 所示。

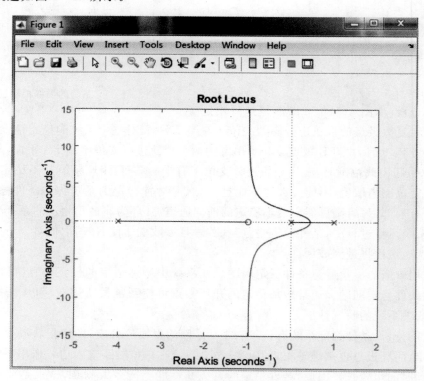

图 4 - 27　系统的根轨迹图

【例 4 - 14】 单位负反馈控制系统被控对象的传递函数为

$$G_0(s) = \frac{10}{s(s+1)}$$

采用串联校正方式,控制器为比例微分控制器,$G_c(s) = 1 + \tau s$。讨论当 $\tau \geqslant 0$ 时,τ 的变化对系统性能的影响。

解　首先,绘制以 τ 为参量的系统根轨迹图。

系统开环传递函数为

$$G_k(s) = G_c(s)G_o(s)\frac{10(1 + \tau s)}{s(s + 1)}$$

闭环系统特征方程为

$$s^2 + s + 10 + 10\tau s = 0$$

等效系统根轨迹方程为

$$1 + \frac{10\tau s}{s^2 + s + 10} = 0$$

系统等效开环传递函数

$$G'_k(s) = \frac{10\tau s}{s^2 + s + 10} = \frac{K_g s}{s^2 + s + 10}$$

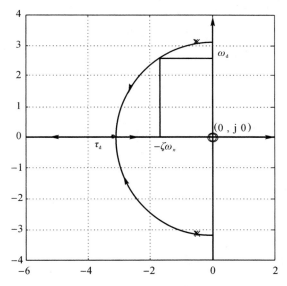

其中,$K_g = 10\tau$。利用 MATLAB 绘制等效系统根轨迹如图 4 - 28 所示,等效系统的根轨迹就是原系统的参数根轨迹。当 $\tau \geqslant 0$($\tau = 0$ 是比例控制器)时,闭环系统是稳定的。可以用下面的程序计算根轨迹的分离点:

```
>>num=[1,0]; den=[1,1,10];
>>[taod,sd]=fld(num,den); %fld( )为求取
            分离点的子
            函数
function [K,sd]=fld(num,den)
dnum=polyder(num),
dden=polyder(den),
d1=conv(num,dden),d2=conv(dnum,den),
pp=d1-d2,
s=[];
s=roots(pp),
Kk=-polyval(den,s)./polyval(num,s)
ll=length(Kk)
kn=(Kk>0);
K=[];sd=[];
for i=1:ll
    if kn(i)==1
        n0=i;
        K=Kk(n0)/10;
sd=s(n0);
    end
end
```

图 4 - 28　以 τ 为参变量的根轨迹图

求得根轨迹在实轴上的分离点处 $\tau_s = 0.532\,5$。

分析：当 $\tau < \tau_d$ 时，根轨迹位于复平面上，特征根为共轭复数，系统欠阻尼，单位阶跃响应呈现衰减的振荡形式。$\tau = \tau_d$ 时，闭环系统有两个相等的实根。当 $\tau > \tau_d$ 时，系统有两个不相等的负实根，系统过阻尼，单位阶跃输入信号作用下的输出响应单调增加，系统响应速度变慢。

对于典型的二阶系统，系统欠阻尼时用特征参数 ζ 和 ω_n 表示闭环极点。

$$s_{1,2} = -\zeta\omega_n \pm j\omega_d, \quad \omega_d = \omega_n\sqrt{1-\zeta^2}$$

其时域性能指标与特征参数的关系为

$$\sigma_p = e^{-\frac{\zeta\pi}{\sqrt{1-\zeta^2}}} \times 100\%, \quad t_s = (3\sim4)\frac{1}{\zeta\omega_n}$$

由根轨迹图可知，随着 τ 的增加，ζ 及 $\zeta\omega_n$ 均增加，系统超调量减小，调整时间也会缩短。应注意的是，这是一个具有零点的二阶系统，闭环零点为开环零点 $s = \frac{1}{\tau}$。

当 τ 很小时，零点远离虚轴，微分作用也弱，对系统性能基本不产生影响。随着 τ 的增加，零点右移，将使系统超调量增加，调整时间相应也会延长，因此利用比例微分控制规律来改善系统性能时，微分时间常数 τ 不能取得太大。

2. 根据对系统性能的要求确定可调参数的值

【例 4 - 15】 单位反馈控制系统的开环传递函数为

$$G_k(s) = \frac{K_g}{s(s+5)(s+7)}$$

若要求闭环系统单位阶跃响应最大超调量 $\sigma_p \geqslant 20\%$。试确定开环放大系数的取值，并计算系统过渡过程时间 t_s 及单位斜坡输入信号作用下系统的稳态误差。

解 利用 MATLAB 绘制 K_g 从 $0 \rightarrow +\infty$ 变化时系统的根轨迹，如图 4 - 29 所示。

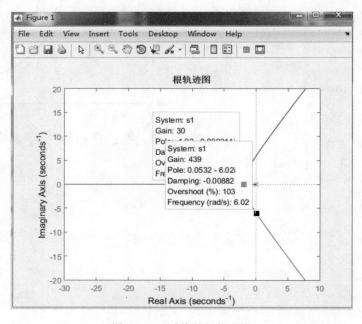

图 4 - 29 系统的根轨迹图

当 $K_g = 30$ 时,根轨迹在实轴上有分离点 $s_d = -1.92$;当 $K_g \geqslant 439$ 时,闭环系统不稳定。根据系统性能指标的要求,闭环主导极点应为共轭复数,所以根轨迹增益的取值范围应为 $30 < K_g < 439$。

当 $K_g = 76.3$ 时,离虚轴最近的一对共轭复数极点为 $s_{1,2} = -1.45 \pm j2.5$,在 MATLAB 命令窗口执行下面的命令:

```
>>clpoles=rlocus(num,den,76.3)
```

运行结果为

```
clpoles =
   −9.0807          −1.4597 + 2.5219i   −1.4597 − 2.5219i
```

显然,此时另外一个闭环极点离开虚轴的距离是一对共轭复数极点到虚轴距离的 5 倍多,这对共轭复数极点对系统性能起决定作用,为闭环主导极点。系统阶跃响应超调量 $\sigma_p = 16.1\% < 20\%$,满足瞬态性能指标要求。根据调整时间的计算公式,当允许误差取 5% 时,$t_s \approx 3 \times \dfrac{1}{1.45} = 2.07\mathrm{s}$;当允许误差取 2% 时,$t_s \approx 4 \times \dfrac{1}{1.45} = 2.76\mathrm{s}$;系统开环放大系数为 $K = \dfrac{K_g}{5 \times 7} = 2.18$。

由给定的开环传递函数可知,系统为 I 型,单位斜坡输入信号作用下系统的稳态位置误差:

$$e_{ss} = \frac{1}{K_v} = \frac{1}{2.18} \approx 0.46$$

如果再要求系统在单位斜坡输入信号作用下的稳态误差 $e'_{ss} \leqslant 0.05$,那么就需要在能够保持系统动态性能基本不变的前提下,设法改善系统的稳态性能。由于开环放大系数与根轨迹增益及开环零、极点之间有如下关系:

$$K = K_g \frac{\prod\limits_{i=1}^{m} z_i}{\prod\limits_{\substack{j=1 \\ p_j \neq 0}}^{n} p_j} \prod$$

K_g 增大将使 K 增加,系统稳态误差降低,但 K_g 的增加会使闭环极点右移,瞬态性能变差。因此,应考虑增加坐标原点附近的一对开环偶极子来提高闭环系统的稳态精度,同时又不会对系统的动态性能造成太大的影响。附加的装置串联在系统前向通道中,其传递函数为

$$G_c(s) = \frac{s + z_c}{s + p_c}$$

式中,$-z_c$ 和 $-p_c$ 分别为附加的开环零点和极点,那么有

$$K' = K_g \frac{\prod z_i z_c}{\prod p_j p_c} = K \frac{z_c}{p_c} = DK$$

取 $$z_c = 0.1 p_c = 0.01$$

则 $$D = 10K' = 10K = 21.8$$

校正后系统单位斜坡输入时的稳态误差为

$$e'_{ss} = 0.046 < 0.05$$

满足稳态性能指标的要求。校正后系统根轨迹如图 4-30 所示。与原系统根轨迹图比较:坐

标原点附近增加了一个根轨迹分支(局部放大见图 4-31),而远离坐标原点的根轨迹基本没有改变。当 $K_g = 76.3$ 时,校正后系统的闭环传递函数可用下面的程序求得:

```
numc=[1];denc=[1,12,35,0];
G0=tf(num,den);
numc=[1,0.5];denc=[1,0.05];
Gc=tf(numc,denc);
Gk=Gc * G0;
clooptf=feedback(76.3 * Gk,1)
```

运行结果为

Transfer function:

$$\frac{76.3 s + 7.63}{s^4 + 12.01 s^3 + 35.12 s^2 + 76.65 s + 7.63}$$

利用 MATLAB 提供的函数 zpk( ) 可得零—极点表示的闭环系统传递函数。

```
>>zpk(clooptf)
```

Zero/pole/gain:

$$\frac{76.3 (s+0.1)}{(s+9.056)(s+0.1044)(s^2 + 2.849s + 8.073)}$$

由于增加的开环零点 $s = -0.1$ 也是闭环系统的零点,与增加的闭环极点 $s = -0.104\,4$ 距离很近构成一对闭环偶极子,在系统中的作用相互削弱,所以系统瞬态性能仍主要取决于共轭复数的闭环极点。校正后系统的阶跃响应如图 4-32 所示。

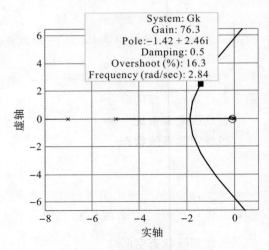

图 4-30　校正后系统的根轨迹图

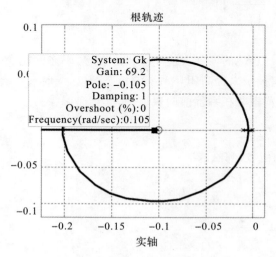

图 4-31　局部放大如

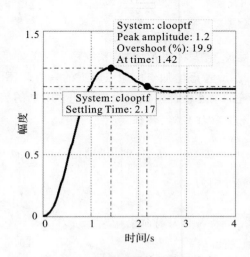

图 4-32　校正后系统的阶跃响应

4.4 线性系统的状态空间分析与综合

4.4.1 线性系统的状态空间描述

1.线性定常系统

线性定常系统状态空间描述中各系数矩阵均为常数矩阵。一般表示形式为

$$\left.\begin{array}{l}\dot{\boldsymbol{x}}(t) = \boldsymbol{A}\boldsymbol{x}(t) + \boldsymbol{B}\boldsymbol{u}(t)\\ \boldsymbol{y}(t) = \boldsymbol{C}\boldsymbol{x}(t) + \boldsymbol{D}\boldsymbol{u}(t)\end{array}\right\} \qquad (4-23)$$

或

$$\left.\begin{array}{l}\boldsymbol{x}(k+1) = \boldsymbol{A}\boldsymbol{x}(k) + \boldsymbol{B}\boldsymbol{u}(k)\\ \boldsymbol{y}(k) = \boldsymbol{C}\boldsymbol{x}(k) + \boldsymbol{D}\boldsymbol{u}(k)\end{array}\right\} \qquad (4-24)$$

线性系统状态空间描述表明:前馈矩阵对状态变量与输入变量关系、输出变量与状态变量关系无任何影响,即系统的动态性能与前馈矩阵无关,故,一般情况下,可认为 $D \equiv 0$,此时,系统的状态空间描述为

$$\left.\begin{array}{l}\dot{\boldsymbol{x}}(t) = \boldsymbol{A}\boldsymbol{x}(t) + \boldsymbol{B}\boldsymbol{u}(t)\\ \boldsymbol{y}(t) = \boldsymbol{C}\boldsymbol{x}(t)\end{array}\right\} \qquad (4-25)$$

或

$$\left.\begin{array}{l}\boldsymbol{x}(k+1) = \boldsymbol{A}\boldsymbol{x}(k) + \boldsymbol{B}\boldsymbol{u}(k)\\ \boldsymbol{y}(k) = \boldsymbol{C}\boldsymbol{x}(k)\end{array}\right\} \qquad (4-26)$$

2.线性系统的结构图

线性定常系统的结构图如图 4-33 所示。

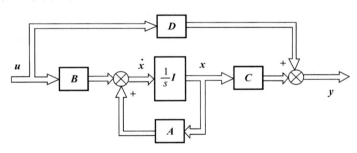

图 4-33 线性定常系统的结构图

3.特征矩阵、特征多项式和特征方程

称 $(s\boldsymbol{I} - \boldsymbol{A})$ 为线性定常连续系统的特征矩阵;$(z\boldsymbol{I} - \boldsymbol{A})$ 为离散系统的特征矩阵;特征矩阵的行列式值是系统的特征多项式,即 $\det(s\boldsymbol{I} - \boldsymbol{A})$ 或 $\det(z\boldsymbol{I} - \boldsymbol{A})$;连续系统和离散系统的特征方程分别为

$$\det(s\boldsymbol{I} - \boldsymbol{A}) = 0 \ \text{或} \ \det(z\boldsymbol{I} - \boldsymbol{A}) = 0 \qquad (4-27)$$

4.特征值与特征向量

特征方程的根 $\lambda_i (i = 1,2,\cdots,n)$ 称为系统矩阵的特征值。矩阵 $\boldsymbol{A}$ 关于 λ_i 的(右)特征向量 $\boldsymbol{v}_i$ 满足下式:

$$(\lambda_i \boldsymbol{I} - \boldsymbol{A})\boldsymbol{v}_i = 0 \qquad (4-28)$$

5. 凯莱-哈密尔顿定理

设 n 阶方阵 A 的特征方程式为

$$\alpha(\lambda) = \lambda^n + a_{n-1}\lambda^{n-1} + \cdots + a_1\lambda + a_0 = 0$$

则有
$$\alpha(A) = A^n + a_{n-1}A^{n-1} + \cdots + a_1A + a_0I = 0 \qquad (4-29)$$

6. 传递函数矩阵、脉冲传递函数矩阵

在系统初始状态为零的条件下，线性定常连续（离散）系统输入输出关系的复频域表达式为

$$G(s) = C(sI - A)^{-1}B + D \text{ 或 } G(z) = C(zI - A)^{-1}B + D \qquad (4-30)$$

7. 状态转移矩阵

在 $u(t) \equiv 0$ 的条件下，描述系统状态 $x(t)$ 和状态 $x(t_0)$ 关系为

$$x(t) = \Phi(t, t_0)x(t_0) \qquad (4-31)$$

的矩阵 $\Phi(t, t_0)$ 称为状态转移矩阵。

对于齐次微分方程 $\dot{x} = Ax$，已知初始条件 $x(0)$，可得

$$x(t) = e^{At}x(0); x(t) = \mathcal{L}^{-1}[(sI - A)^{-1}]x(0)$$

故
$$\Phi(t) = e^{At} = \sum_{k=0}^{\infty} \frac{1}{k!}A^k \qquad (4-32)$$

或
$$\Phi(t) = \mathcal{L}^{-1}[(sI - A)^{-1}] \qquad (4-33)$$

8. 线性定常系统的解

$$x(t) = \Phi(t)x(0) + \int_0^t \varphi(t-\tau)Bu(\tau)d\tau \qquad (4-34)$$

或
$$x(t) = e^{At}x(0) + \int_0^t e^{A(t-\tau)}Bu(\tau)d\tau \qquad (4-35)$$

$$y(t) = Cx(t) \qquad (4-36)$$

4.4.2 线性系统的状态反馈控制

1. 线性系统的反馈控制形式

经状态反馈（$u = v - Kx$ 和输出反馈（$u = v - Fy$ 控制后系统的状态方程分别为

$$\dot{x} = (A - BK)x + Bv \text{ 和 } \dot{x} = (A - BFC)x + Bv \qquad (4-37)$$

通过状态反馈或输出反馈可改变系统的特征值，实现极点配置，故可改善系统动态性能，影响系统的稳定性。

状态反馈不改变系统的能控性，但可能改变系统的能观测性；输出反馈不改变系统的能控性和能观测性。

可镇定性：如果采用反馈措施能使闭环系统稳定，称该系统是反馈可镇定的。对于任意的输出反馈矩阵 F，都能计算出对应的状态反馈矩阵 $K(K = FC)$，因此，一般只讨论状态反馈的可镇定性问题。

极点配置：把闭环极点设置在期望的位置上，称为极点配置。状态反馈能任意配置闭环系统的极点。

状态反馈不能改变不能控部分的极点，能任意配置能控部分的极点。

输出反馈也只能配置能控部分的极点，但只能配置在一定范围，不能实现任意配置。

2. 极点配置计算

(1)判定可控性。

(2)根据状态反馈的系统特征多项式和希望的极点,由 $\det[s\boldsymbol{I} - (\boldsymbol{A} - \boldsymbol{BK})] = \sum\limits_{i=1}^{n} (s - \lambda_i)$ 求出 $\boldsymbol{K}$。

【例 4 - 16】　给定线性定常系统为

$$\begin{bmatrix} \dot{x}_1 \\ \dot{x}_2 \\ \dot{x}_3 \end{bmatrix} = \begin{bmatrix} 0 & 1 & 0 \\ 0 & -2 & 1 \\ -1 & 0 & -1 \end{bmatrix} \begin{bmatrix} x_1 \\ x_2 \\ x_3 \end{bmatrix} + \begin{bmatrix} 0 \\ 0 \\ 1 \end{bmatrix} u$$

$$\boldsymbol{y} = \begin{bmatrix} 1 & 0 & 0 \end{bmatrix} \begin{bmatrix} x_1 \\ x_2 \\ x_3 \end{bmatrix}$$

试利用 MATLAB 完成以下分析:

(1)分析系统的可控性、可观性;

(2)对系统进行非奇异变换,将其化为对角标准型,分析系统的可控性、可观性;

(3)分析系统的稳定性,绘制系统的阶跃响应曲线。

解　利用 MATLAB 编写程序如下:

第一步,建立控制系统的数学模型

clearall;

A=[0 1 0;0 −2 1;−1 0 −1];

B=[0;0;1];

C=[1 0 0];D=0;

sys=ss(A,B,C,D);

第二步,判断系统的可控性、可观性:

control_matrix=ctrb(A,B);

rank_control=rank(control_matrix);

if rank_control<3

disp('系统不能控');

else

disp('系统可控');

end

observe_matrix=obsv(A,C);

rank_observe=rank(observe_matrix);

if rank_observe<3

disp('系统不能观');

else

disp('系统可观');

end

运行结果为

系统可控!

系统可观!

第三步，对系统进行对角化：

```
[V,S]=eig(A);
if rank(V)==3
    AA=inv(V)*A*V;
    BB=inv(V)*B;
    CC=C*V;
sys_diag=ss(AA,BB,CC,D);
else
disp('AA');
end
```

运行结果为

AA =

−0.3376 + 0.5623i	−0.0000 − 0.0000i	−0.0000 + 0.0000i
−0.0000 + 0.0000i	−0.3376 − 0.5623i	−0.0000 − 0.0000i
0.0000 + 0.0000i	0.0000 − 0.0000i	−2.3247 + 0.0000i

BB =

0.5934 + 0.3983i
0.5934 − 0.3983i
−0.6192 + 0.0000i

CC =

−0.4593 − 0.3899i　−0.4593 + 0.3899i　−0.3787 + 0.0000i

结果表明系统已完成对角化。

第四步，分析变换后系统的可控性、可观性：

```
control_matrix=ctrb(AA,BB);
rank_control=rank(control_matrix);
if rank_control<3
disp('变换后系统不可控');
else
disp('变换后系统可控');
end
observe_matrix=obsv(AA,CC);
rank_observe=rank(observe_matrix);
if rank_observe<3
disp('变换后系统不可观');
else
disp('变换后系统可观');
end
```

程序运行结果为

变换后系统可控!
变换后系统可观!

第五步，分析系统的稳定性：

```
P=lyap(A',eye(3));
```

运行结果为

P =

3.5000	1.5000	0.5000
1.5000	1.0000	0.5000
0.5000	0.5000	1.0000

由于 P 为正定,因此系统稳定。

第六步,求系统的阶跃响应:

step(sys);

运行程序,系统的阶跃响应曲线如图4-34所示。

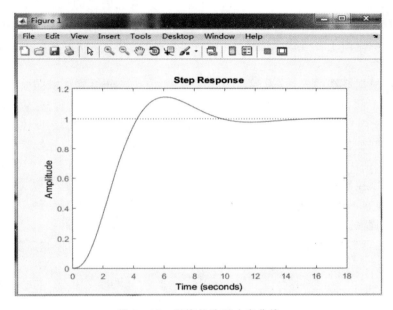

图4-34　系统的阶跃响应曲线

第 5 章　PID 控制器仿真

PID(Proportional Integral Differential)控制是根据系统偏差的现在、过去与未来实现比例、积分、微分控制的简称。PID 控制器是历史悠久、实际应用范围广、生命力很强的最基本的控制器。PID 控制器由于自身强大的优点，直到现在，仍然是工业控制系统中应用最广泛的控制器。

PID 控制器根据系统的误差，采用误差的比例、积分和微分组成。根据被控对象的动态特性和控制要求的不同，PID 控制器的表达式可以是只包含比例的 P 控制器、包含比例和积分的 PI 控制器、包含比例和微分的 PD 控制器等。无论采用何种组合形式，PID 控制器以其结构简单、物理概念清楚、使用方便、鲁棒性强、易于商品化等优点已经在工业控制系统中得到了广泛应用。目前，广泛使用的 PID 控制器、智能 PID 控制器大量应用于自动控制领域和工业 DCS 控制系统中。PID 控制器的优点如下：

(1) PID 控制器不依赖对象的数学模型；

(2) PID 控制器的适应性强，可广泛应用于工业生产的实际系统；

(3) 鲁棒性强，当对象特性在一定范围内发生变化时，控制系统的控制品质变化不大，能够满足系统要求。

5.1　基本 PID 控制

1. 比例控制(P)

比例控制器的传递函数描述为

$$G_c(s) = K_p S \tag{5-1}$$

其输入、输出关系为 $u(t) = K_p e(t)$。

【例 5-1】　设单位负反馈控制系统被控对象的数学模型为

$$G_p(s) = \frac{4}{3s+1} e^{-4s}$$

控制器采用比例(P)控制器，当 $K_p = 0.1$ 和 $K_p = 0.3$ 时，利用 MATLAB 对系统进行仿真。

解　(1) 编写的 MATLAB 程序如下(选择 $K_p = 0.3$)：

```
%P
clear all;
close all;
g=tf(4,[3,1],'inputdelay',4);
Kp=0.3;
    g=feedback(Kp*g,1);
```

step(g)；

hold on

仿真结果如图 5-1 所示。

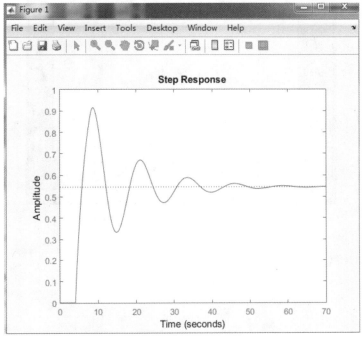

图 5-1　系统的单位阶跃响应曲线

（2）利用 Simulink 进行仿真。建立基于 Simulink 的仿真模型如图 5-2 所示。

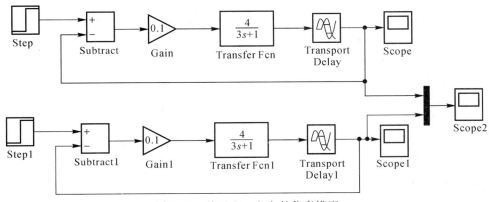

图 5-2　基于 Simulink 的仿真模型

仿真结果如图 5-3 所示。从仿真结果可知，当单纯采用比例控制器时，控制系统会产生较大的静态误差。

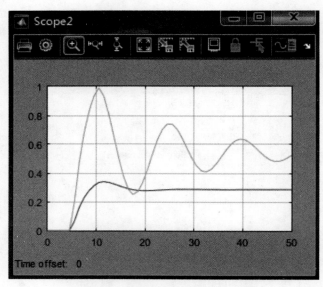

图 5-3　系统的单位阶跃响应曲线

2. 积分控制（I）

积分控制器的传递函数为

$$G_c = \frac{1}{T_i S} \tag{5-2}$$

其输入输出关系为

$$u(t) = \frac{1}{T_i} \int_0^t e(\tau) d\tau$$

积分控制器的特点是能够实现误差调节，这可从积分的原始物理含义去理解，即积分控制器一直累加过去的偏差，只要存在偏差，积分控制器的输出会不断变化，直至偏差为零。积分控制一般不能单独使用，这是因为单独采用积分控制器，会提高开环系统的类型，但系统的稳定性会变差。因此，实际系统通常采用 PI 控制器。

3. 比例积分控制（PI）

比例积分器的传递函数为

$$G_c = K_p + \frac{1}{T_i s} = \frac{K_p S + K_i}{s} \tag{5-3}$$

式中，$K_i = \dfrac{1}{T_i}$。

其输入输出关系为
$$u(t) = K_p e(t) + \frac{1}{T_i} \int_0^t e(\tau) d\tau$$

PI 控制器可以使系统在进入稳态后无稳态误差。这是因为当 PI 控制器与被控对象串联连接时，相当于在系统中增加了一个位于原点的开环极点，同时也增加了一个位于 s 左半平面开环零点。位于原点的极点提高了开环系统的类型，可以消除或减小系统的稳态误差，改善系统的稳态性能；而增加的负实部零点则可以减小系统的阻尼比，改善系统的动态特性。因此在实际工程应用中，PI 控制器应用非常广泛。

【例 5-2】　设单位负反馈控制系统被控对象的数学模型为

$$G_p(s) = \frac{4}{3s+1}e^{-4s}$$

分别采用比例(P)、比例积分(PI)控制器,其中 $K_p = 0.2$ 和 $K_p = 0.008\,3$,控制器 $K_i = \dfrac{1}{T_i} = 0.027$,利用 MATLAB 对系统进行仿真。

解　(1)编写的 MATLAB 程序如下($K_p = 0.008\,3$,$K_i = 0.027$):

```
%PI
clear all;
close all;
g=tf(4,[3,1],'inputdelay',4);
Kp=0.0083;Ki=0.027;
g2=tf([Kp,Ki],[1,0]);
    g=feedback(g2*g,1);
    step(g);
    hold on
```

仿真结果如图 5-4 所示。

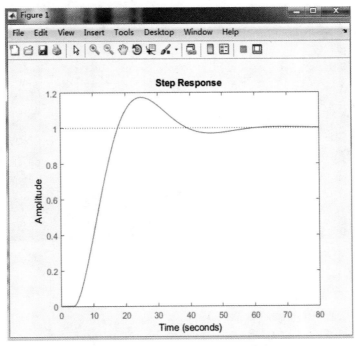

图 5-4　系统的单位阶跃响应曲线

　　(2)利用 Simulink 进行仿真。建立基于 Simulink 的仿真模型如图 5-5 所示。其中 $K_p = 0.2$ 和 $K_p = 0.083$,$K_i = 0.027$。

　　基于 Simulink 的仿真结果如图 5-6 所示。仿真结果证明了前面的分析。

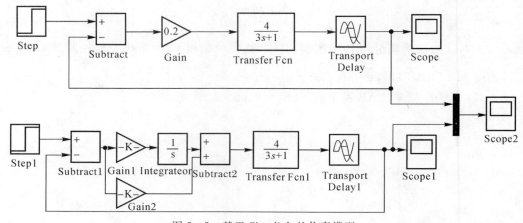

图 5 - 5 基于 Simulink 的仿真模型

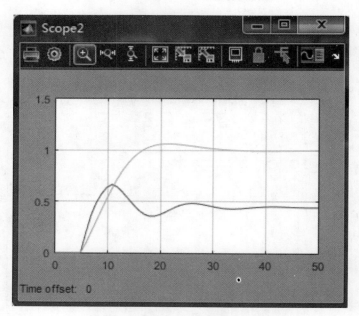

图 5 - 6 系统的单位阶跃响应曲线

4. 微分控制(D)

微分控制器的数学模型为

$$G_c(s) = T_d s \tag{5-4}$$

其输入输出关系为

$$u(t) = T_d \frac{\mathrm{d}e(t)}{\mathrm{d}t} = K_d \frac{\mathrm{d}e(t)}{\mathrm{d}t}$$

式中,$K_d = T_d$。

微分控制的优点是具有"预先"控制的作用,微分控制根据偏差的变化率产生控制作用,能够预测偏差变化的方向,因此说微分控制属于"未来"控制。其缺点是当偏差为常数时,微分将失去作用。另外,微分对高频干扰具有放大作用,使系统的抗干扰性能变差。一般情况下不单独使用微分控制器。

5. 比例微分控制（PD）

比例微分控制器的数学模型为

$$G_c(s) = K_p + T_d s = K_p + K_d s \tag{5-5}$$

其输入输出关系为

$$u(t) = K_p + T_d \frac{de(t)}{dt} = K_p + K_d \frac{de(t)}{dt}$$

式中，$K_d = T_d$。

【例 5-3】　设单位负反馈控制系统被控对象的数学模型为

$$G_p(s) = \frac{1}{(s+1)(2s+1)(5s+1)}$$

控制器分别采用比例微分（PD）控制器，其中选择 $K_p = 2$ 和 $K_d = 0, 0.2, 0.8, 2.5, 4$，利用 MATLAB 对系统进行仿真。

解　（1）编写的 MATLAB 程序如下：

```
%PD
clear all;
close all;
g=tf(1,conv(conv([1,1],[2,1]),[5,1]));
Kp=2;
Kd=[0,0.2,0.8,2.5,4];
for i=1:5
    g1=tf([Kd(i),Kp],1);
    g2=feedback(g1*g,1);
    step(g2);
    hold on
end
gtext('Kd=0');gtext('Kd=0.2');gtext('Kd=0.8');gtext('Kd=2.5');gtext('Kd=4')
```

仿真结果如图 5-7 所示。

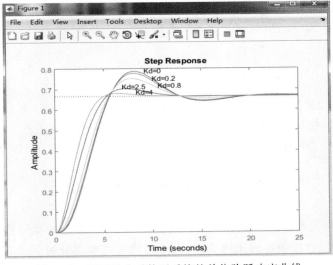

图 5-7　不同微分系数下系统的单位阶跃响应曲线

（2）利用 Simulink 进行仿真。基于 Simulink 仿真结果如图 5-8 所示。

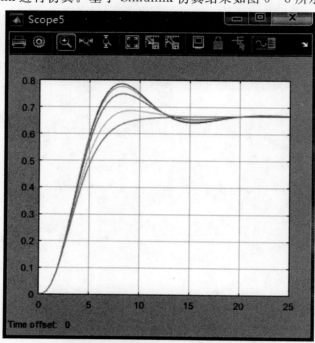

图 5-8　不同微分系数下系统的单位阶跃响应曲线

从图 5-7 和图 5-8 的仿真结果可以看出，随着微分作用的加强，系统的超调量减小，上升时间减小，快速性提高。

6. 比例-积分-微分控制（PID）

把比例、积分和微分这 3 种控制模式混合一起，构成 PID 控制器。实际上 PID 控制有很多种形式。此处介绍并行形式的 PID 控制。

微分作用可以通过并行形式与比例、积分作用一起使用。并行形式的 PID 控制算法的数学模型如下：

$$u(t) = K_{\mathrm{p}}e(t) + \frac{1}{T_{\mathrm{i}}}\int_0^t e(\tau)\mathrm{d}\tau + T_{\mathrm{d}}\frac{\mathrm{d}e(t)}{\mathrm{d}t}$$

相应的传递函数是

$$G_{\mathrm{c}}(s) = K_{\mathrm{p}} + \frac{1}{T_{\mathrm{i}}s} + T_{\mathrm{d}}s = K_{\mathrm{p}} + K_{\mathrm{i}}\frac{1}{s} + K_{\mathrm{d}}s \tag{5-6}$$

当 PID 控制器与被控对象串联连接时，可以使系统的类型提高，而且还增加了两个负实部的零点，因此，PID 控制器不但可以提高系统的稳态性能，还提高了系统的动态性能。所以，若既要改善系统的稳态性能，又要改善系统的动态性能，就要使用 PID 控制器。

5.2　PID 控制器参数整定

PID 控制器的参数整定是控制系统设计的核心内容，它根据被控过程的特征以及控制系统性能要求来确定 PID 控制器的比例系数、积分时间常数和微分时间常数。PID 控制器参数整定的方法很多，但概括起来有两大类：

（1）理论计算法。理论计算法主要依据被控对象的数学模型和控制系统的希望特性,经过理论计算确定控制器参数。这种方法将在第 6 章详细介绍。

（2）工程整定方法。工程整定法也称为实验法,主要是通过实验方法,有 Ziegler-Nichols 整定法、临界比例度法和衰减响应曲线法三种。三种方法各有特点,其共同特点就是采用实验数据,按照对应的工程经验公式对控制器参数进行整定。工程整定方法的最大优点是不须事先得到被控对象的数学模型,直接在系统运行过程中进行现场整定,方法简单,易于工程实际应用。这里主要介绍在实际中应用最广泛的 Ziegler-Nichols 整定法。

Ziegler-Nichols 方法是基于频域设计 PID 控制器的方法。由于基于频域的设计方法是需要参考模型的,所以,需要采用实验方法辨识出一个可以反映被控对象频域特性的模型,根据模型,结合系统所要求的性能指标,可推导出有关公式,用于 PID 控制器参数整定。

Ziegler-Nichols 方法根据给定对象的瞬态响应特性来确定 PID 控制器的参数。首先,通过实验获得被控对象的阶跃响应如图 5-9 所示。如果阶跃响应曲线近似为一条 S 形曲线,则可以采用此方法,否则不能用此方法。S 形曲线用纯滞后时间 τ、惯性时间常数 T 来描述,此时,被控对象的传递函数可近似为

$$G_{\mathrm{p}}(s) = \frac{K\mathrm{e}^{-\tau s}}{Ts+1} \tag{5-7}$$

利用纯滞后时间 τ、惯性时间常数 T 和增益 K,根据表 5-1 中的公式可确定 K_{p}、T_{i} 和 T_{d} 的值。

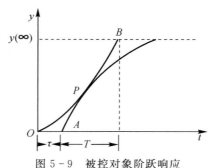

图 5-9　被控对象阶跃响应

表 5-1　Ziegler - Nichols 方法整定控制器参数

控制器类型	由阶跃响应整定			由频域响应整定		
	K_{p}	T_{i}	T_{d}	K_{p}	T_{i}	T_{d}
P	$\dfrac{T}{K\tau}$			$0.5K_{\mathrm{c}}$		
PI	$\dfrac{0.9T}{K\tau}$	3τ		$0.4K_{\mathrm{c}}$	$0.8T_{\mathrm{c}}$	
PID	$\dfrac{1.2T}{K\tau}$	2τ	0.5τ	$0.6K_{\mathrm{c}}$	$0.5T_{\mathrm{c}}$	$0.12T_{\mathrm{c}}$

【例 5-4】　单位负反馈控制系统,被控对象的传递函数为

$$G_{\mathrm{p}}(s) = \frac{6}{4s+1}\mathrm{e}^{-4s}$$

采用 Ziegler-Nichols 方法整定控制器参数,通过 Simulink 对系统进行仿真。

解 (1)利用 MATLAB 建立基于 Simulink 的仿真模型如图 5-10 所示。

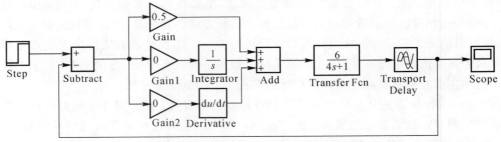

图 5-10 基于 Simulink 的仿真模型

Ziegler-Nichols 整定控制器参数的第一步是获取开环系统的阶跃响应,在 Simulink 仿真模型中,断开反馈、积分、微分连线,设置 K_p 为任一合适的值,这里选择 $K_p=0.5$,系统运行结果如图 5-11 所示。

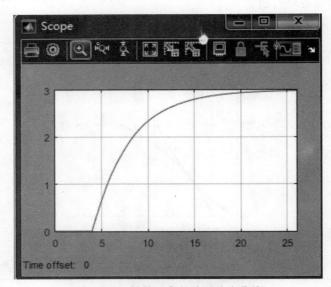

图 5-11 被控对象的阶跃响应曲线

按照 S 形曲线,可得被控对象的参数分别为 $\tau=4$,$T=4$。

根据式 $K=\dfrac{y(\infty)-y(0)}{\Delta u}=\dfrac{3-0}{0.5}=6$,故由系统在阶跃输入作用下的响应曲线可求得系统的传递函数为

$$G_p(s) = \frac{6}{4s+1}e^{-4s}$$

根据表 5-1 可得,当采用 P 控制时的控制器参数 $K_p=0.167$;当采用 PI 控制时的控制器参数 $K_p=0.15$,$K_i=0.0125$;当采用 PID 控制时的控制器参数 $K_p=0.2$,$K_i=0.025$,$K_d=0.4$。分别将控制器参数设定为整定值,进行仿真,结果如图 5-12~图 5-14 所示。

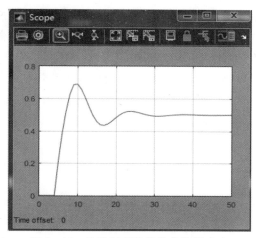

图 5 - 12　P控制系统的单位阶跃响应

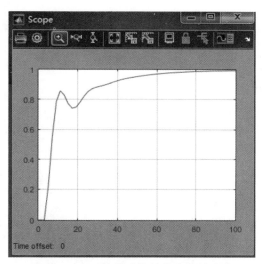

图 5 - 13　PI控制系统的单位阶跃响应

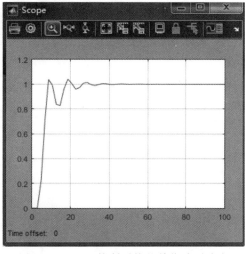

图 5 - 14　PID控制系统的单位阶跃响应

　　由仿真结果可知,P 控制和 PI 控制的响应速度基本相同,而系统的稳态输出不同,P 控制属于有差控制,PI 控制属于无差控制,且 PI 控制的超调量要比 P 控制小。PID 控制要比 P 控制和 PI 控制的响应速度快,但超调量要大一些。

　　(2)编写 MATLAB 程序,对系统进行仿真。所编写的程序如下:

```
%P\PI\PID
clear all;
close all;
K=6;T=4;Tao=4;
s=tf('s');
Gz=K/(T*s+1);
[np,dp]=pade(Tao,2);
Gy=tf(np,dp);
g=Gz*Gy;
PKp=T/(K*Tao);
step(feedback(PKp*g,1)),hold on
PIKp=0.9*T/(K*Tao);
PITi=3*Tao;
PIGc=PIKp*(1+1/(PITi*s));
step(feedback(PIGc*g,1)),hold on
PIDKp=1.2*T/(K*Tao);
PIDTi=2*Tao;
PIDTd=0.5*Tao;
PIDGc=PIKp*(1+1/(PITi*s)+(PIDTd*s));
step(feedback(PIDGc*g,1)),hold on
gtext('P');gtext('PI');gtext('PID');
```

仿真结果如图 5-15 所示。

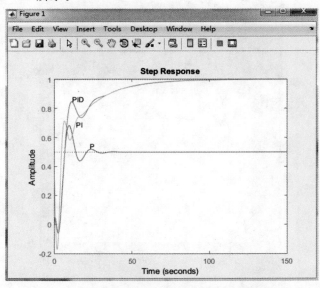

图 5-15　P、PI、PID 控制系统的单位阶跃响应

5.3　改进形式的 PID 控制器

1. 抗积分饱和控制律

(1)控制律中包含积分控制,控制器输出就会对偏差不断进行积分。若由于某种原因,系统的偏差一直存在,则经过一段时间后,控制器的输出就达到了控制器输出的上限或下限,这种现象就叫积分饱和。积分饱和对系统的调节不利,因此,必须加以克服这种现象。

克服积分饱和的一种方法是:当积分器进入饱和时,不再允许积分器对偏差进行积分,当偏差反向后,积分起就会立刻退出饱和状态。

【例 5 - 5】　单位负反馈控制系统被控对象的传递函数为

$$G_p(s) = \frac{4}{3s+1} e^{-4s}$$

设计 PI 控制器,对系统进行仿真。

解　(1)基本 PI 控制策略仿真,利用 MATLAB 编写程序如下:

```
%基本 PI
clear all;
close all;
Ts=0.1;Tm=100;N=Tm/Ts;
Kp=0.107;Ki=0.321;Td=0;
K=4;T=3;Tao=4;
n=round(Tao/Ts);m(1:n)=0;
a=exp(-Ts/T);b=1-a;c=exp(-Ts/0.1/Td);d=Td*(1-c);
ui=0;x=0;x1=0;ud0=0;y1=0;
for i=1:N
  e=1-y1;
  up=e;
  ui=ui+Ts*Ki*e;
  ud1=c*ud0+d*e;
  ud=(ud1-ud0)/Ts;ud0=ud1;
  upi=(up+ui)*Kp;
  %upid=(up+ui+ud)*Kp;
  x1=a*x1+K*b*upi;
  x=a*x+b*x1;
  y1=m(n);
for j=n:-1:2
      m(j)=m(j-1);
end
m(1)=x;
  y(i)=y1;t(i)=i*Ts;
end
plot(t,y,'b');hold on;
```

系统的仿真结果如图 5 - 16 所示。

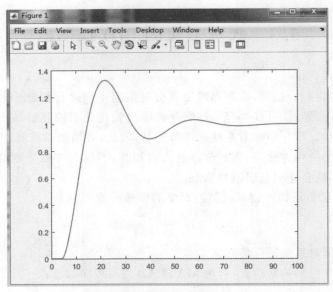

图 5-16　系统的单位阶跃响应

（2）抗积分饱和 PI 控制策略仿真，利用 MATLAB 编写程序如下：

```
%抗积分饱和 PI
clear all;
close all;
Ts=0.1;Tm=50;N=Tm/Ts;
Kp=0.107;Ki=0.321;
K=4;T=3;Tao=4;
n=round(Tao/Ts);m(1:n)=0;
a=exp(-Ts/T);b=1-a;
ui0=0;x=0;x1=0;y1=0;Uh=0.25;Ul=-0.25;
for i=1:N
  e=1-y1;
  up=e * Kp;
  ui=ui0+Ts * Ki * Kp * e
  upi=up+ui
if upi>Uh
  upi=Uh;
  ui=ui0;
end
if upi<Ul
  upi=Ul;
  ui=ui0;
end
  ui0=ui;u=upi;
  x1=a * x1+K * b * u;
  x=a * x+b * x1;
```

```
    y1＝m(n);
for j＝n:－1:2
            m(j)＝m(j－1);
end
    m(1)＝x;
    y(i)＝y1;t(i)＝i * Ts;
end
plot(t,y,'b');hold on;
```

系统的仿真结果如图 5－17 所示。

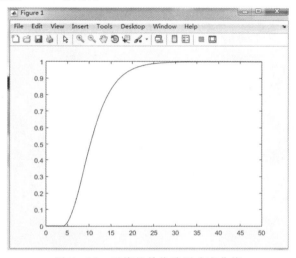

图 5－17　系统的单位阶跃响应曲线

比较图 5－16 和图 5－17 可知,设置了合理的积分上下限,系统响应速度加快,无超调,调节品质优于常规 PI 控制器。

2. 微分先行 PID

常规 PID 控制系统中,当输入信号发生变化时,控制系统的输出还未有反应,这时偏差就是阶跃变化,该阶跃偏差经过比例和微分控制率使控制器输出一个较大的控制量,导致系统产生较大的冲击,为了使系统运行平稳,人们就把微分或比例微分移到反馈通道,这样,微分或比例微分控制率就只作用于反馈信号上,而不会作用在给定信号上,把这种控制率称为微分先行控制率,其结构图如图 5－18 所示。

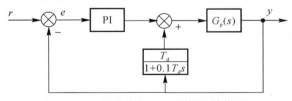

图 5－18　微分先行 PID 控制的结构图。

【例 5－6】　单位负反馈控制系统被控对象的传递函数为

$$G_{\mathrm{p}}(s) = \frac{4}{3s+1}\mathrm{e}^{-4s}$$

设计改进形 PID 控制器,对系统进行仿真。

解 利用 MATLAB 编写程序如下：

```
%微分、比例微分先行 PID
clear all；
close all；
Ts＝0.1；Tm＝100；N＝Tm/Ts；
Kp＝0.107；Ki＝0.321；Td＝5；
K＝4；T＝3；Tao＝4；
n＝round(Tao/Ts)；m(1：n)＝0；
a＝exp(－Ts/T)；b＝1－a；c＝exp(－Ts/0.1/Td)；d＝Td*(1－c)；
ui＝0；x＝0；x1＝0；y1＝0；ud0＝0；
for i＝1：N
    e＝1－y1；
    up＝e；
    %up＝－y1；
    ui＝ui＋Ts*Ki*e
    ud1＝c*ud0－d*y1；
    ud＝(ud1－ud0)/Ts；ud0＝ud1；
    upid＝(up＋ui＋ud)*Kp；
    x1＝a*x1＋K*b*upid；
    x＝a*x＋b*x1；
    y1＝m(n)；
for j＝n：－1：2
            m(j)＝m(j－1)；
end
    m(1)＝x；
    y(i)＝y1；t(i)＝i*Ts；
end
plot(t,y,'b')；hold on；
```

图 5－19、图 5－20 分别是比例微分先行、微分先行 PID 控制器的仿真结果。

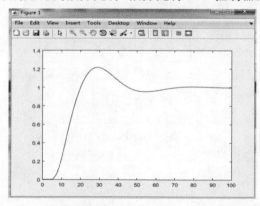

图 5－19 比例微分先行 *PID* 控制的单位阶跃响应曲线

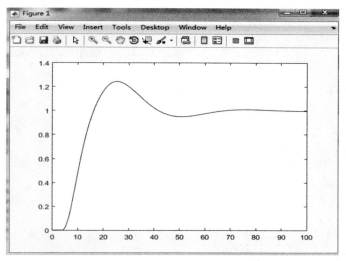

图 5 - 20　微分先行 PID 控制的单位阶跃响应曲线

3. 积分分离 PID

积分分离 PID 控制就是设置一个积分分离阈值，即在系统设定值附近画一条带域，当偏差较大时取消积分作用，当偏差较小时将积分作用投入。其可用下式来表示：

$$u(t) = \begin{cases} K_{\mathrm{p}}e(t) + K_{\mathrm{d}}\dfrac{\mathrm{d}e(t)}{\mathrm{d}t}, & |e(t)| > \varepsilon \\[2mm] K_{\mathrm{p}}e(t) + K_{\mathrm{i}}\displaystyle\int_0^t e(\tau)\mathrm{d}\tau + K_{\mathrm{d}}\dfrac{\mathrm{d}e(t)}{\mathrm{d}t}, & |e(t)| \leqslant \varepsilon| \end{cases} \tag{5-8}$$

【例 5 - 7】　单位负反馈控制系统被控对象的传递函数为

$$G_{\mathrm{p}}(s) = \frac{4}{3s+1}e^{-4s}$$

设计积分分离形式的 PID 控制器，对系统进行仿真。

解　利用 MATLAB 编写程序如下：

```
%积分分离 PID
clear all;
close all;
Ts=1;Tm=100;N=Tm/Ts;
Kp=0.107;Ki=0.321;Td=5;
Eps=1.0;
K=4;T=3;Tao=4;
n=round(Tao/Ts);m(1:n)=0;
a=exp(-Ts/T);b=1-a;c=exp(-Ts/0.1/Td);d=Td*(1-c);
ui=0;x=0;x1=0;ud0=0;y1=0;
for i=1:N
  e=1-y1;
  up=e;
  ud1=c*ud0+d*e;
  ud=(ud1-ud0)/Ts;ud0=ud1;
if abs(e)>Eps
```

```
    Kp＝0.107;
    upid＝Kp*(up+ud);
else
    Kp＝0.107;
    ui＝ui+Ts*Ki*e;
    upid＝Kp*(up+ui+ud);
end
    if upid＞1;upid＝1;
end
    if upid＜-1;upid＝-1;
end
    x1＝a*x1+K*b*upid;
    x＝a*x+b*x1;
    y1＝m(n);
for j＝n;-1;2;m(j)＝m(j-1);
end
    m(1)＝x;
    y(i)＝y1;t(i)＝i*Ts;
end
plot(t,y,'b');hold on;
```

仿真结果如图所 5-21 所示。

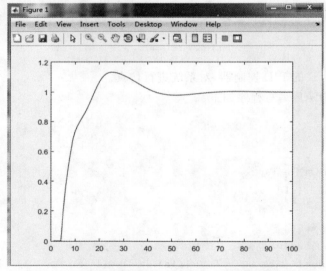

图 5-21　积分分离 PID 控制的单位阶跃响应曲线

第6章　基于模型控制器设计与仿真

在控制系统目标确定之后,就可以设计控制系统了。控制系统的设计包含 3 个主要步骤:

(1)选择被控变量、操作变量和被测变量。

(2)选择控制策略和控制结构。

(3)控制器参数整定。

实际工业控制系统中,控制策略大多采用 PID 控制策略,其控制系统结构采用反馈控制系统。

6.1　闭环系统的性能指标

闭环控制系统的任务就是要保证控制系统具有希望的动态和稳态性能指标。理想情况下,希望闭环系统满足以下性能指标:

(1)闭环系统必须是稳定的。

(2)系统具有好的扰动抑制能力。

(3)具有良好的设定值跟踪能力。

(4)消除稳态误差。

(5)避免过多的控制动作。

(6)好的鲁棒性(对过程条件变化以及过程模型误差不敏感)。

在实际控制系统中,想同时达到上述目标是不可能的,这是因为它们包含了内在的矛盾和折中。这种折中必须在性能和鲁棒性之间得到平衡。第 5 章针对常用的 PID 控制器进行了介绍,本章将介绍基于模型的控制器设计与仿真。

6.2　基于模型的控制器设计方法

如果能得到被控对象一个相当精确的过程动态数学模型,那么基于过程模型的控制器设计简单且设计过程明确。本节介绍的是一种在控制系统中特别有用的基于模型的设计方法。

6.2.1　直接综合法原理

直接综合法(Direct Synthesis,DS)是基于过程模型和期望闭环传递函数来进行,而闭环传递函数通常特指设定值变化的传递函数。

设反馈控制系统结构如图 6-1 所示。由图可知,设定值变化的闭环传递函数为

$$\frac{Y(s)}{R(s)} = \frac{G_c(s)G_p(s)}{1 + G_c(s)G_p(s)} \qquad (6-1)$$

整理求解可得

$$G_c(S) = \frac{1}{G_p(s)} \frac{\frac{Y(s)}{R(s)}}{1 - \frac{Y(s)}{R(s)}} \qquad (6-2)$$

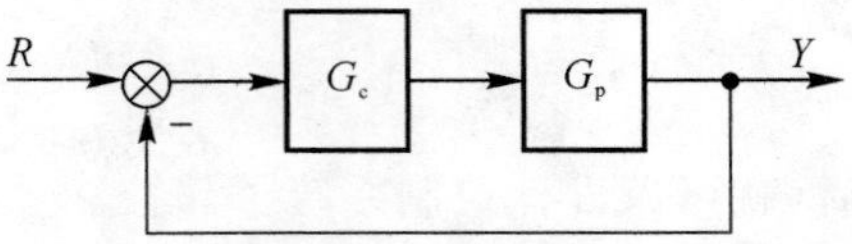

图 6 - 1 反馈控制系统结构图

式(6-2)不能用来设计控制器,因为闭环传递函数 $\frac{Y(s)}{R(s)}$ 是不能预先知道的。

假设实际过程的数学模型为 $G_p(s)$,根据实际过程建立的数学模型为 $\widetilde{G}_p(s)$,系统期望闭环传递函数为 $\left(\frac{Y(s)}{R(s)}\right)_d$

把式(6-2)中的 $G_p(s)$ 用 $\widetilde{G}_p(s)$ 代替、$\frac{Y(s)}{R(s)}$ 用 $\left(\frac{Y(s)}{R(s)}\right)_d$ 代替,可推导得到实用的控制器设计方程为

$$C_c(s) = \frac{1}{\widetilde{G}_p(s)} \left[\frac{\left(\frac{Y(s)}{R(s)}\right)_d}{1 - \left(\frac{Y(s)}{R(s)}\right)_d} \right] \qquad (6-3)$$

由式(6-3)可知,控制器设计的关键是确定。另外 $\left(\frac{Y(s)}{R(s)}\right)_d$。另外,由式(6-3)可知,控制器中包含了过程数学模型的逆,即控制器中包含了 $\frac{1}{\widetilde{G}_p(s)}$。这也是基于模型控制器设计的一个显著特点。

1. 期望闭环传递函数选择

由自动控制原理可知,理想情况下,控制系统的任务就是通过外加的控制装置,使系统被控量能很好的跟踪设定值的变化,并且没有误差,也就是要求控制系统的输出等于系统输入,即 $y(t) = r(t)$,或 $Y(s) = R(s)$。

然而,由于实际系统大多具有惯性,所以这种称为理想控制(perfect control)在实际中是不可能通过反馈控制系统实现的。对于被控对象不含纯滞后环节的过程,为了实现良好的控制性能,一般选择希望闭环传递函数为一阶模型,即

$$\left(\frac{Y(s)}{R(s)}\right)_d = \frac{1}{\lambda s + 1} \qquad (6-4)$$

式中,λ 是希望闭环时间常数。该系统的调节时间为 $(3\sim4)\lambda$,稳态增益是 1,所以对于设定值变化没有稳态误差。把式(6-4)代入式(6-3)并求出 $G_c(s)$,所设计的控制器为

$$G_c(s) = \frac{1}{\widetilde{G}_p(s)} \frac{1}{\lambda s} \qquad (6-5)$$

式(6-5)中的 $\dfrac{1}{\lambda s}$ 项起到了积分控制作用,因此消除了偏差。控制器中唯一的可调参数 λ 可由设计者根据被控对象的动态特性要求来决定。若 λ 的值小,控制器输出变化剧烈;若 λ 的值大,控制器输出变化平缓。

如果被控对象包含纯滞后环节 $\mathrm{e}^{-\tau s}$,则希望的闭环传递函数应选择为

$$\left(\frac{Y(s)}{R(s)}\right)_{\mathrm{d}} = \frac{1}{\lambda s + 1}\mathrm{e}^{-\tau s} \tag{6-6}$$

此时,把式(6-6)代入式(6-3)可得

$$G_{\mathrm{c}}(s) = \frac{1}{\widetilde{G}_{\mathrm{p}}(s)} \frac{\mathrm{e}^{-\tau s}}{\lambda s + 1 - \mathrm{e}^{-\tau s}} \tag{6-7}$$

尽管这个控制器不具备标准的 PID 形式,但物理上是可实现的。

由泰勒级数展开式可得
式(6-7)

$$\mathrm{e}^{-\tau s} \approx 1 - \tau s \tag{6-8}$$

把式(6-8)代入式(6-7),可得

$$G_{\mathrm{c}}(s) = \frac{1}{\widetilde{G}_{\mathrm{p}}(s)} \frac{\mathrm{e}^{-\tau s}}{(\lambda + \tau)s} \tag{6-9}$$

注意,该控制器中仍包含积分控制作用。

式(6-9)中没有必要近似分子中的纯滞后项,这是因为它可以被 $\widetilde{G}_{\mathrm{p}}(s)$ 中的相同项抵消。

2. 一阶惯性加纯滞后模型

考虑对象的数学模型为

$$\widetilde{G}_{\mathrm{p}}(s) = \frac{K\mathrm{e}^{-\tau s}}{Ts + 1} \tag{6-10}$$

把式(6-10)代入式(6-9)并整理得到一个 PI 控制器为

$$G_{\mathrm{c}}(s) = K_{\mathrm{c}}\left(1 + \frac{1}{T_{\mathrm{i}}s}\right) \tag{6-11}$$

其中,$K_{\mathrm{c}} = \dfrac{1}{K}\dfrac{T}{\lambda + \tau}$;$T_{\mathrm{i}} = T$。

式(6-11)中 PI 控制器参数设置为:控制器增益 K_{c} 反比于模型增益 K,$T_{\mathrm{i}} = T$。从稳定性和系统动态特性考虑这是合理的。当 KK_{c} 保持不变时,闭环系统的特征方程和稳定性保持不变;当 λ 减小时,K_{c} 增大,这是因为一个较快的设定值响应需要更强烈的控制动作,因此需要更大的 K_{c} 值。纯滞后时间 τ 给 K_{c} 参数设定了一个上限,即当 $\tau \to 0$ 时,K_{c} 值最大。

3. 二阶惯性加纯滞后模型

考虑对象的数学模型为

$$\widetilde{G}_{\mathrm{p}}(s) = \frac{K\mathrm{e}^{-\tau s}}{(T_1 s + 1)(T_2 s + 1)} \tag{6-12}$$

把式(6-12)代入式(6-9)并整理得到一个 PID 控制器为

$$G_{\mathrm{c}}(s) = K_{\mathrm{c}}\left(1 - \frac{1}{T_{\mathrm{i}}s} + T_{\mathrm{d}}s\right) \tag{6-13}$$

其中

$$K_c = \frac{1}{K} \frac{T_1 + T_2}{\lambda + \tau}, \quad T_i = T_1 + T_2, \quad T_d = \frac{T_1 T_2}{T_1 + T_2} \qquad (6-14)$$

式(6-13)中的参数表明,对于较大的 τ 之值,K_c 将减小,而 T_i 和 T_d 并不变化。当 $\tau \to 0$ 时,将给 K_c 值设置了上限。

6.2.2 直接综合法控制系统设计与仿真

采用本节的控制器设计方法,当对象模型已知时,根据系统特性要求,可完成控制器结构和参数的设计。然后可按照第 3 章介绍的基于连续系统和离散相似法对系统进行仿真。下面通过示例来对基于直接综合法的控制系统控制器进行设计并仿真。

【例 6-1】 利用直接综合法设计下面过程的控制器参数,并进行仿真。设期望闭环时间常数分别为 3 s、5 s 和 8 s。

$$G_p(s) = \frac{6 e^{-10s}}{(10s + 1)}$$

(1)过程模型是理想的;

(2)模型增益不准确,即 $\widetilde{K} = 0.9K$。

解 利用直接综合法可得控制器参数分别为

$$K_p = 0.128, \quad K_i = 0.012\ 8$$
$$K_p = 0.111, \quad K_i = 0.011\ 1$$
$$K_p = 0.092\ 6, \quad K_i = 0.009\ 26$$

(1)利用 MATLAB 的 Simulink 工具箱进行仿真,建立的系统仿真模型如图 6-2 所示。

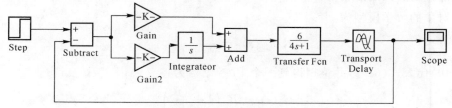

图 6-2 系统仿真模型

系统仿真结果如图 6-3 和 6-4 所示。

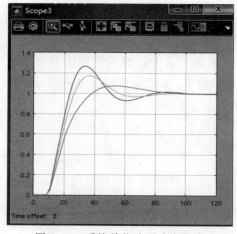

图 6-3 系统单位阶跃响应曲线

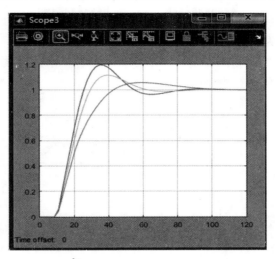

图 6 - 4　$\widetilde{K}=0.9K$ 时系统单位阶跃响应曲线

（2）编写基于 MATLAB 的系统仿真程序如下：

```
%PI
clear all;
close all;
Ts=2;
sys=tf([6],[10,1],'inputdelay',10);
dsys=c2d(sys,Ts,'zoh');
[num,den]=tfdata(dsys,'v');
u1=0.0;u2=0.0;u3=0.0;u4=0.0;u5=0.0;u6=0;
e1=0;
ei=0;
c1=0.0;
for k=1:1:100
    time(k)=k*Ts;
    cd(k)=1.0;
    c(k)=-den(2)*c1+num(2)*u6;
    e(k)=cd(k)-c(k);
    de(k)=(e(k)-e1)/Ts;
    ei=ei+Ts*e(k);
    Kp=0.11;Ti=10;Td=0;
    u(k)=Kp*e(k)+Kp/Ti*ei+Td*de(k);
    e1=e(k);
  u6=u5; u5=u4;u4=u3;u3=u2;u2=u1;u1=u(k);
  c1=c(k);
end
figure(1);
plot(time,cd,'r',time,c,'k:','linewidth',2);
xlabel('time(s)');ylabel('r and c1');
```

legend('IDEAL POSITION SIGNAL','POSITION TRACKING');

期望闭环时间常数为 3 s 时的仿真结果如图 6－5 所示。

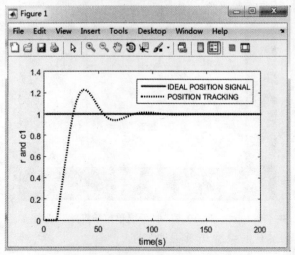

图 6－5　系统单位阶跃响应曲线

【例 6－2】　利用直接综合法设计下面过程的控制器参数，并进行仿真。设期望闭环时间常数分别为 5 s、8 s 和 10 s。

$$G_p(s) = \frac{6e^{-10s}}{(5s+1)(10s+1)}$$

解　根据直接综合法可得控制器参数分别为

$$K_p = 0.167, \quad K_i = 0.011\,1, \quad K_d = 0.556$$
$$K_p = 0.138, \quad K_i = 0.009\,25, \quad K_d = 0.476$$
$$K_p = 0.125, \quad K_i = 0.008\,33, \quad K_d = 0.417$$

(1)利用 MATLAB 的 Simulink 工具箱进行仿真，建立的系统仿真模型如图 6－6 所示。

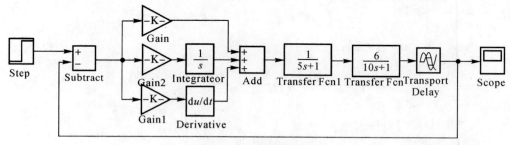

图 6－6　系统仿真模型

系统仿真结果如图 6－7 所示。

当 $\widetilde{K}=0.9K$ 时系统的单位阶跃响应曲线如图 6－8 所示。

图 6－3 和图 6－7 比较了三种 DS 控制器的闭环响应。当 λ 增大时，相应将变得越来越迟缓。在 $t=100$s 时出现扰动后系统的仿真结果如图 6－9 所示。对于(b)中的情况，当 $\widetilde{K}=0.9K$ 时的仿真结果如图 6－4 和图 6－8 所示。

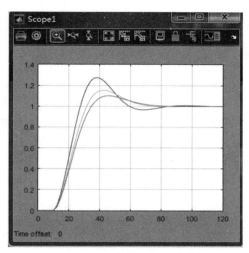

图 6 - 7 系统单位阶跃响应曲线

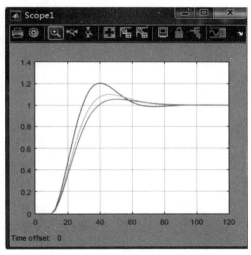

图 6 - 8 $\widetilde{K}=0.9K$ 时系统单位阶跃响应曲线

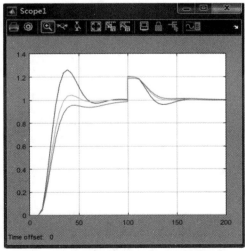

图 6 - 9 加入扰动后系统的单位阶跃响应曲线

（2）编写基于 MATLAB 的系统仿真程序如下：

```
%PID
clear all;
close all;
num=[6];
den=conu([5,1],[10,1];
g=tf(num,den,'inputdelay',10);
Kp=0.138;Ki=0.00925;Kd=0.476;
g2=tf([Kd,Kp,Ki],[1,0]);
    g=feedback(g2*g,1);
    step(g);
    hold on
```

期望闭环时间常数为 8 s 时的仿真结果如图 6-10 所示。

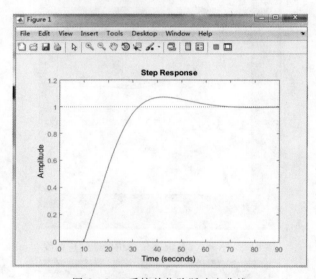

图 6-10　系统单位阶跃响应曲线

期望闭环传递函数$\left(\dfrac{Y(s)}{R(s)}\right)_d$的确定应该基于假设的过程模型以及期望的设定值响应。式（6-6）中的 FORTD 模型对于很多过程来说是合理的选择，但并不是对所有过程都合理。例如，若对象模型中包含一个右半平面的零点项$(1-T_a s)$，其中 $T_a>0$。如果选择式（6-6），则基于 DS 控制器将在分母中包含$(1-T_a s)$项，导致控制器不稳定。所以可用下式来替代式（6-6）来避免出现该问题：

$$\left(\frac{Y(s)}{R(s)}\right)_d = \frac{(1-T_a s)\mathrm{e}^{-\tau s}}{\lambda s+1} \qquad (6-15)$$

注意：DS 方法不能用于具有不稳定极点的过程模型设计中。但是，如果模型首先用一个附加的反馈控制回路加以稳定，还是可以使用 DS 方法的。

6.3　内　模　控　制

内模控制(Internal Model Control,IMC)方法类似于 DS 方法,IMC 方法基于一个假设的过程模型,并得到一个控制器参数设定的解析表达式。但 IMC 方法更具有优越性,它能同时考虑模型的不确定性和系统的鲁棒性。

6.3.1　内模控制基本原理

内模控制系统结构如图 6-11 所示,图中 $G_p(s)$ 为被控对象;$G_m(s)$ 为被控对象的名义数学模型,可通过建模得到;$G_c(s)$ 为控制器;$F(s)$ 为滤波器;$R(s)$ 为控制系统设定值;$Y(s)$ 为被控制生产过程的输出;u 为控制器输出的控制量;$D(s)$ 为外部干扰。

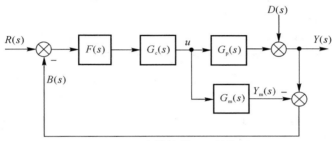

图 6-11　内模控制原理结构图

从图 6-11 中可以看出,内模控制的核心有三部分:①内部模型,用以预测被控对象的输出并加以较正;②内模控制器,调节控制量使生产过程的输出跟踪控制系统的给定值;③滤波器,改善控制系统的鲁棒性。

图 6-12 为典型的反馈控制系统结构图,比较图 6-11 与图 6-12 可知,若取 $F(s)=1$,当 $G_c(s)$ 和 $G_1(s)$ 满足下面的关系时,两个结构图是等价的:

$$G_c(s) = \frac{G_1(s)}{1 + G_1(s)G_m(s)} \tag{6-16}$$

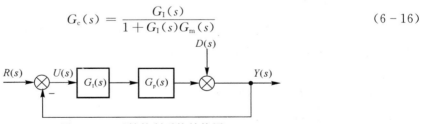

图 6-12　反馈控制系统结构图

由图 6-11 可得

$$\frac{Y(s)}{R(s)} = \frac{G_c(s)F(s)G_p(s)}{1 + G_c(s)F(s)[G_p(s) - G_m(s)]} \tag{6-17}$$

$$\frac{Y(s)}{D(s)} = \frac{1 - G_c(s)F(s)G_m(s)}{1 + G_c(s)F(s)[G_p(s) - G_m(s)]} \tag{6-18}$$

则内模控制系统的闭环响应为

$$Y(s) = \frac{G_c(s)F(s)G_p(s)}{1 + G_c(s)F(s)[G_p(s) - G_m(s)]} + R(s) + \frac{1 - G_c(s)F(s)G_m(s)}{1 + G_c(s)F(s)[G_p(s) - G_m(s)]}D(s)$$

$$\tag{6-19}$$

反馈信号为

$$B(s) = [G_p(s) - G_m(s)]U(s) + D(s) \quad\quad (6-20)$$

当模型匹配,即 $G_p(s) - G_m(s)$ 时,此时,式(6 - 20)为

$$B(s) = D(s) \quad\quad (6-21)$$

误差信号为

$$E(s) = R(s) - Y(s) = \frac{1 - G_c(s)F(s)G_m(s)}{1 + G_c(s)F(s)[G_p(s) - G_m(s)]}[R(s) - D(s)] \quad (6-22)$$

此时引入内部模型后,反馈量已由原来的输出全反馈变为扰动估计量 $B(s)$ 的反馈,相当于一个扰动估计器,设计 $G_c(s)$ 来补偿扰动对输出的影响,它相当于一个扰动补偿器,因而 $G_c(s)$ 的设计十分方便。

如果模型 $G_m(s)$ 与对象 $G_p(s)$ 不完全匹配,存在模型误差,扰动估计量 $B(s)$ 将包含模型失配信息,从而有利于系统鲁棒性的设计。

由上面的分析可知,只要令 $G_c(s) = G_m^{-1}(s)$,内模控制系统就可以得到理想的跟踪特性和抗干扰性能,但是理想的内模控制器经常难以获得,原因如下:

(1)当对象含有时滞特性时,控制器 $G_c(s) = G_m^{-1}(s)$ 中含有纯超前环节,超前环节在物理上是不可实现的。

(2)当对象模型 $G_m(s)$ 严格有理,而控制器 $G_c(s)$ 非有理时,控制器中出现了微分环节,这样控制系统对于过程中的噪声极为敏感,因而不可采用。

(3)当对象模型含有右半平面零点时,控制器 $G_c(s)$ 中就有右半平面极点,导致控制器本身不稳定,从而使闭环系统也不稳定。

(4)由理想控制器构成的控制系统,对于模型误差极为敏感,当 $G_c(s) \neq G_m^{-1}(s)$ 时,则无法确保闭环稳定性。

6.3.2 内模控制器的设计步骤

第一步,设计一个稳定的理想控制器,而不考虑系统的鲁棒性和约束;第二步,引入一个滤波器,通过调整滤波器的结构,使控制器物理上可实现,通过参数调整来获得期望的动态品质和鲁棒性。

步骤 1:过程模型 $G_m(s)$ 的分解,

$G_m(s)$ 可分解为 $G_+(s)$ 和 $G_-(s)$ 两项。

$$G_m(s) = G_{m+}(s)G_{m-}(s) \quad\quad (6-23)$$

其中,$G_{m+}(s)$ 包含了所有时滞和右半平面零点,$G_{m-}(s)$ 是具有最小相位特征的参考模型部分,即 $G_{m-}(s)$ 稳定且不包含时滞。

步骤 2:IMC 控制器设计。

在设计 IMC 控制器时,需在最小相位的 $G_{m-}(s)$ 上增加滤波器,以确保控制器物理可实现和系统的稳定性及鲁棒性。定义 IMC 控制器为

$$G_I(s) = G_{m-}^{-1}(s)F(s) \quad\quad (6-24)$$

$$F(s) = \frac{1}{(1 + \lambda s)^n} \quad\quad (6-25)$$

其中，$F(s)$ 为低通滤波器。增加 $F(s)$ 的目的是为了让 $G_{\mathrm{I}}(s)$ 物理可实现。通过式(6 - 23)的分解及式(6 - 24)和(6 - 25)滤波器的选择，使 $G_{\mathrm{I}}(s)$ 有理，λ 为滤波器参数，是内模控制器仅有的设计参数。

通过上述 IMC 控制器的设计后，闭环系统的输出和误差分别为

$$Y(s) = \frac{G_{\mathrm{m+}}(s)F(s)[1 + E_{\mathrm{p}}(s)]}{1 + G_{\mathrm{m+}}(s)F(s)E_{\mathrm{p}}(s)}[R(s) - D(s)] + D(s) =$$

$$\frac{H(s)[1 + E_{\mathrm{p}}(s)]}{1 + H(s)E_{\mathrm{p}}(s)}[R(s) - D(s)] + D(s) \tag{6 - 26}$$

$$E(s) = R(s) - Y(s) = \frac{1 - G_{\mathrm{m+}}(s)F(s)}{1 + G_{\mathrm{m+}}(s)F(s)E_{\mathrm{p}}(s)}[R(s) - D(s)] =$$

$$\frac{1 - H(s)}{1 + H(s)E_{\mathrm{p}}(s)}[R(s) - D(s)] \tag{6 - 27}$$

式中，$E_{\mathrm{p}}(s) = [G_{\mathrm{p}}(s) - G_{\mathrm{m}}(s)]/G_{\mathrm{m}}(s)$；$H(s) = G_{\mathrm{m+}}F(s)$ 为灵敏度函数。当模型完全匹配时，即在误差 $E_{\mathrm{p}}(s) = 0$ 的特殊情况，式(6 - 26)和式(6 - 27)可简化为

$$Y(s) = G_{\mathrm{m+}}(s)F(s)[R(s) - D(s)] + D(s) = H(s)[R(s) - D(s)] + D(s) \tag{6 - 28}$$

$$E(s) = [1 - G_{\mathrm{m+}}(s)F(s)][R(s) - D(s)] = J(s)[R(s) - D(s)] \tag{6 - 29}$$

式中，$J(s)$ 是对偶灵敏度函数，$H(s) + J(s) = 1$。

由式(6 - 28)和式(6 - 29)可知：当模型完全匹配时，$H(s)$ 除了 $G_{\mathrm{m+}}(s)$ 中必须包含所有的滞后和右半平面零点外，还要求 $F(s)$ 必须有足够的阶次来满足 $G_{\mathrm{c}}(s)$ 物理上的可实现，其他都是可以任意选择的。

因此，闭环响应可以按基于模型的控制器直接设计，且设计步骤比常规反馈控制器要清楚得多。

6.3.3　滤波器的设计

为了使系统对阶跃输入的稳态误差为零，对于 $G_{\mathrm{m+}}(s)$ 和 $F(s) = p(s) + q(s)$ 取如下形式：

$$G_{\mathrm{m+}}(0) = p(0) = q(0) = 1 \tag{6 - 30}$$

满足式(6 - 30)的滤波器最简单的形式为

$$F(s) = \frac{1}{(1 + \lambda s)^n} \tag{6 - 31}$$

式中，n 的取值应保证内模控制器 $G_{\mathrm{c}}(s)$ 为有理。假设 $G_{\mathrm{m}}(s) = G_{\mathrm{p}}(s)$ 且 $G_{\mathrm{m+}}(s) = 1$（即最小相位模型），则 $\dfrac{Y(s)}{R(s)} = F(s)$。由此可知，参数 λ 的取值决定了闭环系统的响应特性。即 λ 值越大，闭环输出响应速度越慢，因而控制变量的变化也越柔和。由式(6 - 31)可知，由于 $|F|$ 的最大幅值为 1，所以，此时系统的鲁棒性很强。

当 $n > 1$ 时，系统将有可能获得更好的响应特性。例如，当 $n = 2$ 时，设滤波器为

$$F(s) = \frac{1}{\lambda^2 s^2 + 2\zeta s + 1} \tag{6 - 32}$$

当 $\zeta = 0.5$ 时，此时的 ISE 最小。然而，由于此时 $|F|_{\max} = 1.15$，所以，控制品质的改善是以降低系统的鲁棒性为代价的。因此，对阶跃输入过程，通常不采用比式(6 - 31)更复杂的滤

波器结构。

【**例 6 - 3**】 利用 IMC 设计方法,考虑被控对象的数学模型为式(6-10)中的 FOPTD,即

$$\widetilde{G}_p(s) = \frac{Ke^{-\tau s}}{Ts+1}$$

试设计控制器。设滤波器为 $F(s) = \dfrac{1}{\lambda s+1}$,考虑纯滞后环节的两种近似方法:

(a)1/1 Pade 近似:

$$e^{-\tau s} \cong \frac{1 - \dfrac{\tau}{2}s}{1 + \dfrac{\tau}{2}s}$$

(b)一阶泰勒级数近似:

$$e^{-\tau s} \cong 1 - \tau s$$

解 (a)把纯滞后环节的 1/1 Pade 近似式代入 $\widetilde{G}_p(s) = \dfrac{Ke^{-\tau s}}{Ts+1}$,可得

$$\widetilde{G}_p(s) = \frac{K(1 - \dfrac{\tau}{2}s)}{(1 + \dfrac{\tau}{2}s)(Ts+1)}$$

在 IMC 控制中,取 $G_m = G_p = \widetilde{G}_p$,故分解这个模型为

$$G_m = G_{m+}G_{m-}$$

其中

$$G_{m+1} = 1 - \frac{\tau}{2}s$$

以及

$$G_{m-} = \frac{K}{(1 + \dfrac{\tau}{2}s)(Ts+1)}$$

把 $G_{m-} = \dfrac{K}{(1 + \dfrac{\tau}{2}s)(Ts+1)}$ 和式(6-25)代入式(6-24),并且设定 $r=1$,得到:

$$G_I = \frac{(1 + \dfrac{\tau}{2}s)(Ts+1)}{K(\lambda s+1)}$$

等价控制器 G_c 可以由式(6-16)得到:

$$G_c = \frac{(1 + \dfrac{\theta}{2}s)(Ts+1)}{K\left(\tau_e + \dfrac{\theta}{2}\right)s}$$

整理成式(6-13)形式的 PID 控制器,其中

$$K_c = \frac{1}{K}\frac{2\dfrac{T}{\tau}+1}{2\dfrac{\lambda}{\tau}+1}, \quad T_i = \frac{\tau}{2}+T, \quad T_d = \frac{T}{2\dfrac{T}{\tau}+1}$$

（b）采用泰勒级数近似，得到标准的 PI 控制器，其中

$$K_c = \frac{1}{K}\frac{T}{\lambda+\tau}, \quad T_i = T$$

基于 IMC 的 PID 控制器参数见表 6-1。

表 6-1　基于 IMC 的 PID 控制器参数

情况	模　型	K_cK	T_i	T_d
A	$\dfrac{K}{Ts+1}$	$\dfrac{T}{\lambda}$	T	—
B	$\dfrac{K}{(T_1s-1)(T_2s+1)}$	$\dfrac{T_1+T_2}{\lambda}$	T_1+T_2	$\dfrac{T_1T_2}{T_1+T_2}$
C	$\dfrac{K}{T^2s^2+2\zeta Ts+1}$	$\dfrac{2\zeta T}{\lambda}$	$2\zeta T$	$\dfrac{T}{2\zeta}$
D	$\dfrac{K(-\beta s+1)}{T^2s^2+2\zeta Ts+1},\ \beta>0$	$\dfrac{2\zeta T}{\lambda+\beta}$	$2\zeta T$	$\dfrac{T}{2\zeta}$
E	$\dfrac{K}{s}$	$\dfrac{2}{\lambda}$	2λ	—
F	$\dfrac{K}{s(Ts+1)}$	$\dfrac{2\lambda+T}{\lambda^2}$	$2\lambda+T$	$\dfrac{2\lambda T}{2\lambda+T}$
G	$\dfrac{Ke^{-\tau s}}{Ts+1}$	$\dfrac{T}{\lambda+\tau}$	T	—
H	$\dfrac{Ke^{-\tau s}}{Ts+1}$	$\dfrac{T+\frac{\tau}{2}}{\lambda+\frac{\tau}{2}}$	$T+\dfrac{\tau}{2}$	$\dfrac{T\tau}{2T+\tau}$
I	$\dfrac{K(T_3s+1)e^{-\tau s}}{(T_1s+1)(T_2s+1)}$	$\dfrac{T_1+T_2-T_3}{\lambda+\tau}$	$T_1+T_2-T_3$	$\dfrac{T_1T_2-(T_1+T_2-T_3)T_3}{T_1+T_2+T_3}$
J	$\dfrac{K(T_3s+1)e^{-\tau s}}{(T^2s^2+2\zeta Ts+1)}$	$\dfrac{2\zeta T-T_3}{\lambda+\tau}$	$2\zeta T-T_3$	$\dfrac{T^2-(2\zeta T-T_3)T_3}{2\zeta T-T_3}$
K	$\dfrac{K(1-T_3s+1)e^{-\tau s}}{(T_1s+1)(T_2s+1)}$	$\dfrac{T_1+T_2+\frac{T_3\tau}{\lambda+T_3+\tau}}{\lambda+T_3+\tau}$	$T_1+T_2+\dfrac{T_3\tau}{\lambda+T_3+\tau}$	$\dfrac{T_3\tau}{\lambda+T_3+\tau}+\dfrac{T_1T_2}{T_1+T_2+\frac{T_3\tau}{\lambda+T_3+\tau}}$
L	$\dfrac{K(1-T_3s+1)e^{-\tau s}}{T^2s^2+2\zeta Ts+1}$	$\dfrac{2\zeta T+\frac{T_3\tau}{\lambda+T_3+\tau}}{\lambda+T_3+\tau}$	$2\zeta T+\dfrac{T_3\tau}{\lambda+T_3+\tau}$	$\dfrac{T_3\tau}{\lambda+T_3+\tau}+\dfrac{T_2}{2\zeta T+\frac{T_3\tau}{\lambda+T_3+\tau}}$

续 表

情况	模 型	K_cK	T_i	T_d
M	$\dfrac{Ke^{-\tau s}}{s}$	$\dfrac{2\lambda+\tau}{(\lambda+\tau)^2}$	$2\lambda+\tau$	—
N	$\dfrac{Ke^{-\tau s}}{s}$	$\dfrac{2\lambda+\tau}{\left(\lambda+\dfrac{\tau}{2}\right)^2}$	$2\lambda+\tau$	$\dfrac{\lambda\tau+\dfrac{\tau^2}{4}}{2\lambda+\tau}$
O	$\dfrac{Ke^{-\tau s}}{s(Ts+1)}$	$\dfrac{2\lambda+T+\tau}{(\lambda+\tau)^2}$	$2\lambda+T+\tau$	$\dfrac{(2\lambda+\tau)T}{2\lambda+T+\tau}$

6.3.4 内模控制器设计与仿真

采用本节的内模控制器设计方法,当对象模型已知时,根据系统特性要求,可完成内模控制器的设计。然后可按照第3章介绍的基于连续系统和离散相似法对系统进行仿真。下面通过示例来对内模控制器进行设计和仿真。

1. 基于 Simulink 的系统仿真

【例 6-4】 给定一个液体存储系统的过程模型为

$$G_p(s) = \frac{Ke^{-7.4s}}{s}$$

利用表 6-1 计算在 $K=0.2$ 和 $\lambda=8$ 时的 PI 控制器参数设定。对于 $\lambda=15$ 重复上述计算,并且完成:①若假设 $G_d=G_p$,在单位阶跃设定值和 20% 的单位阶跃扰动的变化下,比较 2 个控制器;②验证控制器的鲁棒性。

解 (1)参数整定。

对于这个积分过程,$G_{m+}=e^{-\tau s}$,采用表 6-1 中情况 M 和 N 整定的 PID 控制器参数见表 6-2。

表 6-2 不同情况下的 PID 参数

	K_c	T_i	T_d
PI($\lambda=8$)	0.493	23.4	—
PI($\lambda=15$)	0.373	37.4	—
PID($\lambda=8$)	0.857	23.4	3.12
PID($\lambda=15$)	0.535	37.4	3.33

基于 Simulink 的系统仿真模型如图 6-13 所示。其单位阶跃响应如图 6-14 所示。

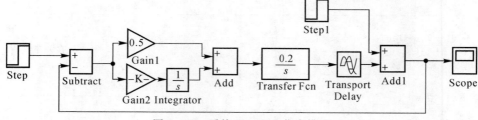

图 6-13 系统 Simulink 仿真模型

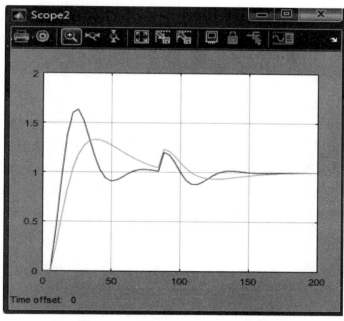

图 6-14　系统的单位阶跃响应曲线

　　(2)为了验证系统的鲁棒性,控制器参数不变,当被控对象的纯滞后时间增大、减小 20%时系统的单位阶跃响应曲线如图 6-15 和图 6-16 所示。由仿真结果可知,控制系统具有较强的鲁棒性。

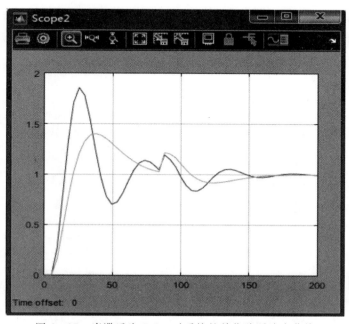

图 6-15　当滞后为 7.2 s 时系统的单位阶跃响应曲线

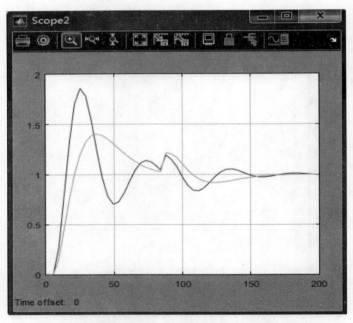

图 6 - 16   当滞后为 4.8 s 时系统的单位阶跃响应曲线

2. 基于离散相似法的系统仿真

根据前述分析,设被控对象的数学模型为

$$G_p(s) = \frac{K}{(1+Ts)^n} e^{-\tau s} \tag{6-33}$$

其预估模型为

$$G_p^*(s) = \frac{K^*}{(1+T^*s)^n} e^{-\tau^* s} \tag{6-34}$$

则内模控制器为

$$G_1(s) = \frac{(1+T^*s)^n}{K^*(1+\lambda s)^m} \tag{6-35}$$

且滤波器的阶次 m 应大于或等于预估模型的阶次,这样才能保证内模控制器是稳定和物理上可实现。现在取 $m=n$,则式(6-35)可化为

$$G_1(s) = \frac{1}{K^*} \left[\frac{1-\dfrac{T^*}{\lambda}}{1+\lambda s} + \frac{T^*}{\lambda} \right]^n$$

可用如图 6 - 17 所示的结构来描述。

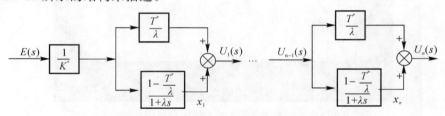

图 6 - 17   内模控制器结构

根据结构图可得控制器的状态方程为

$$\left.\begin{aligned}
\dot{x}_1 &= -\frac{1}{\lambda}x_1 + \frac{1}{K^*}\left(1-\frac{T^*}{\lambda}\right)e \\
\dot{x}_2 &= -\frac{1}{\lambda}x_2 + \left(1-\frac{T^*}{\lambda}\right)u_1 \\
&\cdots\cdots \\
\dot{x}_n &= -\frac{1}{\lambda}x_n + \left(1-\frac{T^*}{\lambda}\right)u_{n-1}
\end{aligned}\right\} \tag{6-36}$$

其中

$$\left.\begin{aligned}
u_1 &= x_1 + \frac{T^*}{K^*\lambda}e \\
u_2 &= x_2 + \frac{T^*}{\lambda}u_1 \\
&\cdots\cdots \\
u_n &= x_n + \frac{T^*}{\lambda}u_{n-1}
\end{aligned}\right\} \tag{6-37}$$

根据离散相似法可得到其差分方程为

$$\left.\begin{aligned}
x_1(k) &= \Phi(T)x_1(k-1) + \frac{1}{K^*}\Phi_m(T)e(k) \\
x_2(k) &= \Phi(T)x_2(k-1) + \Phi_m(T)u_1(k) \\
&\cdots\cdots \\
x_n(k) &= \Phi(T)x_n(k-1) + \Phi_m(T)u_{n-1}(k) \\
u_1(k) &= x_1(k-1) + \frac{T^*}{K^*\lambda}e(k) \\
u_2(k) &= x_2(k-1) + \frac{T^*}{\lambda}u_1(k) \\
&\cdots\cdots \\
u_n(k) &= x_n(k-1) + \frac{T^*}{\lambda}u_{n-1}(k)
\end{aligned}\right\} \tag{6-38}$$

式中，$\Phi(T) = e^{-\frac{T}{\lambda}}$；$\Phi_m(T) = (1-\frac{T^*}{\lambda})\left[1-e^{-\frac{T}{\lambda}}\right]$；$T$ 为仿真计算步距。

【例 6-5】　设某系统被控对象的数学模型为

$$G_p(s) = \frac{0.243}{(354s+1)^2}$$

设计其内模控制器，并进行仿真。

解　根据式(6-35)可得系统的内模控制器为

$$G_I(s) = \frac{(354s+1)^2}{0.243(\lambda s+1)^2}$$

编写内模控制系统的仿真程序 IMC。其结果如图 6-18 所示。

```
%IMC
clear all;
Ts=1; Tm=2000;N=Tm/Ts;R=1;R1=0;R2=0;
K=0.234;T=354;
```

```
xi＝0;z1＝0;z2＝0;DTA＝0.5;Ti＝0;
A＝exp(－Ts/T);B＝1－A;Tf＝30;
Af＝exp(－Ts/Tf);Bf＝(1－T/Tf)＊(1－Af);
x1＝0;x2＝0;x01＝0;x02＝0;ximc1＝0;ximc2＝0;y＝0;y0＝0;y2＝0;
for i＝1:N
    e＝R－(y－y0);
    ximc1＝Af＊ximc1＋Bf/K＊e;
    f1＝ximc1＋T/Tf/K＊e;
    ximc2＝Af＊ximc2＋Bf＊f1;
    f2＝ximc2＋T/Tf＊f1;
    u＝f2;
    x01＝A＊x01＋K＊B＊u;
    x02＝A＊x02＋B＊x01;
    y0＝x02;
    x1＝A＊x1＋K＊B＊(u＋R1);
    x2＝A＊x2＋B＊x1;
  y＝x2＋R2;
  Y(i)＝y;t(i)＝i＊Ts;U(i)＝u;
end
subplot(2,1,1),plot(t,Y,'b');hold on;
subplot(2,1,2),plot(t,U,'b');hold on;
```

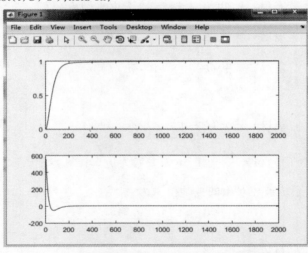

图 6-18　系统单位阶跃响应曲线及控制量变化曲线

6.4　Smith 预估控制

在工业生产过程(如热工、化工)控制中,许多被控对象具有大滞后的特性。众所周知,使用 PID 控制器处理时滞过程时,控制品质将随滞后的增大而变差。怎样处理滞后过程的控制问题,一直是控制界关注的课题之一。1959 年,Smith 提出了后来被称为"Smith 预估控制器"的方法,具有结构简单、概念明确等优点。然而,Smith 预估控制在实际系统中并不好用,特别是当过程对象参数具有时变性,即 Smith 预估器参数与对象参数不匹配时,系统的控制品质将急剧恶化,甚至出现不稳定,这对工业工程来讲是十分致命的。

大多数工业过程都可用一阶惯性加纯滞后系统来近似描述,因此,探讨一阶纯滞后过程的 Smith 预估控制器的鲁棒稳定性具有一般性的意义。

6.4.1　Smith 预估控制原理

将图 6 - 19 (a)所示的 Smith 预估控制器等效为如图 6 - 19(b)所示的结构,显见该结构类似内模控制结构。此时,系统的开环传递函数为

$$G_{o}(s) = \frac{G_{c}}{1 + G_{c}G_{m}}(G_{p}e^{-\tau_{p}s} - G_{m}e^{-\tau_{m}s}) \tag{6-39}$$

其中,被控过程的数学模型为

$$G_{p}(s)e^{-\tau_{p}s} = \frac{K_{p}}{T_{p}s + 1}e^{-\tau_{p}s} \tag{6-40}$$

Smith 预估器的数学模型为

$$G_{m}(s)e^{-\tau_{m}s} = \frac{K_{m}}{T_{m}s + 1}e^{-\tau_{m}s} \tag{6-41}$$

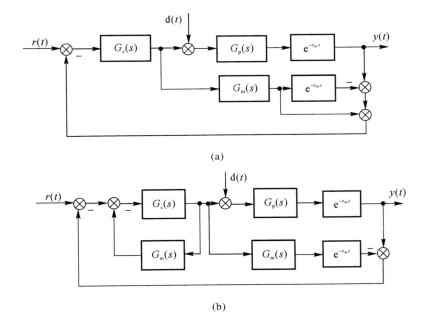

(a)

(b)

图 6 - 19　Smith 预估控制原理图

(a)Smith 预估控制结构图;(b)Smith 预估控制原理图

由于等效后的结构具有内模控制的结构特征,所以采用内模控制器的设计来确定 $G_{c}(s)$。分解被控过程预估模型 $G_{m}(s)$ 为 $G_{m-}(s)$ 最小相位部分和 $G_{m+}(s)$ 非最小相位部分后(含纯滞后部分),构造出内模控制器 $G_{mc} = G_{m-}^{-1}(s)F(s)$,其中 $F(s) = 1/(\lambda s + 1)^{n}$ 是为增强系统鲁棒性及可实现性引入的滤波器。这样得到

$$G_{mc}(s) = G_{m-}^{-1}F(s) = \frac{T_{m}s + 1}{K_{m}(\lambda s + 1)} \tag{6-42}$$

$$G_c(s) = \frac{G_{mc}}{1 - G_{mc}G_m} = \frac{T_m s + 1}{K_m \lambda s} = \frac{T_m}{K_m \lambda} + \frac{1}{K_m \lambda s} \qquad (6-43)$$

显然这是一个 PI 控制器。

6.4.2　时滞过程 Smith 预估控制仿真

大多数工业过程都可用一阶惯性加时滞系统来近似描述,因此,探讨一阶时滞过程的 Smith 预估控制性能具有一般性的意义。

由图 6-19(a)的 Smith 预估控制系统的原理图可知,若取被控过程的数学模型为式(6-40),Smith 预估器的数学模型为式(6-41),系统的闭环传递函数为

$$\Phi(s) = \frac{G_c(s)G_p(s)e^{-\tau_p s}}{1 + G_c(s)G_m(s)(1 - e^{-\tau_m s}) + G_c(s)G_p(s)e^{-\tau_p s}} \qquad (6-44)$$

1. Smith 预估控制结论

(1)当 $K_m = K_p, \tau_m = \tau_p, T_m = T_p$ 时,系统闭环传递函数为

$$\Phi(s) = \frac{G_c(s)G_p(s)e^{-\tau_p s}}{1 + G_c(s)G_p(s)} \qquad (6-45)$$

与之对比,传统的反馈控制系统闭环传递函数为

$$\Phi(s) = \frac{G_c(s)G_p(s)e^{-\tau_p s}}{1 + G_c(s)G_p(s)e^{-\tau_p s}} \qquad (6-46)$$

比较式(6-45)和式(6-47),可以看出 Smith 预估器具有理论上的优势,即可将纯滞后从特征方程中除去。

(2)由式(6-44)可知,当 $K_m \neq K_p, \tau_m \neq \tau_p, T_m \neq T_p$ 时,不能将纯滞后从特征方程中除去,纯滞后对系统闭环极点在 s 平面的位置有影响,因此 Smith 预估控制器在实际系统中应用较少。这就是 Smith 预估器与被控对象模型参数不匹配时 Smith 预估控制的缺点和不足。

Smith 预估控制的上述不足源于它是基于模型进行分析设计的,也就是说,需要过程的动态模型。如果过程特性变化显著,那么预估模型将不准确,且控制器的性能将恶化,也可能导致闭环系统的不稳定。这种分析常常是定性的,而不能定量分析。有了 MATLAB 这个仿真工具,可以采用仿真方法给出 Smith 预估器与被控对象模型参数不匹配情况的仿真结果,从而指导学习以及工程应用。

2. 基于 Simulink 的仿真方法

【例 6-6】　设被控对象的数学模型为

$$G_p(s) = \frac{2}{4s+1}e^{-4s}$$

利用 MATLAB 对系统进行仿真。

解　(1)基于 Simulink 的仿真方法。

模型参数分别为 $K_m = 2, \tau_m = s, T_m = 4s$。在 Simulink 环境下建立仿真模型如图 6-20 所示。

得到结果如图 6-21 所示,其中曲线分别是 $G_p e^{-\tau_p s} = G_m e^{-\tau_m s}$ 时响应的曲线及实际对象为 $K_p = 1.3K_m, \tau_p = 1.3\tau_m, T_p = 1.3T_m$ 时系统的响应曲线。

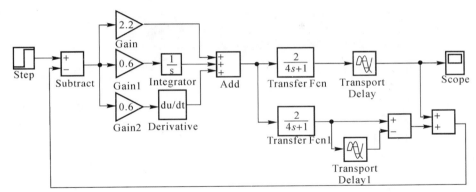

图 6 - 20　系统的 Simulink 仿真模型

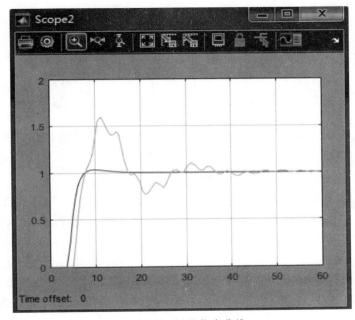

图 6 - 21　系统仿真曲线

采用 MATLAB 的 Simulink 工具箱对 Smith 预估控制进行定量研究。在保持控制器、Smith 预估器结构与参数不变的情况下,分别改变 K、T、τ 之值,研究它们的变化对系统性能的影响,即 K_p、τ_p、T_p 变化后系统性能仍在可允许范围之能,经仿真研究得到以下结论:

(1)在 τ_p 和 T_p 不变的情况下,K_p 值在原基础上最大变化可达±90%。

(2)在 K_p 和 τ_p 不变的情况下,T_p 值在原基础上最大变化可达 7～8 倍。

(3)在 K_p 和 T_p 不变的情况下,τ_p 的变化与 τ_p/T_p 之比值有关,当 $\tau_p/T_p=0.5$ 时,τ_p 可在原值基础上变化 2 到 3 倍;当 $\tau_p/T_p=1$ 时,τ_p 可在原值基础上变化 80%;当 $\tau_p/T_p=2$ 时,τ_p 可在原值基础上变化 50%;当 $\tau_p/T_p=4$ 时,τ_p 可在原值基础上变化 15%;当 $\tau_p/T_p=6$ 时,τ_p 可在原值基础上变化 12%;当 $\tau_p/T_p=10$ 时,τ_p 可在原值基础上变化 6%;当 $\tau_p/T_p=15$ 时,τ_p 可在原值基础上变化达 4%;此时系统稳定,但超调大、振荡剧烈。图 6 - 22 是当 $\tau_p/T_p=10$,即 $K_m=K_p=2$ s,$\tau_m=\tau_p=40$ s,$T_m=T_p=4$ s 和 K_p、T_p 保持不变而 $\tau_p=1.05\tau_m$ 时系统的响应曲线。

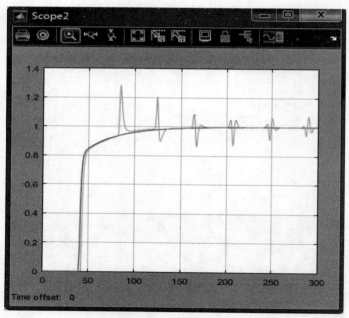

图 6-22　系统仿真曲线

（4）当 K_p、τ_p、T_p 时发生变化时,有关文献关于 Smith 预估控制模型参数与被控对象相差在 ±30％以内时,仍比传统的反馈控制有所改进的结论是在 $\tau_p/T_p=0.5$ 的前提下得到的,不具有广泛性。通过大量的仿真研究得到如下结论:

当 K_p、τ_p、T_p 同时发生变化时,每一个参数的变化也与 τ_p/T_p 有关。当 τ_p/T_p 之比增大时,K_p、τ_p、T_p 同时发生变化的范围均要减小,τ_p/T_p 越大,K_p、τ_p、T_p 同时发生变化的范围越小。因此,对 Smith 预估控制来说,τ_p/T_p 是一个很重要的参数,它的大小将直接影响 Smith 预估控制的鲁棒性。

（5）Smith 预估控制在实际使用时,主要应考虑纯滞后时间 τ_p 的大小及是否会在较大的范围内发生变化,若 τ_p 不变或变化范围很小,Smith 预估控制会有一个令人满意的控制效果。否则,应设法实时辨识被控对象的时滞 τ_p,不断修改 Smith 预估器的参数,使预估控制模型参数与被控对象参数尽可能的匹配。

3. 基于离散相似法仿真

设被控对象的数学模型为

$$G_p(s) = \frac{K_p}{T_p s+1}\mathrm{e}^{-\tau_p s} = G_0(s)\mathrm{e}^{-\tau_p s}$$

对被控对象带零阶保持器进行离散化,可得 $G_p(z)$ 和 $G_0(z)$,并将图 6-19 所示的 Smith 预估控制系统的结构图等效为如图 6-23 所示的离散化结构图。图中的 $G_{mp}(z)$ 和 $G_{m0}(z)$ 分别为 $G_p(z)$ 和 $G_0(z)$ 的预估模型。

由图 6-23 可知,$e_2(k)=e_1(k)-x_m(k)+y_m(k)=r(k)-y(k)-x_m(k)+y_m(k)$,若模型匹配,则有

$$y(k) = y_m(k)$$
$$e_2(k) = r(k) - x_m(k)$$

其中,$e_2(k)$ 为数字控制器 $G_c(z)$ 的输入,$G_c(z)$ 一般采用 PI 控制算法(参见本章前述)。

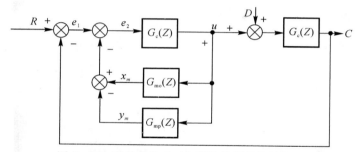

图 6 - 23　离散化的 Smith 预估控制系统结构图

【例 6 - 7】　设被控对象的数学模型为

$$G_p(s) = \frac{2}{4s+1} e^{-4s}$$

采用 Smith 预估控制方法，编写 MATLAB 程序对系统进行仿真。

解　编写 MATLAB 程序如下：

```
%Smith Algorithm
clear all;
close all;
ts=1;
sysp=tf([2],[4,1],'inputdelay',4);
dsysp=c2d(sysp,ts,'zoh');
[nump,denp]=tfdata(dsysp,'v');
sysm1=tf([2],[4,1]);
dsysm1=c2d(sysm1,ts,'zoh');
[numm1,denm1]=tfdata(dsysm1,'v');
sysm2=tf([2],[4,1],'inputdelay',4)
dsysm2=c2d(sysm2,ts,'zoh');
[numm2,denm2]=tfdata(dsysm2,'v');
u1=0.0;u2=0.0;u3=0.0;u4=0.0;u5=0.0;
e1=0;
ei=0;
xm1=0.0;
cm1=0.0;c1=0.0;
for k=1:1:100
    time(k)=k*ts;
    r(k)=1;
    c(k)=-denp(2)*c1+nump(2)*u5;
    xm(k)=-denm1(2)*xm1+numm1(2)*u1;
    cm(k)=-denm2(2)*cm1+numm2(2)*u5;
    e1(k)=r(k)-xm(k);
    ei=ei+ts*e1(k);
    u(k)=2*e1(k)+0.5*ei;
    xm1=xm(k);
    cm1=cm(k);
```

```
        u5=u4;u4=u3;u3=u2;u2=u1;u1=u(k);
        c1=c(k);
end
figure(1);
plot(time,r,'r',time,c,'k:','linewidth',2)
xlabel('time(s)');ylabel('r,c');
```

以单位阶跃为输入信号,当模型匹配时,系统的仿真结果如图 6 - 24 所示。

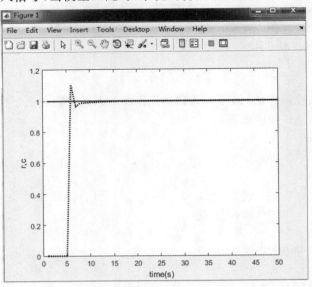

图 6 - 24　模型匹配时系统的阶跃响应曲线

以单位阶跃为输入信号,当模型失配时,预估器模型中纯滞后参数变为 5 时,系统的仿真结果如图 6 - 25 所示。

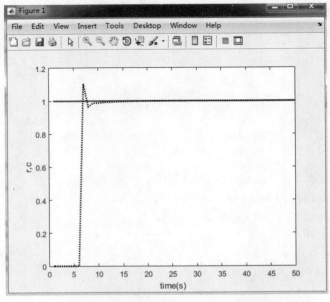

图 6 - 25　模型失配时系统的阶跃响应曲线

6.5　大林(Dahlin)控制算法

1968 年,美国 IBM 公司的大林(E. B. Dahlin)提出了一种控制算法,对被控对象具有纯滞后的过程控制具有良好的控制效果。大林算法适用的对象分为以下两类:

$$G(s) = \frac{K}{Ts+1}e^{-\tau s} \tag{6-47}$$

$$G(s) = \frac{K}{(T_1 s + 1)(T_2 s + 1)}e^{-\tau s} \tag{6-48}$$

6.5.1　大林算法的基本形式

设有一阶惯性加纯滞后对象 $G(s) = \dfrac{Ke^{-\tau s}}{T_1 s + 1}$,其中 T_1 为被控对象的时间常数,τ 为纯滞后时间,且 τ 为采样周期 T 的整数倍。即 $\tau = NT$。

大林算法的设计目标:设计一个合适的数字控制器 $D(z)$,使系统在单位阶跃函数的作用下,整个系统的闭环传递函数为一个延迟环节(考虑系统的物理可实现性)和一个惯性环节(使输出平滑,解决超调)相串联的形式,即理想的闭环传递函数为 $\Phi_s = \dfrac{e^{-\tau s}}{T_0 s + 1}$,$T_0$ 为闭环系统的等效时间常数。由于是在 z 平面上讨论数字控制器的设计,如采用零阶保持器,且采样周期为 T,则整个闭环系统的脉冲传递函数为

$$
\begin{aligned}
\Phi(z) &= (1-z^{-1})Z\left[\frac{e^{-NTs}}{s(T_0 s + 1)}\right] = \\
&\quad z^{-N}(1-z^{-1})\frac{(1-e^{-T/T_0})z^{-1}}{(1-z^{-1})(1-e^{-T/T_0}z^{-1})} = \\
&\quad \frac{z^{(N+1)}(1-e^{-T/T_0})}{(1-e^{-T/T_0}z^{-1})}
\end{aligned}
\tag{6-49}
$$

类似地,被控对象的脉冲传递函数为

$$G(z) = K\frac{z^{-(N+1)}(1-e^{-T/T_1})}{(1-e^{-T/T_1}z^{-1})} \tag{6-50}$$

根据直接离散化设计的原理可得

$$
\begin{aligned}
G(z) &= \frac{\Phi(z)}{G(z)[1-\Phi(z)]} = \\
&\quad \frac{\dfrac{z^{-(N+1)}(1-e^{-T/T_0})}{(1-e^{-T/T_0}z^{-1})}}{\dfrac{Kz^{-(N+1)}(1-e^{-T/T_1})}{(1-e^{-T/T_1}z^{-1})}\left[1-\dfrac{z^{-(N+1)}(1-e^{-T/T_0})}{(1-e^{-T/T_0}z^{-1})}\right]} = \\
&\quad \frac{(1-e^{-T/T_0})(1-e^{-T/T_1}z^{-1})}{K(1-e^{-T/T_1})[1-e^{-T/T_0}z^{-1}-(1-e^{-T/T_0})z^{-(N+1)}]}
\end{aligned}
\tag{6-51}
$$

式(6-51)即为被控对象为带有纯滞后的一阶惯性环节时大林控制器的表达式,显然 $D(z)$ 可由计算机直接实现。

对带有纯滞后的二阶惯性环节的被控对象,即 $G_p(s) = \dfrac{Ke^{-\tau s}}{(T_1 s + 1)(T_2 s + 1)}$,设闭环脉冲传

递函数仍为式(6-49)，则

$$D(z) = \frac{(1 - e^{-T/T_0})(1 - e^{-T/T_1} z^{-1})(1 - e^{-T/T_2} z^{-1})}{K(c_1 + c_2 z^{-1})[1 - e^{-T/T_0} z^{-1} - (1 - e^{-T/T_0}) z^{-(N+1)}]} \tag{6-52}$$

式中

$$c_1 = 1 + \frac{1}{T_2 - T_1}(T_1 e^{-T/T_1} - T_2 e^{-T/T_2})$$

$$c_1 = e^{-T(1/T_1 + 1/T_2)} + \frac{1}{T_2 - T_1}(T_1 e^{-T/T_2} - T_2 e^{-T/T_1})$$

6.5.2　大林算法振铃现象及消除方法

人们发现，当直接用前文所述控制算法构成闭环控制系统时，计算机的输出 $U(z)$ 常常会以 1/2 采样频率大幅度上下振荡。这一振荡将使执行机构的磨损增加，而且影响控制质量，甚至可能破坏系统的稳定，必须加以消除。通常这一振荡现象被称为振铃现象。可以证明，振铃的根源是由系统存在 $z = -1$ 附近的极点所致，且 $z = -1$ 处振铃是最严重的。

为了消除振铃，大林提出了一个切实可行的方法，就是先找到 $D(z)$ 中可能产生振铃的极点（$z = -1$ 附近的极点），然后令该极点处的 $z = 1$。这样即取消了这个极点，又不影响系统的稳态输出。根据终值定理，系统的稳态输出 $Y(\infty) = \lim\limits_{z \to 1}(z-1)Y(z)$，显然系统进入稳态后 $z = 1$。

下面讨论消除振铃后数字控制器的形式。

将式(6-51)的分母进行分解，得

$$D(z) = \frac{(1 - e^{-T/T_0})(1 - e^{-T/T_1} z^{-1})}{K(1 - e^{-T/T_1} e^{-T/T_1})(1 - z^{-1})[1 + (1 - e^{-T/T_0})(z^{-1} + z^{-2} + z^{-3} + \cdots + z^{-N})]}$$

式中极点 $z = 1$ 是不会引起振铃的。因此引起振铃的可能因子是 $[1 + (1 - e^{-T/T_0})(z^{-1} + z^{-2} + z^{-3} + \cdots + z^{-N})]$ 项。

(1) 当 $N = 0$ 时，此因子不存在，无振铃可能；

(2) 当 $N = 1$ 时，有一个极点 $z = -(1 - e^{-T/T_0})$；

(3) 当 $T_0 \ll T$ 时，$z \to -1$，存在严重的振铃现象。为消除振铃，可令 $z = 1$，因子变为 $1 + (1 - e^{-T/T_0})z^{-1} = 2 - e^{-T/T_0}$，此时

$$D(z) = \frac{(1 - e^{-T/T_0})(1 - e^{-T/T_1} z^{-1})}{K(1 - e^{-T/T_1})(1 - z^{-1})(2 - e^{-T/T_0})} \tag{6-53}$$

同理，当 $N = 2$ 时，因子变为（令 $z = 1$）$1 + (1 - e^{-T/T_0})(z^{-1} + z^{-2}) = 3 - 2e^{-T/T_0}$，此时

$$D(z) = \frac{(1 - e^{-T/T_0})(1 - e^{-T/T_1} z^{-1})}{K \cdot (1 - e^{-T/T_1})(1 - z^{-1})(3 - e^{-T/T_0})} \tag{6-56}$$

式(6-53)和式(6-54)就是对纯滞后对象（当 $N = 1$ 和 $N = 2$ 时）用大林算法设计出的数字控制器 $D(z)$。

【例6-8】 已知被控对象 $G(s) = \dfrac{e^{-s}}{s+1}$，设采样周期 $T = 0.5$ s，设闭环传递函数的时间常数 $T_0 = 0.1$ s，试按大林算法设计数字控制器 $D(z)$。

解　系统为带有纯滞后的一阶惯性环节，将带有一阶惯性的被控对象的通用传递函数 $G(s) = \dfrac{Ke^{-\tau s}}{1 + T_1 s}$ 同已知被控对象的传递函数比较，得出被控对象放大系数 $K = 1$，系统的纯滞后时间

$\tau = NT = 1$，则 $N = 2$，被控对象的时间常数 $T_1 = 1$，被控对象传递函数的 Z 变换为

$$G(z) = (1 - z^{-1}) \mathscr{Z}\left[\frac{G(s)}{s}\right] = (1 - z^{-1}) \mathscr{Z}\left[\frac{e^{-s}}{s(s + 1)}\right] =$$

$$z^{-(N+1)} \frac{1 - e^{-T/T_1}}{1 - e^{-T/T_1} z^{-1}} = z^{-3} \frac{1 - e^{-0.5}}{1 - e^{-0.5} z^{-1}} =$$

$$\frac{-.393\ 5z^{-3}}{1 - 0.606\ 5z^{-1}}$$

由大林算法的设计思想所构造的闭环传递函数为 $\Phi(z) = \dfrac{(1 - e^{-T/T_0}) z^{-(N+1)}}{1 - e^{-T/T_0} z^{-1}}$，则

$$D(z) = \frac{\Phi(z)}{G(z)[1 - \Phi(z)]} = \frac{(1 - e^{-T/T_0})(1 - e^{-T/T_1} z^{-1})}{K(1 - e^{-T/T_1})[1 - e^{-T/T_0} z^{-1} - (1 - e^{-T/T_0}) z^{-(N+1)}]} =$$

$$\frac{(1 - e^{-5})(1 - e^{-0.5} z^{-1})}{(1 - e^{-0.5})[1 - e^{-5} z^{-1} - (1 - e^{-5}) z^{-3}]} =$$

$$\frac{2.524(1 - 0.606\ 5z^{-1})}{(1 - z^{-1})[1 + 0.993\ 3z^{-1} + 0.993\ 3z^{-2}]}$$

由此可见，$D(z)$ 有三个极点，分别为 $z = 1$，$z = -0.496\ 7 \pm j0.864$，极点 $z = -0.496\ 7 \pm$ j0.864 产生振铃现象，为了消除振铃现象，将 $z = 1$ 代入 $1 + 0.993\ 3z^{-1} + 0.993\ 3z^{-2}$ 中，得

$$D(z) = \frac{2.524(1 - 0.606\ 5z^{-1})}{(1 - z^{-1})[1 + 0.993\ 3 + 0.993\ 3]} = \frac{0.845\ 1(1 - 0.606\ 5z^{-1})}{1 - z^{-1}}$$

此时闭环传递函数相当于一个纯滞后的一阶惯性环节，振铃现象消除。

【**例 6 - 9**】 已知被控对象 $G(s) = \dfrac{0.45 e^{-20s}}{120s + 1}$，设采样周期 $T = 5$ s，设闭环传递函数的时间常数 $T_0 = 30$ s，试按大林算法设计数字控制器 $D(z)$，并进行仿真。

解 参照例 6 - 8 设计数字控制器。编写 MATLAB 仿真程序如下：

```
%Dalin Algorithm
clear all;
close all;
T1=1;ts=5;Tm=300;N1=Tm/ts;
N2=ts/T1;
Kp=0.45;Tp=120;tao=20;
Td=30;n1=fix(tao/ts)+1;
A=exp(-ts/Tp);B=1-A;
a=exp(-ts/Td);b=1-a;
a1=exp(-T1/Tp);b1=1-a1;
n2=round(tao/T1);xd(1:n2)=0;
x=0;u0(1:n1)=0;e1=0;n3=0;y1=0;
r=1;r1=0;r2=0;
for i=1:N1
    e=r-y1;
    u=a*u0(1)+b*u0(n1)+b/B/Kp*(e-A*e1);
    e1=e;
for j=n1:-1:2
    u0(j)=u0(j-1);
```

```
end
    u0(1)＝u;
for k＝1:N2
        x＝a1 * x＋Kp * b1 * (u＋r1);
        y1＝xd(n2)＋r2;
for j＝n2:－1:2
        xd(j)＝xd(j－1);
end
        xd(1)＝x;
        n3＝n3＋1
        y(n3)＝y1;t(n3)＝n3 * T1;U(n3)＝u;R(n3)＝1;
end
end
subplot(2,1,1),plot(t,R,'k',t,y,'b');hold on;
subplot(2,1,2),plot(t,U,'b');hold on;
```

系统的仿真结果如图 6-26 所示。

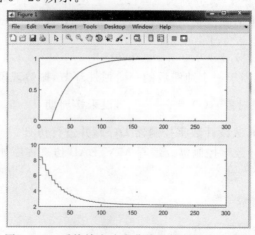

图 6-26   系统输出响应曲线及控制量变化曲线

6.6   最少拍控制

按照采样控制理论,以 Z 变换为工具,以脉冲传递函数为数学模型,直接设计满足指标要求的数字控制器 $D(z)$,也是基于系统数学模型的控制器设计方法,或称为直接解析设计法。

6.6.1   数字控制器的离散化设计步骤

数字控制系统的结构如图 6-27 所示,是典型的计算机控制系统。

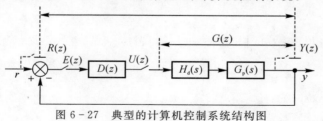

图 6-27   典型的计算机控制系统结构图

其中，$G_p(s)$ 为被控对象；$H_0(s) = \dfrac{1 - e^{-Ts}}{s}$ 为零阶保持器；$G(z)$ 是 $G_p(s)$ 和 $H_0(s)$ 相乘后得到的等效脉冲传递函数，$D(z)$ 是需要设计的数字控制器。该系统的闭环脉冲传递函数为

$$\Phi(z) = \frac{Y(z)}{R(z)} = \frac{D(z)G(z)}{1 + D(z)G(z)} \tag{6-55}$$

误差脉冲传递函数为

$$\Phi_e(z) = \frac{E(z)}{R(z)} = \frac{1}{1 + D(z)G(z)} = 1 - \Phi(z) \tag{6-56}$$

基于模型直接设计的目标就是根据闭环系统的期望控制指标，直接设计满足要求的数字控制器 $D(z)$，而期望的控制指标通常是由理想的闭环脉冲传递函数或误差脉冲传递函数来体现。由此可得出数字控制器的离散化设计步骤如下：

（1）设计要求一旦确定，即根据控制系统的性能指标要求和其他约束条件，确定所需的闭环脉冲传递函数 $\Phi(z)$ 或误差脉冲传递函数 $\Phi_e(z)$。

（2）根据被控对象和零阶保持器的传递函数求出广义对象的脉冲传递函数 $G(z)$。

（2）由式（6-55）、式（6-56）可推导出数字控制器的脉冲传递函数 $D(z)$，即

$$D(z) = \frac{\Phi(z)}{G(z)\left[1 - \Phi(z)\right]} = \frac{\Phi(z)}{G(z)\Phi_e(z)} \tag{6-57}$$

由式（6-51）可知，直接离散化设计是根据期望的控制性能指标，设计出满足性能指标的闭环脉冲传递函数，然后再推导出控制器 $D(z)$。

6.6.2　最少拍无稳差控制器设计

设计最少拍无稳差系统的数字控制器 $D(z)$，最重要的就是要研究如何根据性能要求，构造一个理想的闭环脉冲传递函数。

由误差表达式

$$E(z) = \Phi_e(z)R(z) = e_0 + e_1 z^{-1} + e_2 z^{-2} + \cdots \tag{6-58}$$

可知，要实现无静差、最少拍的要求，$E(z)$ 应在最短时间内趋近于零，即 $E(z)$ 应为有限项多项式。因此，在输入 $R(z)$ 一定的情况下，必须对 $E(z)$ 提出要求。

最少拍系统常用的典型输入信号主要有以下几种形式：

（1）单位阶跃输入

$$r(t) = 1(t), \quad R(z) = \frac{1}{1 - z^{-1}} \tag{6-59}$$

（2）单位速度输入

$$r(t) = t, \quad R(z) = \frac{Tz^{-1}}{(1 - z^{-1})^2} \tag{6-60}$$

（3）单位加速度输入

$$r(t) = \frac{1}{2}t^2, \quad R(z) = \frac{T^2 z^{-1}(1 + z^{-1})}{2(1 - z^{-1})^3} \tag{6-61}$$

输入信号的一般表达式可表示为

$$R(z) = \frac{A(z)}{(1 - z^{-1})^N} \tag{6-62}$$

将式（6-62）代入误差表达式，得

$$E(z) = \Phi_e(z)R(z) = \frac{\Phi_e(z)A(z)}{(1-z^{-1})^N} \tag{6-63}$$

要使式(6-63)中 $E(z)$ 为有限项多项式, $\Phi_e(z)$ 应能被 $(1-z^{-1})^N$ 整除,即 $\Phi_e(z)$ 应取为 $(1-z^{-1})^N F(z)$ 的形式。要实现最少拍, $E(z)$ 应尽可能简单,故取 $F(z)=1$。这样,经过简单计算可以容易地得到在不同典型输入情况下, $\Phi_e(z)$ 或 $\Phi(z)$ 的表达式,进而设计出最少拍控制器 $D(z)$,见表6-3。

表6-3 各种典型输入下的最少拍系统

典型输入 $r(t)$	典型输入 $R(z)$	误差脉冲传递函数 $\Phi_e(z)$	闭环脉冲传递函数 $\Phi(z)$	最少拍调节器 $D(z)$	调节时间
$1(t)$	$R(z)=\dfrac{1}{1-z^{-1}}$	$1-z^{-1}$	z^{-1}	$\dfrac{z^{-1}}{(1-z^{-1})G(z)}$	T
t	$R(z)=\dfrac{Tz^{-1}}{(1-z^{-1})^2}$	$(1-z^{-1})^2$	$2z^{-1}-z^{-2}$	$\dfrac{2z^{-1}-z^{-2}}{(1-z^{-1})G(z)}$	$2T$
$\dfrac{1}{2}t^2$	$R(z)=\dfrac{T^2z^{-1}(1+z^{-1})}{2(1-z^{-1})^3}$	$(1-z^{-1})^3$	$3z^{-1}-3z^{-2}+z^{-3}$	$\dfrac{3z^{-1}-3z^{-2}+z^{-3}}{(1-z^{-1})G(z)}$	$3T$

设被控对象的传递函数 $G_p(s)=\dfrac{K_p}{s(T_p s+1)}$,在单位阶跃输入下设计一个最少拍数字控制器 $D(z)$。

将 $G_p(s)$ 分解为

$$G_p(s) = \frac{K_p}{s(T_p s+1)} = \frac{K_p}{s} - \frac{K_p T_p}{T_p s+1} \tag{6-64}$$

利用离散相似法得到被控对象的差分方程如下:

$$x_1(k+1) = x_1(k) + K_p T_s u(k)$$

$$x_2(k+1) = K_p T_p \left[e^{-\frac{T_s}{T_p}} x_1(k) + (1-e^{-\frac{T_s}{T_p}})u(k) \right] \tag{6-65}$$

$$c(k+1) = x_1(k+1) - x_2(k+1)$$

这里,设 $a=e^{-\frac{T_s}{T_p}}$,对差分方程取 z 变换,可得被控对象的脉冲传递函数为

$$G_p(z) = \frac{z^{-1}(K_p T_s(1-az^{-1}) - K_p T_p(1-a)(1-z^{-1}))}{(1-z^{-1})(1-az^{-1})} \tag{6-66}$$

根据前面的推导,可得单位阶跃信号作用下的最小拍无稳差控制器为

$$D(z) = \frac{z^{-1}}{G_p(z)(1-z^{-1})} = \frac{a_1 - (1-az^{-1})}{1 - b_1 z^{-1}} \tag{6-67}$$

式中, $a_1 = \dfrac{1}{K_p T_s - K_p T_s(1-a)}$; $b_1 = a_1[aK_p T_s - K_p T_p(1-a)]$ 。

由控制器 $D(z)$ 可得控制器的差分方程为

$$u(k) = b_1 u(k-1) + a_1[(e(k) - ae(k-1)] \tag{6-68}$$

【例6-10】 设单位负反馈系统被控对象的数学模型为 $G_p(s)=\dfrac{2}{s(0.5s+1)}$,设计最少拍

控制器,对系统进行仿真。

  解 本系统设计中,取采样周期为 0.5 s。把被控对象中的参数代入式(6-67)和式(6-68),即可得到所设计的控制器和其对应的差分方程。利用 MATLAB 编制仿真程序如下:

```
%最少拍系统
clear all;
close all;
Td=0.005;Ts=0.5;Tm=10;N1=Tm/Ts;N2=Ts/Td;Kp=2;Tp=0.5;
A=exp(-Td/Tp);B=1-A;
a=exp(-Ts/Tp);a1=1/(Kp*Ts-Kp*Tp*(1-a));b1=a1*(Kp*Ts*a-Kp*Tp*(1-a));
x1=0;x2=0;u01=0;e0=0;u=0;c0=0;m=0;
for i=1:N1
    r=1;e1=r-c0;
    u=b1*u01+a1*(e1-a*e0);
    u01=u;e0=e1;
for j=1:N2
    x1=x1+Kp*Td*u;x2=A*x2+Kp*Tp*B*u;
    c=x1-x2;
for k=1:50
    m=m+1;t(m)=m*Td/50;Y(m)=c0;U(m)=u;R(m)=r;
end
    c0=c;
end
end
subplot(2,1,1),plot(t,R,':r',t,Y,'b');hold on;
subplot(2,1,2),plot(t,U);
```

系统输出和控制器输出波形图如图 6-28 所示。

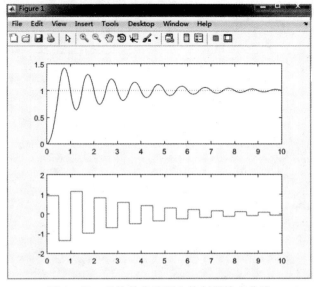

图 6-28　系统单位阶跃和控制器输出曲线

  理论上,控制系统在单位阶跃信号作用下的最少拍系统,其输出应在 1 拍内达到稳态输出,但从图 6-28 中的曲线可知,控制系统输出并未达到理想输出,这是因为,设计最小拍控制器时,被控对象的 z 传递函数采样周期为 $T_s=0.5$ s,而为了更精确的对被控对象进行仿真,选择被控对象部分的仿真步距为 0.005,因此,按采样周期 $T_s=0.5$ s 所得到的被控对象的数学模型不能代表原系统。当被控对象的仿真步距取为 0.5 时,编写 MATLAB 仿真程序如下:

```
%最少拍
clear all;
close all;
Ts=0.5;Td=Ts; Tm=10;N1=Tm/Ts;N2=Ts/Td;Kp=10;Tp=1;
A=exp(-Td/Tp);B=1-A;
a=exp(-Ts/Tp);a1=1/(Kp*Ts-Kp*Tp*(1-a));b1=a1*(Kp*Ts*a-Kp*Tp*(1-a));
x1=0;x2=0;u01=0;e0=0;u=0;c0=0;m=0;
for i=1:N1
    r=1;e1=r-c0;u=b1*u01+a1*(e1-a*e0); u01=u;e0=e1;
for j=1:N2
    x1=x1+Kp*Td*u;x2=A*x2+Kp*Tp*B*u;c=x1-x2;
for k=1:50
  m=m+1;t(m)=m*Td/50; Y(m)=c0;U(m)=u;R(m)=r;
end
    c0=c;
end
end
subplot(2,1,1),plot(t,R,':r',t,Y,'b');hold on;subplot(2,1,2),plot(t,U);
```

  系统输出和控制器输出波形图如图 6-29 所示。从图中可以看出,系统经过了 1 个采样周期以后,输出完全跟踪了输入,稳态误差为零。

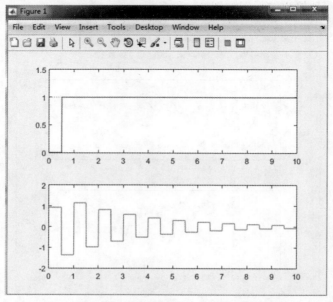

图 6-29　系统单位阶跃输出和控制器输出曲线

6.6.3　最少拍无纹波控制器的设计

最少拍控制器的设计方法虽然简单,但也存在一定的问题:一是输入信号的变化适应性差;二是通过扩展 z 变换方法可以证明,最少拍系统虽然在采样点处可以实现无静差,但在采样点之间却有偏差,通常称之为纹波。这种纹波不但会影响系统的控制质量,还会给系统带来功率损耗和机械磨损。为了准确地设计一个无纹波最少拍系统,下面通过一个例子分析最少拍系统中纹波产生的原因和解决办法。

【例 6 - 11】　单位负反馈控制系统中,设被控对象的传递函数为

$$G_p(s) = \frac{10}{s(s+1)}$$

采样周期 $T=1$ s。要求:

(1)在单位阶跃输入下,设计一个最少拍数字控制器;

(2)分析纹波产生的原因及解决的办法;

(3)设计一个无纹波的数字控制器。

解　被控对象带零阶保持器的脉冲传递函数为

$$G(z) = (1 - z^{-1})\mathscr{Z}\left[\frac{G_p(s)}{s}\right] = (1 - z^{-1})\mathscr{Z}\left[\frac{10}{s^2(s+1)}\right] =$$

$$10(1 - z^{-1})\mathscr{Z}\left[\frac{1}{s^2} - \frac{1}{s} + \frac{1}{s+1}\right] = \frac{3.68z^{-1}(1 + 0.718z^{-1})}{(1 - z^{-1})(1 - 0.368z^{-1})}$$

(1)根据最少拍系统的设计准则,在单位阶跃输入下,应取误差传递函数

$$\Phi_e(z) = (1 - z^{-1})^N F_1(z)$$

闭环脉冲传递函数:

$$\Phi(z) = z^{-1}F_2(z)$$

当满足 $\Phi_e(z)=1-\Phi(z)$ 时, $F_1(z)$ 和 $F_2(z)$ 的最简单形式是 $F_1(z)=1$, $F_2(z)=1$,则所得数字控制器为

$$D(z) = \frac{\Phi(z)}{G(z)\Phi_e(z)} = \frac{0.272(1 - 0.368z^{-1})}{(1 + 0.718z^{-1})}$$

此时输出为

$$Y(z) = \Phi(z)R(z) = z^{-1}\frac{1}{1 - z^{-1}} = z^{-1} + z^{-2} + z^{-3} + z^{-4} + \cdots$$

误差为

$$E(z) = \Phi_e(z)R(z) = (1 - z^{-1})\frac{1}{1 - z^{-1}} = 1 = z^0 + 0z^{-1} + 0z^{-2} + \cdots$$

但此时系统的输出有纹波。

(2)分析纹波产生的原因及解决办法:根据前面的分析可知,系统经过 1 拍后就进入了稳态,但实际上此时控制器的输出为

$$U(z) = D(z)E(z) = \frac{0.272(1 - 0.368z^{-1})}{1 + 0.718z^{-1}} \times 1 =$$

$$0.272 + 0.295z^{-1} - 0.27z^{-2} + 0.248z^{-3} - 0.227z^{-4} + \cdots$$

结果说明,系统输出进入稳态后,控制器的输出并没有进入稳态,它作用到被控对象后就

形成了纹波,即在采样点之间存在误差,输出在平衡点附近出现波动。根据 $U(z) = D(z)\Phi_e(z)R(z)$,可以证明,只要 $D(z)\Phi_e(z)$ 是关于 z^{-1} 的有限项多项式,那么在三种典型输入下,$U(z)$ 一定能在有限拍内结束过渡过程,实现无纹波。

以单位阶跃输入和单位速度输入两种情况加以分析说明:

1)当输入为单位阶跃,即 $R(z) = \dfrac{1}{1-z^{-1}}$ 时,如果 $D(z)\Phi_e(z) = a_0 + a_1 z^{-1} + a_2 z^{-2}$ 为有限项多项式,则

$$U(z) = D(z)\Phi_e(z)R(z) = \frac{a_0 + a_1 z^{-1} + a_2 z^{-2}}{1 - z^{-1}} =$$
$$a_0 + (a_0 + a_1)z^{-1} + (a_0 + a_1 + a_2)(z^{-2} + z^{-3} + z^{-4} + \cdots)$$

即从第二个采样周期开始,$u(k)$ 就稳定于一个常数。

2)当输入为单位速度时,即 $R(z) = \dfrac{Tz^{-1}}{(1-z^{-1})^2}$,设 $D(z)\Phi_e(z) = a_0 + a_1 z^{-1} + a_2 z^{-2}$ 为有限项多项式,则

$$U(z) = D(z)\Phi_e(z)R(z) = (a_0 + a_1 z^{-1} + a_2 z^{-2})\frac{Tz^{-1}}{(1-z^{-1})^2} =$$
$$a_0 Tz^{-1} + T(2a_0 + a_1)z^{-2} + T(3a_0 + 2a_1 + a_2)z^{-3} +$$
$$T(4a_0 + 3a_1 + 2a_2)^{-4} + \cdots$$

由此可见,对 $u(k)$ 来说,从第三拍开始,$u(k) = u(k-1) + T(a_0 + a_1 + a_2)$,即 $u(k)$ 按固定斜率增加且稳定。上述分析是取 $D(z)\Phi_e(z)$ 的项数为三项时的特例。实际上当 $D(z)\Phi_e(z)$ 为其他有限项时,或输入为单位加速度输入时,仍有上面的结论。

下面讨论使 $D(z)\Phi_e(z)$ 为有限项多项式时所必须满足的条件。

由 $D(z) = \dfrac{\Phi(z)}{G(z)\Phi_e(z)}$ 可知

$$D(z)\Phi_e(z) = \frac{\Phi(z)}{G(z)} \tag{6-69}$$

设被控对象 $G(z) = Q(z)/P(z)$,$P(z)$ 和 $Q(z)$ 分别是 $G(z)$ 的分母和分子多项式,且无公因子,代入式(6-69)可得

$$D(z)\Phi_e(z) = \Phi(z) \div \frac{Q(z)}{P(z)} = \frac{\Phi(z)P(z)}{Q(z)}$$

显然,只要闭环脉冲传递函数 $\Phi(z)$ 中包含 $G(z)$ 的全部零点 $Q(z)$,则 $\Phi(z)P(z)$ 就可以被 $Q(z)$ 整除,从而使 $D(z)\Phi_e(z)$ 必定为有限项。因此,可以得出设计最少拍无纹波系统的全部条件:

1)为实现无静差调节,应取 $\Phi_e(z) = (1-z^{-1})^N F(z)$,$N$ 可根据三种典型输入分别取 1、2、3。

2)为保证系统的稳定性,$\Phi_e(z)$ 的零点应包含 $G(z)$ 的所有不稳定极点。

3)要实现无纹波控制,闭环脉冲传递函数 $\Phi(z)$ 应包含 $G(z)$ 的全部零点。

4)为实现最少拍控制,$F(z)$ 应尽可能简单。

(3)无纹波数字控制器设计。因为被控对象等效脉冲传递函数为

$$G(z) = \frac{3.68z^{-1}(1 + 0.718z^{-1})}{(1-z^{-1})(1-0.368z^{-1})} \tag{6-70}$$

所以根据无纹波系统的设计条件,可取

$$\Phi_e(z) = (1 - z^{-1})(1 + az^{-1}), \quad \Phi(z) = bz^{-1}(1 + 0.718z^{-1}) \qquad (6-71)$$

式中,a 和 b 为定系数。

将式(6-70)和式(6-71)代入 $\Phi(z) = 1 - \Phi_e(z)$ 中可解得 $a = 0.418, b = 0.582$,即

$$\Phi_e(z) = (1 - z^{-1})(1 + 0.418z^{-1}), \quad \Phi(z) = 0.582z^{-1}(1 + 0.718z^{-1})$$

数字控制器为

$$D(z) = \frac{\Phi(z)}{G_p(z)\Phi_e(z)} = \frac{0.158(1 - 0.368z^{-1})}{1 + 0.418z^{-1}}$$

$$Y(z) = \Phi(z)R(z) = 0.582z^{-1}(1 + 0.718z^{-1})\frac{1}{1 - z^{-1}} =$$

$$0.582z^{-1} + z^{-2} + z^{-3} + z^{-4} + \cdots$$

采样点的输出为

$$y(0) = 0, y(1) = 0.582, y(2) = y(3) = y(4) = \cdots = 1$$

误差为

$$E(z) = \Phi_e(z)R(z) = (1 - z^{-1})(1 + 0.418z^{-1})\frac{1}{1 - z^1} = 1 + 0.418z^{-1}$$

采样点的误差为

$$e(0) = 1, e(1) = 0.418, e(2) = e(3) = e(4) = \cdots = 0$$

此时控制器输出为

$$U(z) = D(z)E(z) = D(z)\Phi_e(z)R(z) =$$

$$\frac{0.158(1 - 0.368z^{-1})}{1 + 0.418z^{-1}}(1 + 0.418z^{-1}) = 0.158 - 0.0581z^{-1}$$

可见,控制信号在第 2 拍后,控制量就进入稳态,故保证了系统输出无纹波。

编写 MATLAB 程序,对系统进行仿真如下:

```
%最少拍无波纹系统
clear all;
close all;
Td=0.005;Ts=0.5;ST=6;
N1=ST/Ts;N2=Ts/Td;Tp=1;Kp=10;
a=exp(-Td/Tp);
b=1-a;
x1=0;x2=0;u=0;y0=0;k=0;e0=0;
r=1;
for i=1:N1
    e=r-y0;
    u=-0.418*u+0.158*(e-0.368*e0);
    e0=e;
for j=1:N2
    x1=x1+Kp*Td*u;
    x2=a*x2+Kp*Tp*b*u;
    y0=x1-x2;
```

```
    k=k+1;
    y(k)=y0;
U(k)=u;
t(k)=k * Td;
end
end
subplot(2,1,1),plot(t,y,'b');hold on;
subplot(2,1,2),plot(t,U,'b');hold on;
```

图 6 - 30 所示为最少拍无纹波控制下系统的输出和控制量的变化波形,可见系统经过两拍后,实现了无静差完全跟踪。当然,由于引入了无纹波条件,所以其过渡过程时间 $2T$ 比普通的最少拍系统增加了一拍。

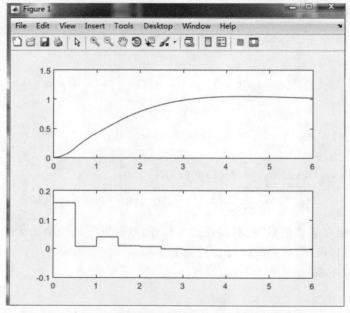

图 6 - 30 无波纹控制系统输出和控制量变化曲线

第7章 模型预测控制

模型预测控制(Model Predictive Control,MPC)是针对多变量难控问题的一种先进控制技术。

7.1 模型预测控制基本原理

基本 MPC 概念归纳如下:在满足对输入量、输出量不等式约束的条件下,控制一个多输入、多输出的过程。假设已经有一个比较准确的过程动态模型,可以用此模型和当前的测量值来预测输出的未来值。根据预测值和测量值,就可以计算出合理的输入量变化。从本质上看,每个输入的变化量是在考虑了过程模型中的输入-输出关系得到的。在应用 MPC 的过程中,输出变量又称为被控量(简称 CV),输入变量又称为操作量(简称 MV)。可测干扰变量称为 DV 或前馈变量。

模型预测控制通常被简称为预测控制,它是以各种不同的预测模型为基础,采用在线滚动优化指标和反馈自校正策略,力求有效地克服被控对象的不确定性、时滞和时变等因素的动态影响,从而达到预期的控制目标-参考轨迹输入,并使系统有良好的鲁棒性和稳定性。因此,预测控制的系统组成主要包括预测模型、滚动优化和反馈校正这三部分,其结构如图 7-1 所示。

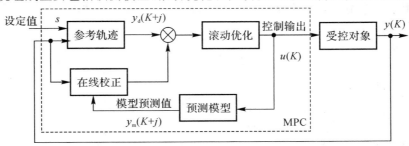

图 7-1　预测控制系统结构

计算 MPC 控制的目的就是要得到一个控制动作序列,最终能使预测响应以最优的方式趋向设定值。实际输出、预测输出和操作输出如图 7-1 所示。MPC 控制策略就是计算出 M 组输入量,它由当前输入和未来输入组成。在 M 个控制作用后,输入就保持为恒定值。对得到的输入值进行计算,使 P 个预报输出以最优方式达到设定值。

7.1.1 预测模型

MPC 中的动态模型是机理模型,或是实验模型。同样,可以是线性模型也可以是非线性模型。

一个稳定的单输入单输出过程的阶跃响应可以写为

$$y(k+1) = y_0 + \sum_{i=1}^{N-1} S_i \Delta u(k-i+1) + S_N u(k-N+1) \tag{7-1}$$

式中,$y(k+1)$是在$(k+1)$采样时刻的输出量。$\Delta u(k-i+1)$表示从一个采样时刻到另一采样时刻控制量的变化,$\Delta u(k-i+1)=u(k-i+1)-u(k-i)$,$y$和$u$都是偏差量。模型参数是$N$个阶跃响应的系数$s_1$到$s_N$。一般情况下$N$选择的范围为$30 \leqslant N \leqslant 120$。$y_0 = y(0)$。一般假设$y_0 = 0$。

模型预测控制基于预测步长P内对未来输出进行预测。设k代表当前的采样时刻,$\hat{y}(k+1)$表示k时刻对$y(k+1)$的预测值。若$y_0 = 0$,那么,将式$(7-1)$中的$y(k+1)$用$\hat{y}(k+1)$替换即可得到前一步的预测值:

$$\hat{y}(k+1) = \sum_{i=1}^{N-1} S_i \Delta u(k-i+1) + S_N u(k-N+1) \tag{7-2}$$

式$(7-2)$可改写为

$$\hat{y}(k+1) = S_1 \Delta u(k) + \sum_{i=2}^{N-1} S_i \Delta u(k-i+1) + S_N u(k-N+1) \tag{7-3}$$

式$(7-3)$中右边的第一项表示当前输入作用的影响,因为$\Delta u(k)=u(k)-u(k-1)$。第二项、第三项表示过去输入作用的影响。对前两步的预测可以采用相同的方法得到。

$$\hat{y}(k+2) = S_1 \Delta u(k+1) + S_2 \Delta u(k) + \sum_{i=3}^{N-1} S_i \Delta u(k-i+2) + S_N u(k-N+2) \tag{7-4}$$

同理,可得到前面j步预测的表达式,其中j是一个任意正整数,有

$$\hat{y}(k+j) = \sum_{i=1}^{j} S_i \Delta u(k+j-i) + \sum_{i=j+1}^{N-1} S_i \Delta u(k+j-i) + S_N u(k+j-N) \tag{7-5}$$

式$(7-5)$中右侧的第一项为当前控制作用;第二、第三项为没有当前或将来控制作用时的预测响应。由于此作用考虑的是过去控制作用,故称为零输入预测响应,并用$\hat{y}^0(k+j)$来表示。所以有

$$\hat{y}^0(k+j) \stackrel{\text{def}}{=} \sum_{i=j+1}^{N-1} S_i \Delta u(k+j-i) + S_N u(k+j-N) \tag{7-6}$$

故式$(7-5)$可写成

$$\hat{y}(k+j) = \sum_{i=1}^{j} S_i \Delta u(k+j-i) + \hat{y}^0(k+j) \tag{7-7}$$

1. 单步预测控制率的求解

设在前J步里只考虑单步预测,因此式$(7-7)$中的$j=J$。同样,由于只关注计算出的预测控制作用$\Delta u(k)$,式$(7-7)$中的未来控制作用等于零,即

$$\Delta u(k+J-i) = 0 \quad (i=0,1,\cdots,J-1)$$

则式$(7-7)$可简化为

$$\hat{y}(k+J) = S_J \Delta u(k) + \hat{y}^0(k+J) \tag{7-8}$$

设$\hat{y}(k+J)=y_{sp}$,则预测控制率为

$$\Delta u(k) = \frac{y_{sp} - \hat{y}^0(k+J)}{S_J} \tag{7-9}$$

注意,该控制率可以看成式(7-8)所示预测模型的逆,这也说明了控制律是基于模型设计的。

2. 多步预测控制率的求解

前文讨论了基于 J 步前的单步预测控制器。现在讨论基于多步预测的预测控制。定义 P 个采样时刻的预测响应矩阵为

$$\boldsymbol{y}_m(k+1) \overset{\text{def}}{=} [y_m(k+1) \quad y_m(k+2) \quad \cdots \quad y_m(k+P)]^T \tag{7-10}$$

零输入响应向量定义为

$$\boldsymbol{y}_m^0(k+1) \overset{\text{def}}{=} [y_m^0(k+1), y_m^0(k+2), \cdots, y_m^0(k+P)]^T \tag{7-11}$$

定义 M 个采样时刻控制作用的向量为

$$\Delta\boldsymbol{U}(k) \overset{\text{def}}{=} [\Delta u(k), \Delta u(k+1), \cdots, \Delta u(k+M-1)]^T \tag{7-12}$$

控制步长 M 和预测步长 P 是参数设计的关键,一般来说,$M \leqslant P$,$P \leqslant N+M$。

故预测模型可以写成

$$\hat{\boldsymbol{Y}}_m(k+1) = \boldsymbol{S}\Delta U(k) + \hat{\boldsymbol{Y}}_m^0(k+1) \tag{7-13}$$

其中,$\boldsymbol{S}$ 是 $\boldsymbol{P} \times \boldsymbol{M}$ 阶动态矩阵,

$$\boldsymbol{S} = \begin{bmatrix} S_1 & 0 & \cdots & 0 \\ S_2 & S_1 & 0 & \vdots \\ \vdots & \vdots & & 0 \\ S_M & S_{M-1} & \cdots & S_1 \\ S_{M-1} & S_M & \cdots & S_1 \\ \vdots & \vdots & \vdots & \vdots \\ S_p & S_{p-1} & \cdots & S_{P-M+1} \end{bmatrix} \tag{7-14}$$

7.1.2　输出反馈和偏差校正

式(7-8)和式(7-13)中的预测没有用到最新测量值 $y(k)$,因而模型的不确定性和不可测性扰动会引起预测的不确定,因此有必要引入偏差校正项 $b(k+j)$。校正过的预测值定义为

$$\tilde{y}(k+j) \overset{\text{def}}{=} \hat{y}(k+j) + b(k+j) \tag{7-15}$$

其中

$$b(k+j) = y(k) - \hat{y}(k) \tag{7-16}$$

$b(k+j)$ 称为残差或干扰估计。

将式(7-16)代入式(7-15)可得

$$\tilde{y}(k+j) \overset{\text{def}}{=} \hat{y}(k+j) + [y(k) - \hat{y}(k)]$$

同理,可得

$$\tilde{\boldsymbol{Y}}_m(k+1) = \boldsymbol{S}\Delta U(K) + \hat{\boldsymbol{Y}}_m^0(k+1) + [y(k) - \hat{y}(k)]\boldsymbol{1} \tag{7-17}$$

其中 $\boldsymbol{1}$ 是 P 维单元列向量。对所有 P 个预测值均进行校正,其向量可定义为

$$\hat{\tilde{\boldsymbol{Y}}}_m(k+1) \overset{\text{def}}{=} [\tilde{y}(k+1), \tilde{y}(k+2), \cdots, \tilde{y}(k+P)]^T$$

7.2 多输入多输出模型预测控制

以 2 输入 2 输出控制系统为例,给出多输入、多输出模型预测控制方法。由于系统为 2 输入 2 输出系统,所以,系统的预测模型就由 4 个单独的阶跃响应模型组成,其每对模型分别是

$$\hat{y}_1(k+1) = \sum_{i=1}^{N-1} S_{11,i} \Delta u_1(k-i+1) + S_{11,N} u_1(k-N+1) +$$
$$\sum_{i=1}^{N-1} S_{12,i} \Delta u_2(k-i+1) + S_{12,N} u_2(k-N+1) \qquad (7-18)$$

$$\hat{y}_2(k+1) = \sum_{i=1}^{N-1} S_{21,i} \Delta u_1(k-i+1) + S_{21,N} u_1(k-N+1) +$$
$$\sum_{i=1}^{N-1} S_{22,i} \Delta u_2(k-i+1) + S_{22,N} u_2(k-N+1) \qquad (7-19)$$

其中,$S_{12,i}$ 是表示输出 y_1 与 u_2 模型的第 i 个阶跃响应系数。

在 SISO 系统模型式(7-2)的基础上,对每个输入输出对设置不同的模型截断步长,即当 u_1 和 u_2 变化时,y_2 可能有不同的过渡过程时间,因此,式(7-19)中的累加上限可以分别设定为 N_{21} 和 N_{22}。

假设系统有 n 个输入,m 个输出,在典型的 MPC 控制系统应用中,$n<20$,$m<40$。设系统的输出向量为

$$\boldsymbol{y} = [y_1, y_2, \cdots, y_m]^T \qquad (7-20)$$

输入向量为

$$\boldsymbol{u} = [u_1, u_2, \cdots, y_n]^T \qquad (7-21)$$

带有校正预测的 MIMO 模型可以用动态矩阵形式来表示为

$$\tilde{\boldsymbol{Y}}(k+1) = \boldsymbol{S} \Delta \boldsymbol{U}(k) + \hat{\boldsymbol{Y}}^0(k+1) + \boldsymbol{\Gamma} [y(k) - \hat{y}(k)] \qquad (7-22)$$

其中 $\tilde{\boldsymbol{Y}}(k+1)$ 是 $m \times P$ 维的向量,它是在整个预测步长 P 中经过校正的预测值,

$$\tilde{\boldsymbol{Y}}(k+1) \stackrel{def}{=} [\tilde{y}(k+1), \tilde{y}(k+2), \cdots, \tilde{y}(k+P)]^T \qquad (7-23)$$

$\hat{\boldsymbol{Y}}^0(k+1)$ 是零输入下预测响应的 $m \times P$ 维向量,

$$\hat{\boldsymbol{Y}}^0(k+1) \stackrel{def}{=} [\hat{y}^0(k+1), \hat{y}^0(k+2), \cdots, \hat{y}^0(k+P)]^T \qquad (7-24)$$

$\Delta \boldsymbol{U}(k)$ 是下一个 M 控制作用的 $n \times M$ 维向量,

$$\Delta \boldsymbol{U}(k) \stackrel{def}{=} [\Delta u(k), \Delta u(k+1), \cdots, \Delta u(k+M-1)]^T \qquad (7-25)$$

式(7-22)中的 $mP \times m$ 阶矩阵 $\boldsymbol{\Gamma}$ 定义为

$$\boldsymbol{\Gamma} = \underbrace{[I_m, I_m, \cdots, I_m]^T}_{P倍} \qquad (7-26)$$

其中,$\boldsymbol{I}_m$ 是 $m \times m$ 阶的单位矩阵。

动态矩阵 $\boldsymbol{S}$ 定义为

$$S \stackrel{\mathrm{def}}{=\!=} \begin{bmatrix} \boldsymbol{S}_1 & 0 & \cdots & 0 \\ \boldsymbol{S}_2 & \boldsymbol{S}_1 & 0 & \vdots \\ \vdots & \vdots & & 0 \\ \boldsymbol{S}_M & \boldsymbol{S}_{M-1} & \cdots & \boldsymbol{S}_1 \\ \boldsymbol{S}_{M+1} & \boldsymbol{S}_{M+2} & \cdots & \boldsymbol{S}_2 \\ \vdots & \vdots & & \vdots \\ \boldsymbol{S}_\mathrm{p} & \boldsymbol{S}_{P-1} & \cdots & \boldsymbol{S}_{P-M+1} \end{bmatrix} \tag{7-27}$$

其中，$\boldsymbol{S}_i$ 是阶跃响应系数 $m \times n$ 阶矩阵的第 i 步系数，

$$\boldsymbol{S}_\mathrm{i} \stackrel{\mathrm{def}}{=\!=} \begin{bmatrix} S_{11,i} & S_{12,i} & \cdots & S_{1n,i} \\ S_{21,i} & \cdots & \cdots & S_{2n,i} \\ \vdots & \vdots & & \vdots \\ S_{\mathrm{m}1,i} & \cdots & \cdots & S_{\mathrm{m}n,i} \end{bmatrix} \tag{7-28}$$

式 (7-22) 中，$\tilde{\boldsymbol{Y}}(k+1)$ 和 $\tilde{\boldsymbol{Y}}^0(k+1)$ 是 mP 维向量，$\Delta\boldsymbol{U}(k)$ 是 nM 维向量，矩阵 $\boldsymbol{S}$ 是 $mP \times nM$ 阶矩阵。

对于稳定模型，式 (7-24) 所示的零输入预测响应 $\hat{\boldsymbol{Y}}^0(k+1)$ 可得到状态空间模型下的离散时间形式

$$\hat{\boldsymbol{Y}}^0(k+1) = \boldsymbol{M}\hat{\boldsymbol{Y}}^0(k) + \boldsymbol{S}^* \Delta\boldsymbol{u}(k) \tag{7-29}$$

其中

$$\hat{\boldsymbol{Y}}^0(k) = \left[\hat{y}^0(k), \hat{y}^0(k+1), \cdots, \hat{y}^0(k+P-1) \right]^\mathrm{T} \tag{7-30}$$

$$\boldsymbol{M} \stackrel{\mathrm{def}}{=\!=} \begin{bmatrix} 0 & \boldsymbol{I}_\mathrm{m} & 0 & \cdots \\ 0 & 0 & \boldsymbol{I}_\mathrm{m} & \cdots \\ \cdots & \cdots & \cdots & \cdots \\ 0 & 0 & \cdots & 0 \\ 0 & 0 & \cdots & 0 \end{bmatrix} \tag{7-31}$$

$$\boldsymbol{S}^* \stackrel{\mathrm{def}}{=\!=} \begin{bmatrix} \boldsymbol{S}_1 \\ \boldsymbol{S}_2 \\ \vdots \\ \boldsymbol{S}_{P-1} \\ \boldsymbol{S}_P \end{bmatrix} \tag{7-32}$$

式中，$\boldsymbol{M}$ 是 $mP \times mP$ 阶矩阵，$\boldsymbol{S}^*$ 是 $mP \times n$ 阶矩阵。

7.3　基于阶跃响应模型的控制器设计与仿真

基于系统的阶跃响应进行模型预测控制器设计，就是采用工程上易于获取的对象阶跃响应模型，其算法简单、计算量较小、鲁棒性好，适用于系统含有纯滞后环节、开环渐近稳定的非最小相位系统。

MATLAB 的模型预测控制工具箱已经提供了相应的控制算法，能完成基于阶跃响应的

模型预测控制器设计与仿真。相应的 MATLAB 函数见表 7-1。

表 7-1　预测控制设计与仿真函数

函数名	功　能
cmpc()	输入/输出有约束的模型预测控制器设计与仿真
mpccon()	输入/输出无约束的模型预测控制器设计
mpcsim()	模型预测闭环控制系统的仿真（输入输出不受限）
mpccl()	计算模型预测控制系统的闭环模型
nlcmpc()	Simulink 块 nlcmpc 对应的 S 函数
nlmpcsim()	Simulink 块 nlmpcsim 对应的 S 函数

7.3.1　输入/输出有约束的模型预测控制器设计与仿真

输入/输出有约束是指系统的输入输出变量必须满足一定的上下限要求。函数 cmpc() 用于在系统输入输出变量有约束的情况下进行模型预测控制器设计与仿真，该函数的调用格式为

[y,u,ym]=cmpc(plant,model,ywt,uwt,M,P,tend,r,ulim,ylim,tfilter,dplant,dmodel,dstep)

其中，plant 为开环对象的实际阶跃响应模型；model 为辨识得到的开环对象阶跃响应模型；ywt 为二次型性能指标的输出误差加权矩阵；uwt 为二次型性能指标的控制量加权矩阵；M 为控制时域长度；P 为预测时域长度，当 P＝Inf 时，表示无限的预测和控制时域长度；tend 为仿真的结束时间；r 为输出设定值或参考轨迹。ulim、ylim 为可选参数。其中，ulim＝[u1min u2min ⋯ urmin u1max u2max ⋯ urmax Δu1 Δu2 ⋯Δur] 为输入控制变量的约束矩阵；ylim＝[y1min y2min ⋯ ymmin y1max y2max ⋯ ymmax] 为输出变量的约束矩阵；tfilter 为噪声滤波器的时间常数和未测扰动的滞后时间常数，默认值为无滤波器和阶跃未测扰动的情形；dplant 为输入不可测扰动模型的阶跃响应系数矩阵；dmodel 为输入可测扰动模型的阶跃响应系数矩阵；对于输入不可测的扰动，dstep 为扰动模型的输出值；对于可测扰动，dstep 为扰动模型的输入；y 为系统的输出；u 为控制变量；ym 为预测模型输出。

对应上述参数的系统性能指标为

$$J = [\boldsymbol{Y}(k+1) - \boldsymbol{R}(k+1)]^{\mathrm{T}} \boldsymbol{Q}[\boldsymbol{Y}(k+1) - \boldsymbol{R}(k+1)] + \boldsymbol{U}^{\mathrm{T}}(k)\boldsymbol{R}\boldsymbol{U}(k)$$

其中，$\boldsymbol{Y}(k+1)=[y(k+1)\quad y(k+2)\quad \cdots \quad y(k+p)]^{\mathrm{T}}$；$\boldsymbol{U}(k)=[u(k)\quad u(k+1)\quad \cdots \quad u(k+m-1)]^{\mathrm{T}}$；$\boldsymbol{Q}$ 为加全矩阵 ywt；$\boldsymbol{R}$ 为加全矩阵 uwt。

【例 7-1】　考虑被控对象具有两输入两输出时滞系统，其传递函数为

$$\boldsymbol{G}(s) = \begin{bmatrix} \dfrac{5\mathrm{e}^{-5s}}{14s+1} & \dfrac{2\mathrm{e}^{-4s}}{8s+1} \\ \dfrac{3\mathrm{e}^{3s}}{12s+1} & \dfrac{6\mathrm{e}^{3s}}{10s+1} \end{bmatrix}$$

编写 MATLAB 程序，对系统进行仿真。

解　该系统属于 MIMO 系统，编写的 MATLAB 程序如下：

```
%MPC
```

```
g11=poly2tfd([5],[14 1],0,5);
g21=poly2tfd([3],[12 1],0,3);
g12=poly2tfd([2],[8 1],0,4);
g22=poly2tfd([6],[10 1],0,3);
delt=3;ny=2;tfinal=90;model=tfd2step(tfinal,delt,ny,g11,g21,g12,g22);
plant=model;p=6;m=2;ywt=[];uwt=[1 1];
r=[1 1];tend=30;ulim=[-0.1 -0.1 0.5 0.5 0.1 100];ylim=[];
[y,u,ym]=cmpc(plant,model,ywt,uwt,m,p,tend,r,ulim,ylim);
plotall(y,u,delt)
```

系统的输出响应曲线和控制量的变化曲线如图 7-2 所示。

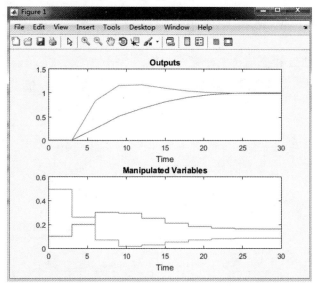

图 7-2　系统的输出曲线和控制量变化曲线

7.3.2　输入输出无约束模型预测控制器设计与仿真

对于输入输出无约束的情况,利用 MATLAB 的 mpccon() 可以实现基于系统阶跃响应模型的预测控制器设计。

1. 利用 mpccon 函数设计输入输出无约束预测控制器

mpccon 函数的格式为

Kmpc=mpccon(model,ywt,uwt,M,P)

其中,model 为开环对象的阶跃响应模型;ywt 为二次型性能指标的输出误差加权矩阵;uwt 为二次型性能指标的控制量加权矩阵;M 为控制时域长度;P 为预测时域长度;当 P=Inf 时,表示为无限的预测和控制时域长度;Kmpc 为模型预测控制器的增益矩阵。

【例 7-2】　考虑被控对象具有两输入两输出时滞系统,其传递函数为

$$G(s) = \begin{bmatrix} \dfrac{5e^{-5s}}{14s+1} & \dfrac{2e^{-4s}}{8s+1} \\[3mm] \dfrac{3e^{3s}}{12s+1} & \dfrac{6e^{3s}}{10s+1} \end{bmatrix}$$

编写 MATLAB 程序,对系统进行仿真。

解 该系统属于 MIMO 系统,编写的 MATLAB 程序如下:

```
%MPC-1
g11=poly2tfd([5],[14 1],0,5);g21=poly2tfd([3],[12 1],0,3);
g12=poly2tfd([2],[8 1],0,4);g22=poly2tfd([6],[10 1],0,3);
delt=3;ny=2;tfinal=90;model=tfd2step(tfinal,delt,ny,g11,g21,g12,g22);
plant=model;p=6;m=2;ywt=[];uwt=[1 1];
kmpc=mpccon(model,ywt,uwt,m,p);
r=[1 1];tend=40;
%ulim=[-0.1 -0.1 0.5 0.5 0.1 100];ylim=[];
[y,u,ym]=mpcsim(model,model,kmpc,tend,r);
plotall(y,u,delt)
```

系统的输出响应曲线和控制量的变化曲线如图 7-3 所示。

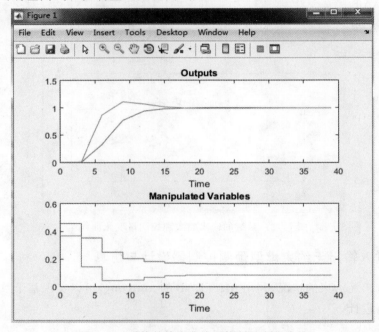

图 7-3　系统的输出曲线和控制量变化曲线

2.利用 mpcsim 函数实现输入输出无约束预测控制系统仿真

mpcsim 函数格式为

[y,u,ym]=mpcsim(plant,model,kmpc,tend,r,usat,tfilter,dplant,dmodel,dstep)

其中,plant 为开环对象的实际阶跃模型;model 为辨识所得的开环对象阶跃响应模型;kmpc 为模型预测控制器的增益矩阵;tend 为仿真结束时间;r 为输出设定值或参考轨迹。tfilter 为噪声滤波器的时间常数和未测扰动的滞后时间常数,默认值为无滤波器和阶跃未测扰动的情形;dplant 为输入不可测扰动模型的阶跃响应系数矩阵;dmodel 为输入可测扰动模型的阶跃响应系数矩阵;对于输入不可测的扰动,dstep 为扰动模型的输出值;对于可测扰动,dstep 为扰动模型的输入;y 为系统的输出;u 为控制变量;ym 为预测模型输出。

7.3.3　计算由阶跃响应模型组成的闭环系统模型

函数 mpccl() 用于当对象和控制器的模型都由阶跃响应给出时，计算闭环系统模型预测控制的状态空间模型。mpccl() 的函数格式为

$$[clmod, cmod] = mpccl(plant, model, kmpc, tfilter, dplant, dmodel)$$

其中，plant 为开环对象的实际阶跃响应模型；model 为跃响应形式的内部模型；kmpc 为模型预测控制器的增益矩阵。tfilter 为噪声滤波器的时间常数和噪声动力学参数构成的矩阵；dplant 为所有扰动的阶跃响应模型，若 dplant 为空矩阵，则表示为无可测扰动；clmod 为模型预测控制闭环系统的 MPC 状态空间模型；cmod 为控制器的 MPC 状态空间模型。

【例 7 - 3】　设某单位负反馈系统的开环传递函数为

$$G(s) = \frac{6e^{-10s}}{8s + 1}$$

采用 MATLAB 计算闭环系统的单位阶跃响应及控制量。

解　利用 MATLAB 编写程序如下：

```
%MPC-3
sys=poly2tfd(6,[8 1],0,10);
plant=tfd2step(50,2,1,sys);
P=6;M=2;
ywt=[];uwt=1;
kmpc=mpccon(plant,ywt,uwt,M,P);
[clmod,cmod]=mpccl(plant,plant,kmpc);
tend=50;r=3;
[y,u,yrn]=mpcsim(plant,plant,kmpc,tend,r);
plotall(y,u,2)
```

求出的闭环系统的单位阶跃响应曲线和控制量变化曲线如图 7 - 4 所示。

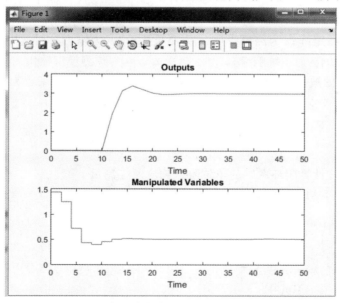

图 7 - 4　闭环系统的单位阶跃响应曲线和控制量变化曲线

7.4 基于状态空间模型的预测控制器设计与仿真

7.4.1 基于 MPC 状态空间模型的预测控制器设计函数

MATLAB 模型预测控制工具箱中提供的基于 MPC 状态空间模型的预测控制器设计函数见表 7-2。

表 7-2 基于 MPC 状态空间模型的预测控制器设计函数

函数名	功 能
scmpc()	输入/输出有约束的状态空间模型预测控制器设计
smpccon()	输入/输出无约束的状态空间模型预测控制器设计
smpccl()	计算输入/输出无约束的模型预测闭环控制系统模型
smpcsim()	输入有约束的模型预测闭环控制系统仿真
smpcest()	状态估计器设计

1. 输入/输出有约束的状态空间模型预测控制器设计与仿真

函数 scmpc() 用于进行输入输出变量有约束情况下的状态空间模型预测控制器设计。该函数的调用格式为

[y,u,ym]=scmpc(pmod,imod,ywt,M,P,tend,r,ulim,ylim,tfilter,kest,z,v,w,wu)

其中,pmod 为 MPC 状态空间模型格式的对象状态空间模型,用于仿真;imod 为 MPC 状态空间模型格式的对象内部模型,用于控制器设计;ywt 为二次型性能指标的输出误差加权矩阵;uwt 为二次型性能指标的控制量加权矩阵;M 为控制时域长度;P 为预测时域长度;ulim 为 ulim=[ulowuhighdelu],其中 ulow 为控制量的下限,uhigh 为控制量的上限,delu 为控制量的变化率约束;ylim 为 ylim=[ylowyhigh],其中 ylow 为输出量的下限,yhigh 为输出量的上限;kest 为估计器的增益矩阵;z 为测量噪声;v 为测量扰动;w 为输出未测量扰动;wu 为施加到控制输入的未测量扰动;y 为系统响应;u 为控制变量;ym 为预测模型输出。

【例 7-4】 考虑被控对象具有两输入两输出时滞系统,其传递函数为

$$G(s) = \begin{bmatrix} \dfrac{5e^{-5s}}{14s+1} & \dfrac{2e^{-4s}}{8s+1} \\ \dfrac{3e^{-3s}}{12s+1} & \dfrac{6e^{-3s}}{10s+1} \end{bmatrix}$$

采用 MATLAB 计算闭环系统的单位阶跃响应及控制量。

解 利用 MATLAB 编写程序如下:

```
%MPC-4
g11=poly2tfd(5,[14 1],0,5);
g12=poly2tfd(2,[8 1],0,4);
g21=poly2tfd(3,[12 1],0,3);
g22=poly2tfd(6,[10 1],0,3);
delt=3;ny=2;imod=tfd2mod(delt,ny,g11,g21,g12,g22);
```

pmod＝imod；p＝6；m＝2；ywt＝[ ]；uwt＝[1 1]；

tend＝40；r＝[2 1]；ulim＝[−inf −0.15 inf inf 0.1 100]；

ylim＝[ ]；

[y u]＝scmpc(pmod,imod,ywt,uwt,m,p,tend,r,ulim,ylim)；

plotall(y,u,delt)

系统闭环阶跃响应输出曲线和控制量变化曲线如图 7−5 所示。

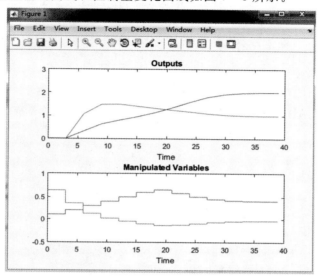

图 7−5　系统闭环阶跃响应输出曲线和控制量变化曲线

2. 输入/输出无约束的状态空间模型预测控制器设计与仿真

函数 smpccon()用于进行输入输出变量无约束情况下的状态空间模型预测控制器设计，其输出为预测控制器的增益矩阵。利用函数 smpcsim 对模型预测控制闭环系统进行仿真，也可在仿真时对控制量加以约束。

输入输出无约束的状态空间模型预测控制器设计函数为 smpccon()，该函数的调用格式为

Ks＝smpccon(imod,ywt,uwt,M,P)

其中，imod 为 MPC 状态空间模型格式的对象内部模型，用于控制器设计；ywt 为二次型性能指标的输出误差加权矩阵；uwt 为二次型性能指标的控制量加权矩阵；M 为控制时域长度；P 为预测时域长度；Ks 为预测控制器的增益矩阵。

输入/输出无约束的状态空间模型预测闭环控制系统模型的计算函数为 smpccl()，该函数的调用格式为

[clmod,cmod]＝smpccl(pmod,imod,Ks)

[clmod,cmod]＝smpccl(pmod,imod,Ks,Kest)

其中，pmod 为 MPC 状态空间模型；imod 为 MPC 状态空间模型格式的对象内部模型；Ks 为预测控制器的增益矩阵；Kest 为状态估计器的增益矩阵；clmod 为闭环系统的 MPC 状态空间模型；cmod 为预测控制器的 MPC 状态空间模型。

输入受限的模型预测控制闭环系统设计与仿真函数为 smpcsim()，该函数的调用格式为

[y,u,ym]＝smpcsim(pmod,imod,KS, tend,r,ulim, kest,z,v,w,wu)

其中,pmod 为 MPC 状态空间模型,用于仿真;imod 为 MPC 状态空间模型格式的对象内部模型,用于控制器设计;Ks 为预测控制器的增益矩阵;tend 为仿真时间长度;r 为输出设定值;ulim 为输入控制量约束;当 ulim 为零或空矩阵时,无输入约束;当对输入施加约束时,ulim＝[ulowuhighdelu];Kest 为估计器的增益矩阵;z 为测量噪声;v 为测量扰动;w 为输出不可测扰动;wu 为输入不可测扰动;y 为系统响应;u 为控制变量;ym 为预测模型输出。

【例 7－5】 考虑被控对象具有两输入两输出时滞系统,其传递函数为

$$\boldsymbol{G}(s) = \begin{bmatrix} \dfrac{5\mathrm{e}^{-5s}}{14s+1} & \dfrac{2\mathrm{e}^{-4s}}{8s+1} \\ \dfrac{3\mathrm{e}^{-3s}}{12s+1} & \dfrac{6\mathrm{e}^{-3s}}{10s+1} \end{bmatrix}$$

采用 MATLAB 计算闭环系统的单位阶跃响应及控制量。

解 利用 MATLAB 编写程序如下:

```
％MPC－7
T＝2;
g11＝poly2tfd(5,[14 1],0,5);
g12＝poly2tfd(2,[8 1],0,4);
g21＝poly2tfd(3,[12 1],0,3);
g22＝poly2tfd(6,[10 1],0,3);
umod＝tfd2mod(T,2,g11,g21,g12,g22);
g13＝poly2tfd(2,[8 1],0,8);g23＝poly2tfd(3,[7 1],0,4);
dmod＝tfd2mod(T,2,g13,g23);
pmod＝addumd(umod,dmod);imod＝pmod;ywt＝[];uwt＝[];
P＝10;M＝3;Ks＝smpccon(imod,ywt,uwt,M,P);
tend＝30;r＝[2 1];
[y u]＝smpcsim(pmod,imod,Ks,tend,r);
plotall(y,u,T)
```

系统闭环阶跃响应输出曲线和控制量变化曲线如图 7－6 所示。

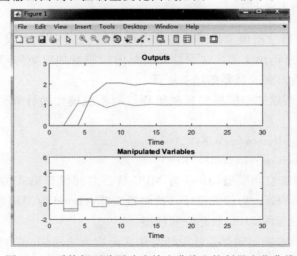

图 7－6 系统闭环阶跃响应输出曲线和控制量变化曲线

7.5　动态矩阵控制

动态矩阵控制(dynamic matrix control,DMC)是模型预测控制算法的一种,它是一种有约束的多变量优化预测控制算法。

7.5.1　动态矩阵控制器设计

根据预测控制的特点,动态矩阵控制也应该按照预测模型、滚动优化、反馈校正三部分进行设计。

1. 预测模型

动态矩阵算法采用被控对象的单位阶跃响应数据序列作为基本的预测模型。考虑被控对象的单位阶跃响应序列如图 7-7 所示,则其单位阶跃响应数据序列为

$$a_1, a_2, \cdots, a_\infty \tag{7-33}$$

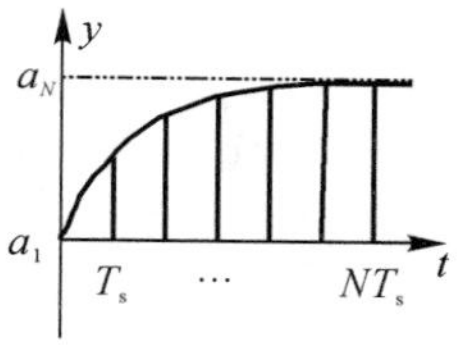

图 7-7　系统单位阶跃响应

这里,设被控系统具有自衡特性,则当系统稳定后,被控系统的输出将保持不变,如果经过 N 个采样周期后,系统已进入稳态,则系统的单位阶跃数据序列可写为

$$a_1, a_2, \cdots, a_N \tag{7-34}$$

把控制系统的输入表示成增量的形式,则有

$$u(k) = u(k-1) + \Delta u(k) \quad 0 < k \leqslant N \tag{7-35}$$

对于阶跃函数,$\Delta u(0_+) = u(0_+)$,其余 $\Delta u(k) = 0$。

对这样的系统,其在 k 时刻的输出是 k 时刻以前所有的输入增量共同作用的结果,因此,按照线性系统的叠加原理可以得到被控对象的阶跃响应模型为

$$y(1) = a_1\Delta u(0_+) + a_2\Delta u(-1) + \cdots + a_N\Delta u(1-N)$$
$$y(2) = a_1\Delta u(1) + a_2\Delta u(0_+) + a_3\Delta u(-1) + \cdots + a_N\Delta u(2-N)$$
$$y(3) = a_1\Delta u(2) + a_2\Delta u(1) + a_3\Delta u(0_+) + \cdots + a_N\Delta u(3-N)$$
$$\cdots\cdots$$
$$y(k) = a_1\Delta u(k-1) + a_2\Delta u(k-2) + a_3\Delta u(k-3) + \cdots + a_N\Delta u(k-N)$$

可归纳为

$$y(k) = \sum_{j=1}^{N} a_j\Delta u(k-j) \quad k = 1,2,\cdots,N \tag{7-36}$$

若当前及未来 $M-1$ 个时刻的控制量增量分别为

$$\Delta u(k), \Delta u(k+1), \cdots, \Delta u(k+M-1)$$

则可根据式(7-36)得到未来 P 个时刻($N \geqslant P \geqslant M$)的预测模型输出值为

$$\begin{aligned} y_{\mathrm{m}}(k+1) = {} & a_1\Delta u(k) + a_2\Delta u(k-1) + a_3\Delta u(k-2) + \cdots + \\ & a_{M-1}\Delta u(k-M+2) + a_M\Delta u(k-M+1) + a_{M-1}\Delta u(k-M) + \cdots + \\ & a_{N-1}\Delta u(k-N+2) + a_N\Delta u(k-N+1) + a_{N+1}\Delta u(k-N) \end{aligned}$$

$$\begin{aligned} y_{\mathrm{m}}(k+2) = {} & a_1\Delta u(k+1) + a_2\Delta u(k) + a_3\Delta u(k-1) + \cdots + \\ & a_{M-1}\Delta u(k-M+3) + a_M\Delta u(k-,+2) + a_{M+1}\Delta u(k-M+1) + \cdots + \end{aligned}$$

$$a_{N-1}\Delta u(k-N+3) + a_N\Delta u(k-N+2) + a_{N+1}\Delta u(k-N+1) +$$
$$a_{N+2}\Delta u(k-N)$$

$$\cdots\cdots$$

$$y_m(k+M) = a_1\Delta u(k+M-1) + a_2\Delta u(k+M-2) + a_3\Delta u(k+M-3) + \cdots +$$
$$a_{M-1}\Delta u(k+1) + a_M\Delta u(k) + a_{M+1}\Delta u(k-1) + \cdots +$$
$$a_{N-1}\Delta u(k-N+M+1) + a_N\Delta u(k-N+M) + a_{N+1}\Delta u(k-N+M-1)$$
$$+ a_{N+2}\Delta u(k-N+M-2) + \cdots + a_{N+M-1}\Delta u(k-N+1) + a_{N+M}\Delta u(k-N)$$

$$y_m(k+M+1) = a_1\Delta u(k+M) + a_2\Delta u(k+M-1) + a_3\Delta u(k+M-2) + \cdots +$$
$$a_{M-1}\Delta u(k+2) + a_M\Delta u(k+1) + a_{M+1}\Delta u(k) + a_{M+2}\Delta u(k-1) + \cdots +$$
$$a_{N-1}\Delta u(k-N+2) + a_N\Delta u(k-N+M+1) + a_{N+1}\Delta u(k-N+$$
$$M) + a_{N+2}\Delta u(k-N+M-1) + \cdots + a_{N+M-1}\Delta u(k-N+2) +$$
$$a_{N+M}\Delta u(k-N+1)a_{N+M+1}\Delta u(k-N)$$

$$\cdots\cdots$$

$$y_m(k+P+1) = a_1\Delta u(k+P-2) + a_2\Delta u(k+P-3) + a_3\Delta u(k+P-4) + \cdots +$$
$$a_{P-M}\Delta u(k+M-1) + a_{M-M+1}\Delta u(k+M-2) + \cdots +$$
$$a_{P-1}\Delta u(k) + a_P\Delta u(k-1) + a_{P+1}\Delta u(k-2) + \cdots +$$
$$a_{P+N-2}\Delta u(k-N+1) + a_{P+N-1}\Delta u(k-N)$$

$$y_m(k+P) = a_1\Delta u(k+P-1) + a_2\Delta u(k+P-2) + a_3\Delta u(k+P-3) + \cdots +$$
$$a_{P-M}\Delta u(k+M) + a_{P-M+1}\Delta u(k+M-1) + \cdots +$$
$$a_{P-1}\Delta u(k+1) + a_P\Delta u(k) + a_{P+1}\Delta u(k-1) + \cdots +$$
$$a_{P+N-1}\Delta u(k-N+1) + a_{P+N}\Delta u(k-N)$$

归纳可得

$$y_m(k+i) = \sum_{j=1}^{N+i} a_j\Delta u(k+i-j), \quad i = 1,2,\cdots,P \tag{7-37}$$

由于在未来只加入 M 个脉冲输入,而

$$\Delta u(k+M) = \Delta u(k+M+1) = \cdots = \Delta u(k+P-1) = 0$$

采用阶跃响应模型,所以

$$a_N = a_{N+1} = \cdots = a_{N+P-M} \tag{7-38}$$

取

$$\boldsymbol{Y}_m = [y_m(k+1) \quad y_m(k+2)\cdots + y_m(k+P)]^T$$
$$\boldsymbol{U}_m = [\Delta u(k+M-1) \quad \Delta u(k+M-2)\cdots\Delta u(k+1) \quad \Delta u(k)]^T$$
$$\boldsymbol{U}_0 = [\Delta u(k-1) \quad \Delta u(k-2)\cdots\Delta u(k-N+1) \quad \Delta u(k-N)]^T$$

$$\boldsymbol{W}_M = \begin{bmatrix} & & & a_1 \\ & & a_1 & a_2 \\ & & & \vdots \\ & a_1 & \cdots & a_{M-2} & a_{M-1} \\ a_1 & a_2 & \cdots & a_{M1} & a_M \\ \vdots & & & & \vdots \\ a_{P-M} & a_{P-M+1} & \cdots & a_{P-2} & a_{P-1} \\ a_{P-M+1} & a_{P-M+2} & \cdots & a_{P-1} & a_P \end{bmatrix}$$

$$\boldsymbol{W}_0 = \begin{bmatrix} a_2 & a_3 & \cdots & \cdots & \cdots & a_{N-1} & a_N & a_N \\ a_3 & a_4 & \cdots & \cdots & a_{N-1} & a_N & a_N & a_N \\ \vdots & \vdots & & & \vdots & \vdots & \vdots & \vdots \\ a_p & a_{p+1} & \cdots & a_{N-1} & a_N & \cdots & a_N & a_N \\ a_{p+1} & a_{p+2} & \cdots & a_{N-1} & a_N & \cdots & a_N & a_N \end{bmatrix}$$

此时,式(7 - 36)可写成

$$\boldsymbol{Y}_m = \boldsymbol{W}_M \boldsymbol{U}_m + \boldsymbol{W}_0 \boldsymbol{U}_0 \tag{7 - 39}$$

式中,$\boldsymbol{U}_m$ 为预测输入;$\boldsymbol{U}_0$ 为基本输入;$\boldsymbol{W}_M$ 是动态矩阵,是预测输入时的模型;$\boldsymbol{W}_0$ 为初始状态矩阵,是不加预测输入时的模型;$\boldsymbol{W}_M \boldsymbol{U}_m$ 为加入预测输入后所产生的输出;$\boldsymbol{W}_0 \boldsymbol{U}_0$ 为加入预测输入前系统的输出。

由于在实时控制过程中,$\boldsymbol{W}_0 \boldsymbol{U}_0$ 为已知,所以设其为 $\boldsymbol{Y}_0 = \boldsymbol{W}_0 \boldsymbol{U}_0$,此时,式(7 - 39)可变为

$$\boldsymbol{Y}_m = \boldsymbol{W}_M \boldsymbol{U}_m + \boldsymbol{Y}_0 \tag{7 - 40}$$

式(7 - 40)称为 DMC 的开环预测输出。

由于动态矩阵只使用了有限的单位阶跃响应数据,所以,DMC 算法仅适用于对象具有自平衡特征的系统。

为了充分利用模型的信息,预测长度 P 应足够大,且满足 $M \leqslant P \leqslant N$。

2. 滚动优化

设控制系统未来的 P 个希望输出为

$$\boldsymbol{Y}_r = \begin{bmatrix} y_r(k+1) & y_r(k+2) & \cdots & y_r(k+P) \end{bmatrix}^T \tag{7 - 41}$$

定义目标函数为

$$J = \sum_{i=1}^{P} q_i \left[y_r(k+i) - y_m(k+i) \right]^2 + \sum_{j=1}^{M} r_j \Delta u_m^2(k+j-1) \tag{7 - 42}$$

式中,q_i, r_j 为加权系数。第二项表示的是对控制器输出值的惩罚。

设 $\boldsymbol{Q} = \text{diag}\begin{bmatrix} q_1 & q_2 & \cdots & q_p \end{bmatrix}, \boldsymbol{R} = \text{diag}\begin{bmatrix} r_1 & r_2 & \cdots & r_M \end{bmatrix}$
则,式(7 - 42)可写为

$$\boldsymbol{J} = (\boldsymbol{Y}_r - \boldsymbol{Y}_m)^T \boldsymbol{Q} (\boldsymbol{Y}_r - \boldsymbol{Y}_m) + \boldsymbol{U}_m^T \boldsymbol{R} \boldsymbol{U}_m \tag{7 - 43}$$

把式(7 - 40)代入式(7 - 43)可得

$$\boldsymbol{J} = (\boldsymbol{Y}_r - \boldsymbol{W}_M \boldsymbol{U}_m - \boldsymbol{Y}_0)^T \boldsymbol{Q} (\boldsymbol{Y}_r - \boldsymbol{W}_M \boldsymbol{U}_m - \boldsymbol{Y}_0) + \boldsymbol{U}_m^T \boldsymbol{R} \boldsymbol{U}_m \tag{7 - 44}$$

求

$$\frac{\partial \boldsymbol{J}}{\partial \boldsymbol{U}_m} = -2 \boldsymbol{W}_M \boldsymbol{Q} (\boldsymbol{Y}_r - \boldsymbol{Y}_0) + 2 \boldsymbol{W}_M^T \boldsymbol{Q} \boldsymbol{W}_M \boldsymbol{U}_m + 2 \boldsymbol{R} \boldsymbol{U}_m = 0$$

可得

$$\boldsymbol{U}_m = (\boldsymbol{W}_M^T \boldsymbol{Q} \boldsymbol{W}_M + \boldsymbol{R})^{-1} \boldsymbol{W}_M^T \boldsymbol{Q} (\boldsymbol{Y}_r - \boldsymbol{Y}_0)$$

设 $\boldsymbol{K}_m = (\boldsymbol{W}_M^T \boldsymbol{Q} \boldsymbol{W}_M + \boldsymbol{R})^{-1} \boldsymbol{W}_M^T \boldsymbol{Q}$ 则有

$$\boldsymbol{U}_m = \boldsymbol{K}_m (\boldsymbol{Y}_r - \boldsymbol{Y}_0) \tag{7 - 45}$$

式(7 - 45)表明,根据现在及以前希望值与系统的实际输出值的偏差,再乘以 K_m 即可得到所需要的未来 M 个时刻的控制量 $\Delta u(k+M-1), \Delta u(k+M-2), \cdots, \Delta u(k+1), \Delta u(k)$,因此,把 $\boldsymbol{K}_m$ 称为控制矩阵。由式(7 - 45)可知,控制算法具有比例控制的基本形式,而由于这里的偏差是多个,且控制量为增量,所以具有积分作用的性质,这也是其可实现稳态无稳差的

原因。

当得到这些控制增量后,就可以使它们在不同时刻作用于被控系统,然后每隔 M 个采样周期再利用式(7-45)重新计算一次 M 个控制增量,继续作用于被控系统,这就实现了滚动优化。

实际预测控制器的输出为

$$u(k+i) = u(k+i-1) + \Delta u_m(k+i-1), \quad i = 1, 2, \cdots, M \tag{7-46}$$

3. 反馈校正

由于动态矩阵并不一定准确,且系统存在扰动和干扰、系统特性也会发生变化,这些因素都可导致预测的 P 个未来输出存在较大的误差,所以必须加以修正。修正方法是:在 k 时刻采集到系统的实际输出 $y(k)$ 后,求其与预测输出 $y_m(k+1)$ 的误差,即

$$e(k) = y(k) - y_m(k+1) \tag{7-47}$$

再根据这个误差去修正各个预测输出值,即

$$y_p(k+i) = y_m(k+i) + c_i e(k) \tag{7-48}$$

式中,c_i 为加权修正系数,$i = 1, 2, \cdots\cdots, P$。

取

$$\boldsymbol{Y}_p = \begin{bmatrix} y_p(k+1) & y_p(k+2) & \cdots & y_p(k+P) \end{bmatrix}^T \tag{7-49}$$

$$\boldsymbol{C} = \begin{bmatrix} c_1 & c_2 & \cdots & c_P \end{bmatrix}^T$$

则式(7-48)可写成

$$\boldsymbol{Y}_p = \boldsymbol{Y}_m + e(k)\boldsymbol{C} \tag{7-50}$$

上述过程就是反馈校正过程。

用 $\boldsymbol{Y}_p$ 代替式(7-43)中的 $\boldsymbol{Y}_m$,则有

$$\boldsymbol{J} = [\boldsymbol{Y}_r - \boldsymbol{Y}_m - e(k)\boldsymbol{C}]^T \boldsymbol{Q} [\boldsymbol{Y}_r - \boldsymbol{Y}_m - e(k)\boldsymbol{C}] + \boldsymbol{U}_m^T \boldsymbol{R} \boldsymbol{U}_m \tag{7-51}$$

按前述方法可得到反馈校正后的优化控制量为

$$\boldsymbol{U}_m = \boldsymbol{K}_m [\boldsymbol{Y}_r - \boldsymbol{Y}_0 - e(k)\boldsymbol{C}] \tag{7-52}$$

综上所述,DMC 控制算法的计算步骤如下:

(1)根据被控系统的传递函数确定系统的动态矩阵。

(2)选择控制时域 M 和预测时域 P 的长度。

(3)选择加权矩阵。

(4)离线计算控制矩阵 $\boldsymbol{K}_m$。

(5)根据系统要求,给出参考模型、输出希望轨迹。

(6)DMC 控制器输出计算。

7.5.2 DMC 控制系统设计与仿真

采用本节的 DMC 控制器设计方法,可完成控制系统的设计。然后可按照第 3 章介绍的离散相似法对系统进行仿真。

【例 7-6】 某控制系统被控对象的传递函数为

$$G_p(s) = \frac{0.1}{(120s+1)^2}$$

采用 DMC 控制方法,选择参考模型为 $G_m(s) = \dfrac{1}{\lambda s + 1}$,其中 $\lambda = 10, 20, 40, 60$,编写 MAT-

LAB 程序对系统进行仿真。

解　编写 MATLAB 程序如下：

```
%DMC
clear all;
close all;
%根据单位阶跃响应产生动态矩阵
Ts=10;N=20;P=20;M=4;
W=zeros(P,M);W0=zeros(P,N);
T1=2;n1=Ts/T1;
K=0.1;T=120;n=2;
x1(1:n)=0;
a=exp(-T1/T);b=1-a;
for i=1:N
for j=1:n1
        x1(1)=a*x1(1)+K*b;
if n>1;x1(2:n)=a*x1(2:n)+b*x1(1:n-1);end
        y0=x1(n);
end
    y1(i)=y0;t(i)=i*Ts;
end
for i=1:M
for j=1:i
        W(i,M-i+j)=y1(j);
end
end
for i=M+1:P
for j=1:M
        W(i,j)=y1(i+j-M);
end
end
%计算控制矩阵
c1=1;c2=0.001;
H=c1*eye(P);R=c2*eye(M);
A=W'*H*W+R;
A1=W'*H;
KM=A\A1;
%DM 仿真
T2=1;ST=2000;n4=ST/Ts;n5=Ts/T2;k=0;
x(1:n)=0;y=0;
a=exp(-T2/T);b=1-a;
Tr=40;
yr=0;
af=exp(-Ts/Tr);bf=1-af;
```

```
BM=1;B(M)=1;B(1:M-1)=0;Bt=1/M;
for j=M:-1:2
    B(j-1)=B(j)-Bt;BM=BM+B(j);
end
C(1)=1;Rf=2;
for j=2:P
  C(j)=C(j-1)+Rf;
end
Y1(1:P)=0;Y0=Y1';
Ym0(1:P)=0;Ym=Ym0';
Udmc=0;
r=1.0;
for i=1:n4
    yr=af*yr+bf*r;
    yr1=yr;Yr(1)=yr;
forip=2:P
    yr1=af*yr1+bf*r;
    Yr(ip)=yr1;
end
    e1=y-Ym(1);
    YP=Y0+e1*C';
for j=P:-1:2; Y0(j)=Y0(j-1);end
    Y0(1)=y;
    Dum=KM*(Yr'-YP);
    um=0;
for j=1:M
        um=um+B(j)*Dum(j);
end
    um=um/BM;
    Udmc=Udmc+um;
    Ym=Y0+W*Dum;
for j=1:n5
        x(1)=a*x(1)+K*b*Udmc;
if n>1;x(2:n)=a*x(2:n)+b*x(1:n-1);end
        y0=x(n);
        y=y0;
        k=k+1;
        t(k)=k*T2;YR(k)=yr;Y(k)=y;U(k)=Udmc;
end
end
subplot(2,1,1),plot(t,YR,'r',t,Y,'b');hold on;
subplot(2,1,2),plot(t,U,'b');hold on;
```

分别设定参考模型时间常数,系统的仿真结果如图 7-8~图 7-11 所示。如图 7-12 所示为系统施加扰动的仿真结果。

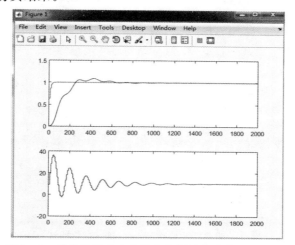

图 7-8　系统阶跃响应曲线和控制量变化曲线($\lambda = 10$)

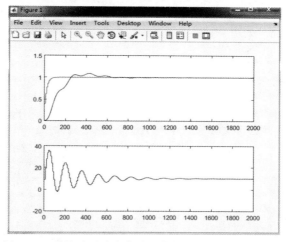

图 7-9　系统阶跃响应曲线和控制量变化曲线($\lambda = 20$)

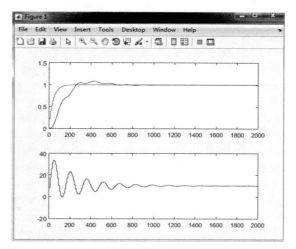

图 7-10　系统阶跃响应曲线和控制量变化曲线($\lambda = 40$)

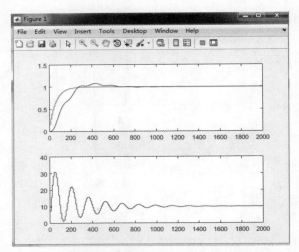

图 7-11　系统阶跃响应曲线和控制量变化曲线($\lambda=60$)

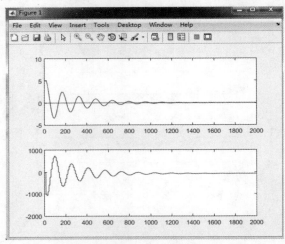

图 7-12　系统阶跃响应曲线和控制量变化曲线($\lambda=40$)

第8章　先进 PID 控制器设计与仿真

工业控制领域中具有耦合时滞特性的被控对象不在少数，而这类系统又因为难以建立模型，难以对模型线性化等成为控制领域研究的难点与重点。智能控制对于不易获得被控系统模型的对象，难以线性化的控制对象有很好的控制效果，因此成为控制领域的热门课题之一。而神经网络控制技术模拟人脑的结构与特性，在此类系统中有很好的应用前景。

8.1　神经元模型

8.1.1　生物神经元模型

人的智能来自大脑，大脑是由大量的神经元组成的，神经元就是大脑最基本的单元。大脑由 $10^{11} \sim 10^{12}$ 个神经元组成，而其中的每个神经元又与 $10^4 \sim 10^5$ 个神经元通过突触相连接，神经元通过突触实现各个单神经元之间的信息传递，如此构成一个复杂的信息并行加工处理系统——大脑。

1. 生物神经元结构

生物神经元结构如图 8-1 所示。其中脑神经元由细胞体、树突和轴突组成，它是以细胞体为主体，由许多向周围延伸的不规则树枝状纤维构成的神经细胞，其形状就像一棵枯树的枝干。

（1）细胞体。由细胞核、细胞质和细胞膜等组成，它是神经元的中心。

（2）树突。由细胞体向外伸出的许多较短小的分支，相当于神经元的输入端，它主要用来接受信息。

（3）轴突。由细胞体向外伸出的最长的一条分支，也叫神经纤维。轴突相当于细胞的传输电缆，它将信息从轴突的起点传递到轴突末梢，轴突末梢与另一个神经元的树突或细胞体构成一种突触的机构，实现神经元之间的信息传递。

（4）突触。细胞与细胞之间，即神经元之间通过轴突与树突相互连接，其接口称为突触。

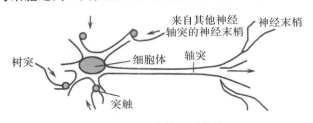

图 8-1　生物神经元结构

2.神经元功能

突触传递信息的功能和特点,决定了神经元最重要的两个功能如下:

(1)兴奋与抑制。当传入神经元的激励,经整合使细胞膜电位升高,超过动作电位的阈值时,即为兴奋状态,产生神经激励,由轴突经神经末稍传出。当传入神经元的激励,经整合使细胞膜电位降低,低于动作电位阈值时,为抑制状态,不产生神经激励。

(2)学习与遗忘。由于神经元结构的可塑性,突触的传递作用可增强或减弱,所以,神经元具有学习、遗忘的功能。

8.1.2 人工神经元模型

1.单神经元模型

对于大脑神经元进行抽象后得到一种称为 McCulloch-Pitts 模型的人工神经元,如图 8-2 所示。对于第 i 个神经元,$x_1, x_2, \cdots, x_n$ 为神经元接收到的信息,$w_{i1}, w_{i2}, w_{i3}, \cdots, w_{in}$ 为连接强度,称为神经元的权。利用某种运算把输入信息的作用组合在一起,给出它们的总效果,称之为"净输入",记为 net_i。根据不同的组合运算方式,净输入的表达方式有多种类型。其中最简单的一种就是线性加权求和,即 $\mathrm{net}_i = \sum_{j=1}^{n} w_{ij}x_j$。该作用引起神经元 i 的状态变化,而神经元 i 的输出 y_i 是其当前状态的函数 $f(\cdot)$,称之为活化函数(State of activation)。这样,单神经元模型的这种形式的数学表达式可表示为

$$\mathrm{net}_i = \sum_{j=1}^{n} w_{ij}x_j - \theta_i \qquad (8-1)$$

$$y_i = f(\mathrm{net}_i) \qquad (8-2)$$

式中,θ_i 是神经元 i 的阈值。

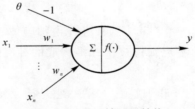

图 8-2 人工神经元结构

在研究过程中,对于不同的应用场合,所采用的活化函数也不同。自动控制中的神经元活化函数常用以下几种形式:

(1)阈值单元:其活化函数为单位阶跃函数

$$y = f(x) = \begin{cases} 1, & x \geqslant 0 \\ 0, & x < 0 \end{cases} \qquad (8-3)$$

(2)线性单元:其活化函数为比例函数

$$y = f(x) = x \qquad (8-4)$$

(3)非线性单元:常用的活化函数为 S 型,即(Sigmoid)函数

$$y = f(x) = \frac{1}{1 + \mathrm{e}^{-\mu x}} \qquad (8-5)$$

除以上的几种之外,符号函数、饱和函数、双曲函数均可作为输出变换函数。

式(8-2)表示了由输出函数 $f(\cdot)$ 确定的输出与输入之间的映射关系,这种映射关系可

以是线性的,也可以是非线性的。这时输出函数也称为神经元的功能函数。

2. 人工神经元模型和生物神经元比较

人工神经元模型和生物神经元相比还有以下几点不同:

(1)生物神经元传递的信息是脉冲信号,而单神经元模型传递的信息是模拟电压。

(2)由于在单神经元中用一个等效的模拟电压来模拟生物神经元的脉冲密度,所以在模型中只有空间累加而没有时间累加(可以认为时间累加已隐含在等效的模拟电压之中)。

(3)上述模型未考虑时延、不应期和疲劳等情况。

如果考虑输出与输入的延时作用,式(8-2)可修改为

$$y_i(k+1) = f(net_i)$$

3. 人工神经元模型基本功能

人工神经元模型体现了生物神经元最基本、最重要的三个功能:

(1)加权:实现对每个信号进行程度不等的加权。

(2)求和:确定全部输入信号总的组合效果。

(3)变换/转移:通过状态转换函数和输出函数实现信息的变换与转移。

尽管人工神经元模型只模仿了这三个功能,但其构成的网络仍然显示了很强的生物原型特性,并在众多的实际应用中证明了其合理性,这是因为人工神经元模型抓住了生物神经元的基本特性。

8.1.3　神经元的学习

1. 神经元的学习方式

神经元网络的主要特征之一是学习。修正神经元之间连接强度或权值的算法就是学习规则,通过学习规则使获得的知识结构适应周围环境的变化。执行学习规则,在学习过程中,搜索寻优以使准则(或称目标)函数达到最小,修正权系数。通过学习所得的权系数参与计算神经元的输出,从而改善系统性能。学习是单神经元控制器的核心,其实质是一个随外部环境的激励而做出自适应变化的过程。神经元的学习算法可分为有监督学习和无监督学习两类。有监督学习是通过外部教师信号进行学习,即要求同时给出输入和期望的输出模式对,当系统实际输出与期望输出有误差时,网络通过自调节方式调节相应的连接强度,使误差朝减小的方向变化,经过多次重复训练,最后就可得到正确的结果。无监督学习是一种自组织学习形式,即它的学习过程完全是一种自我学习过程,没有外部教师的示教,也不存在来自外部环境的反馈,故又称它为无教师示教学习方式。

(1)有监督学习(有教师学习)。有监督学习方式如图 8-3 所示。这种学习方法中神经元的权值根据 Delta 规则进行调整。

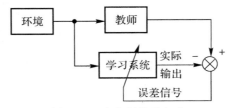

图 8-3　有监督学习方式

(2)无监督学习(无教师学习)。无监督学习的学习过程如图 8-4 所示。无监督学习方式

中神经元的权值根据 Hebb 规则进行调整。

$$图 8-4 \quad 无监督学习方式$$

2.常用神经元基本学习规则

这里仅介绍一些神经元常用的基本学习规则,它们既适合于单个神经元与其输入的连接权值学习,也适合于神经网络中各神经元间连接权值的学习。常用的主要学习规则有以下三种:

(1)无监督 Hebb 学习规则。Hebb 学习是一种相关学习,其基本思想是:若两个神经元同时兴奋(即同时被激活),则它们之间的突触连接权值的增强与它们激励的乘积成正比。用 o_i 表示单元 i 的激活值(输出),o_j 表示单元 j 的激活值,w_{ij} 表示单元 j 到单元 i 的连接权值,则 Hebb 学习规则可以表示为

$$\Delta w_{ij}(k) = \eta o_i(k) o_j(k) \tag{8-6}$$

式中,η 是学习速率。

(2)有监督 Delta 学习规则。Delta 学习规则又称 Widrow-Hoff 规则,该算法的基本思想是:按照差值最小准则连续地修正各连接权值的强度。在 Hebb 学习规则中引入教师信号,将式(8-6)中的 o_i 换成网络期望输出 d_i 与实际输出 o_i 之差,就得到 Delta 学习规则:

$$\Delta w_{ij}(k) = \eta[d_i(k) - o_i(k)] o_j(k) \tag{8-7}$$

(3)梯度下降算法。梯度下降法把数学上的优化方法用于使要求的输出与实际输出之差最小。其思想是:权值的修正量正比于误差对权值的一阶导数,用数学公式表示如下:

$$\Delta w_{ij}(k) = \eta \frac{\partial E}{\partial w_{ij}} \tag{8-8}$$

式中,E 是描述误差的误差函数。其中 Delta 算法是梯度算法的一个特例。

8.2 单神经元控制器

单神经元是神经网络的最基本结构。在神经网络控制中,单神经元是最基本的控制单元。单神经元也具有自学习和自适应能力,由它构成的控制系统算法简单,易于实现,能够适应环境的变化,有较强的鲁棒性,可实时控制,最显著的特点是不需要对被控对象进行精确的辨识,不需要知道被控对象的结构和参数,即单神经元控制器的设计无需建立被控对象的数学模型。

单神经元用于控制过程的几个突出优点是:

(1)自学习功能可实现高性能控制。由于单经元可以通过学习过程对象各种参数变化时的映射关系来确定内部反馈的权值系数,所以,当被控对象参数发生变化时,可以通过自学习来实现高性能的控制。

(2)神经元可以实现灵活的控制策略。当系统条件发生变化时,或原来单神经元精确性不够,或采用新的算法时,只要使单神经元重新学习,重新存储调整的权值即可。

(3)学习速率高。由于单神经元控制器只有一个神经元结构,所以能够解决神经网络控制实时性不好这一问题。

8.2.1　单神经元 PID 控制

本节将在介绍传统 PID 控制器的基础上,给出两种常用的单神经元控制策略,首先介绍传统 PID 控制器。

1. 传统 PID 控制器

传统的 PID 控制是把系统输入偏差的比例、积分、微分按线性叠加而成的控制器,它是工业控制中最常用也最有效的控制方式。由于 PID 算法简单、鲁棒性强、可靠性高,所以,被广泛应用于工业控制系统中。在目前的工业控制中,90%以上都选用 PID 控制器。PID 控制系统的结构如图 8-5 所示。

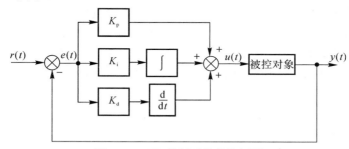

图 8-5　PID 控制系统结构框图

PID 控制器是一种线性控制器,它根据给定值 $r(t)$ 与实际输出值 $y(t)$ 形成控制偏差 $e(t) = r(t) - y(t)$ 把偏差的比例(P)、积分(I)和微分(D)通过线性加权组合,构成控制量,对被控对象进行控制,故称为 PID 控制器。其控制表达式为

$$u(t) = K_p\left[e(t) + \frac{1}{T_i}\int_0^t e(t)\mathrm{d}t + T_d \frac{\mathrm{d}e(t)}{\mathrm{d}t}\right] = K_p e(t) + K_i\int_0^t e(t)\mathrm{d}t + K_d \frac{\mathrm{d}e(t)}{\mathrm{d}t} \quad (8-9)$$

式中,K_p 为比例系数;T_i 为积分时间常数;T_d 为微分时间常数;$K_i = K_p/T_i$ 为积分系数;$K_d = K_p T_d$ 为微分系数。

PID 控制器中各环节的作用如下:

(1)比例环节:比例环节产生与偏差成正比的输出信号,偏差一旦产生,控制器立即产生控制作用,以便减小偏差。

(2)积分环节:积分环节产生与偏差的积分值成正比的输出信号,主要用于消除系统的静态误差,积分作用的强弱取决于积分时间常数 T_i,T_i 越大,积分作用越弱,反之则越强。

(3)微分环节:微分环节产生与偏差的变化率成正比的输出信号,能反映偏差信号的变化趋势,并能在偏差信号变得过大之前,在系统中引入一个有效的早期修正信号,以便加快控制器的调节速率,减小过渡过程时间,从而减少超调。

如果这三个部分配合适当,便可得到快速敏捷、平稳准确的调节效果。

PID 控制器设计的关键问题是如何选择比例、积分和微分的系数。但是,在实际生产现场,受到部分条件限制,比如缺乏有关仪器,不允许附加扰动和调试时间短等,因此,PID 参数的整定往往难以达到最优状态。并且即使针对某一工作点获得了 PID 控制的最优参数,这种常规 PID 一经整定后参数就固定了,很难适应工业过程时变、非线性等复杂的特性,仍存在整个工作范围内最优和保持长期工作最优的问题,从而限制了 PID 控制器的应用。而且,PID 控制规律也具有传统控制理论的弱点,即仅在简单的线性单变量系统中有较好的控制效果,而在复杂系统控制中的效果要差一些。

8.2.2 单神经元自适应 PID 控制器

1. 单神经元控制器结构及算法

为了克服传统 PID 控制器的弱点,控制界已经提出了大量对 PID 控制的改进方案,例如自适应 PID 控制、模糊 PID 控制、专家 PID 控制、预测 PID 控制、智能 PID 控制、鲁棒 PID 控制和非线性 PID 控制等,以上各种方案的理论依据不同,采用手段也不相同,但它们的共同点都是针对如何选取和整定 PID 参数,都是在保持传统 PID 控制器结构的基础上,采用新的方法在线或离线确定 PID 参数。这些方法在一定程度上提高了 PID 控制器的性能,但这些方案一般是针对某些具体问题,缺乏通用性,附加的结构或算法也增加了控制器的复杂性,使其应用受到一定的限制。近年来,随着神经元网络的研究和应用不断发展,人们开始采用神经元网络和 PID 控制相结合,以便改进传统 PID 控制的性能,这种将神经元网络和 PID 控制相结合的研究已经得到了一些结果。单神经元自适应 PID 继承了神经元与传统 PID 的优点,它具有自学习和自适应能力,较强的鲁棒性,不但结构简单,而且解决了传统 PID 不易在线实时整定参数、难于对一些复杂过程和参数慢时变系统进行有效控制的不足。单神经元自适应 PID 控制结构如图 8-6 所示。

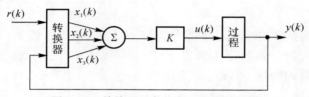

图 8-6 单神经元自适应 PID 控制结构

由图可知,转换器的设定值为 $r(k)$ 和输出 $y(k)$。转换器的输出为单神经元学习控制所需的状态量 $x_1(k)$、$x_2(k)$ 和 $x_3(k)$。其中

$$\left.\begin{aligned}
x_1(k) &= r(k) - y(k) = e(k) \\
x_2(k) &= e(k) - e(k-1) = \Delta e(k) \\
x_3(k) &= e(k) - 2e(k-1) + e(k-2)
\end{aligned}\right\} \tag{8-10}$$

图 8-6 中的 K 为神经元的比例系数,$K>0$。神经元产生的控制信号为

$$u(k) = u(k-1) + K \sum_{i=1}^{3} w_i(k) x_i(k) \tag{8-11}$$

式中,$w_i(k)$ 为对应于 $x_i(k)$ 的加权系数。

2. 单神经元控制器学习策略

单神经元自适应 PID 是通过对加权系数的调整来实现自适应、自学习功能,权系数的调整可以采用不同的学习规则,从而构成不同的学习算法。下面分两种情况加以介绍。

(1)有监督 Hebb 学习规则实现的单神经元 PID 控制器。

考虑加权系数 $w_i(k)$ 应与神经元的输入、输出和输出偏差三者的函数有关,采用有监督的 Hebb 学习算法时有

$$w_i(k+1) = (1-c)w_i(k) + \eta v_i(k)$$
$$v_i(k) = e(k)u(k)x_i(k)$$

式中:$v_i(k)$ 是递进信号,随过程进行逐步衰减;$e(k)$ 是输出误差信号;η 是学习速率,$\eta>0$;c 是

常数，$0 < c \leqslant 1$。整理得

$$\Delta w_i(k) = - c \left[w_i(k) - \frac{\eta}{c} e(k) u(k) x_i(k) \right]$$

如果存在函数 $f_i[w_i(k), e(k), u(k), x_i(k)]$，对 $w_i(k)$ 求偏导数有

$$\frac{\partial f_i}{\partial w_i} = w_i(k) - \frac{\eta}{c} g_i[e(k), u(k), x_i(k)]$$

则有

$$\Delta w_i(k) = - c \frac{\partial f_i(\bullet)}{\partial w_i(k)} \qquad (8-12)$$

式(8-12)说明，加权系数 $w_i(k)$ 的修正是按函数 $f_i(\bullet)$ 对应于 $w_i(k)$ 的负梯度方向进行搜索的。根据随机逼近理论可知，当常数 c 充分小时，$w_i(k)$ 可以收敛到某一稳定值，且与期望值的偏差在允许范围之内。将上述学习算法进行规范化处理可得单神经元自适应 PID 控制算法及学习算法如下：

$$u(k) = u(k-1) + K \sum_{i=1}^{3} \overline{w_i(k)} x_i(k) \qquad (8-13)$$

$$\overline{w_i(k)} = w_i(k) \Big/ \sum_{i=1}^{3} | w_i(k) | \qquad (8-14)$$

$$\left. \begin{aligned} w_1(k) &= w_1(k-1) + \eta_i e(k) u(k) x_1(k) \\ w_2(k) &= w_2(k-1) + \eta_p e(k) u(k) x_2(k) \\ w_3(k) &= w_3(k-1) + \eta_d e(k) u(k) x_3(k) \end{aligned} \right\} \qquad (8-15)$$

式中，$x_1(k) = e(k)$；$x_2(k) = e(k) e(k-1)$；$x_3(k) = \Delta^2 e(k) = e(k) - 2e(k-1) + e(k-2)$；$\eta_i$、$\eta_p$、$\eta_d$ 分别为积分、比例、微分的学习速率；K 为神经元的比例系数，$K > 0$。

对积分、比例和微分分别采用了不同的学习速率 η_i、η_p、η_d，以便对不同的权系数分别进行调整。

(2)基于输出误差二次平方性能指标的单神经元自适应 PID 控制器。

首先，设性能指标函数为

$$J = - \frac{1}{2} [r(k+1) - y(k+1)]^2 = \frac{1}{2} e^2(k+1)$$

使加权系数 $w_i(k)$ 的修正沿着 J 的减小方向，即对 $w_i(k)$ 的负梯度方向搜索调整。

J 关于 $w_i(k)$ 的梯度为

$$\frac{\partial J}{\partial w_i(k)} = - e(k+1) \frac{\partial y(k+1)}{\partial u(k)} \frac{\partial u(k)}{\partial w_i(k)}$$

所以 $w_i(k)$ 的调整量为

$$\Delta w_i(k) = - \eta_i \frac{\partial J}{\partial w_i(k)} = \eta_i e(k+1) \frac{\partial y(k+1)}{\partial u(k)} \cdot \frac{\partial u(k)}{\partial w_i(k)}$$

求解后可得

$$\Delta w_1(k) = \eta_i K e(k) e(k) \frac{\partial y(k+1)}{\partial u(k)}$$

$$\Delta w_2(k) = \eta_p K e(k) [e(k) - k(k-1)] \frac{\partial y(k+1)}{\partial u(k)}$$

$$\Delta w_1(k) = \eta_d K e(k) [e(k) - 2e(k-1) + e(k-2)] \frac{\partial y(k+1)}{\partial u(k)}$$

由于 $\dfrac{\partial y(k+1)}{\partial u(k)}$ 未知,所以用符号函数 $\mathrm{sgn}\,\dfrac{\partial y(k+1)}{\partial u(k)}$ 代替,因此带来的计算不精确由学习速率 η_i 来补偿。

将上述学习算法进行规范化处理可得单神经元自适应 PID 控制算法及学习算法如下:

$$u(k) = u(k-1) + K \sum_{i=1}^{3} \overline{w_i(k)} x_i(k) \tag{8-15}$$

$$\overline{w_i(k)} = w_i(k) \Big/ \sum_{i=1}^{3} |w_i(k)| \tag{8-16}$$

$$\left.\begin{array}{l} w_1(k) = w_1(k-1) + \eta_i e(k) u(k) x_1(k) \mathrm{sgn}\left(\dfrac{\partial y(k+1)}{\partial u(k)}\right) \\[2mm] w_2(k) = w_2(k-1) + \eta_p e(k) u(k) x_2(k) \mathrm{sgn}\left(\dfrac{\partial y(k+1)}{\partial u(k)}\right) \\[2mm] w_3(k) = w_3(k-1) + \eta_d e(k) u(k) x_3(k) \mathrm{sgn}\left(\dfrac{\partial y(k+1)}{\partial u(k)}\right) \end{array}\right\} \tag{8-17}$$

$$\mathrm{sgn}(x) = \begin{cases} +1, & x \geqslant 0 \\ -1, & x < 0 \end{cases} \tag{8-18}$$

K 值的选择非常重要。K 越大,则快速性越好,但超调量大,甚至可能使系统不稳定。当被控对象时延增大时,K 值必须减小,以保证系统的稳定。而 K 值选择过小,会使系统的快速性变差。

8.2.3　单神经元 PID 控制器分析与仿真

对比图 8−5 和图 8−6,以及式(8−9)和式(8−11)可知,单神经元 PID 控制器与传统 PID 控制器在结构形式上是一致的,所不同的是传统 PID 控制器的比例、积分、微分参数是预先设定的、在系统运行过程中是固定不变的,而单神经元结构 PID 控制器的比例、积分、微分参数对应于神经元的输入权重值,可按某规则实时修正,即它具有参数自适应功能。由分析可知,单神经元 PID 控制器既具有传统 PID 控制器的结构简单、学习算法物理意义明确、容易实现等优点,同时也具备神经元网络的自学习、自适应等特点,其实质为参数可调整的 PID 控制器。它以一种简便的方式来实现神经元网络和 PID 控制的有机结合,比传统的 PID 控制更具智能性,在控制品质及对参数变化的适应性上要优于传统 PID 控制。

【例 8−1】　单位负反馈控制系统被控对象的传递函数为

$$G_p(s) = \frac{4}{3s+1} \mathrm{e}^{-4s}$$

取采样周期为 1 s,采用单神经元 PID 控制器对系统进行仿真研究。

解　编写的 MATLAB 程序如下:

```
%SNPID
clear all;
close all;
x=[0,0,0]';ytP=0.40;ytI=0.35;ytD=0.40;
wkp0=0.01;wki0=0.010;wkd0=0.10;
e1=0;e2=0;c1=0;c2=0;c3=0;u1=0;u2=0;u3=0;u4=0;u5=0;
Ts=1;
```

```
sys＝tf([4],[3,1],'inputdelay',4);
dsys＝c2d(sys,Ts,'z');
[num,den]＝tfdata(dsys,'v');
for k＝1:100
    t(k)＝k * Ts;
    r(k)＝1;
    c(k)＝－den(2) * c1＋num(2) * u5;
    e(k)＝r(k)－c(k);
    wkp(k)＝wkp0＋ytP * e(k) * u1 * x(1);
    wki(k)＝wki0＋ytI * e(k) * u1 * x(2);
    wkd(k)＝wkd0＋ytP * e(k) * u1 * x(3);
    K＝0.03;
    x(1)＝e(k)－e1;x(2)＝e(k);
    x(3)＝e(k)－2 * e1＋e2;
    wj(k)＝abs(wkp(k))＋abs(wki(k))＋abs(wkd(k));
    w1(k)＝wkp(k)/wj(k);
    w2(k)＝wki(k)/wj(k);
    w3(k)＝wkd(k)/wj(k);
    w＝[w1(k),w2(k),w3(k)];
    u(k)＝u1＋K * w * x;
    e2＝e1;e1＝e(k);
    u5＝u4;u4＝u3;u3＝u2;u2＝u1;u1＝u(k);c3＝c2;c2＝c1;c1＝c(k);
    wkp0＝wkp(k);wki0＝wki(k);wkd0＝wkd(k);
end
figure(1)
plot(t,r,'r',t,c,'k:','linewidth',2);
xlabel('time(s)');ylabel('r,c');
```

当 $K＝0.02$ 时的仿真结果如图 8－7 所示。

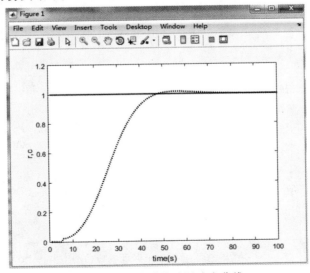

图 8－7　系统单位阶跃响应曲线

若控制器参数不变,当被控对象的 3 个参数变为 $K=3, T=2, \tau=3$ 时的仿真结果如图 8-8 所示。

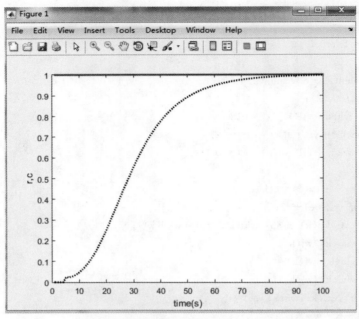

图 8-8　系统的单位阶跃响应曲线

若控制器参数不变,当被控对象的 3 个参数变为 $K=5, T=4, \tau=5$ 时的仿真结果如图 8-9 所示。

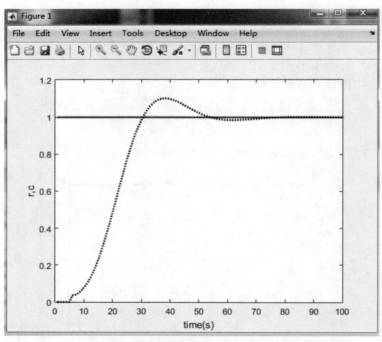

图 8-9　系统单位阶跃响应曲线

由仿真结果可知,单神经元 PID 控制器具有良好的鲁棒性。

8.3　模糊 PID 控制

在工业控制系统中，PID 控制器仍然是主要的控制器，而控制器参数的整定对现场工作人员还是有一定的困难。随着计算机技术的发展，人们将操作者的经验作为知识存入计算机中，通过计算机的处理，计算机能自动整定 PID 控制器的参数，这样就产生了专家式 PID 控制器和模糊自整定 PID 控制器。

1. 模糊自整定 PID 控制

模糊自整定 PID 控制器在利用模糊数学的基础理论与方法，把现场操作者的经验转变为规则，把规则的条件、操作用模糊集来表示，然后把这些模糊规则以及相关信息作为知识存入计算机的知识库中，根据计算机控制系统中系统运行的情况，在线运用模糊推理，可实现对系统控制器 PID 参数的在线调整。

自适应模糊 PID 控制器以系统的误差 e 和误差变化率 ec 为输入，以满足不同时刻的 e 和 ec 对 PID 参数自整定的要求。自适应模糊 PID 控制器的结构如图 8-10 所示。

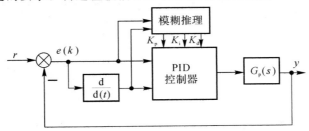

图 8-10　自适应模糊 PID 控制器的结构

数字形式的 PID 控制器的算法为

$$u(k) = K_{\mathrm{p}}e(k) + K_{\mathrm{i}}T\sum_{j=0}^{k}e(j) + K_{\mathrm{d}}\frac{e(k) - e(k-1)}{T}$$

式中，T 为采样周期。

PID 控制器参数模糊自整定就是要寻找控制器三个参数与系统偏差 e、偏差变化率 ec 之间的模糊关系，在系统实际运行过程中不断采集系统的实际输出，求取 e 和 ec，根据模糊原理对 3 个参数进行在线调整，以满足不同的 e 和 ec 下对控制器参数的不同要求，从而使系统获得良好的动、静态特性。

2. 模糊自整定 PID 控制器整定原则

(1) 如果偏差为正大，偏差变化率也为正大，说明系统的实际输出小于希望输出，而且会越来越小，因此，应增大比例作用，使系统的实际输出尽快接近希望输出；为了不产生超调，此时应减小积分作用，系统的快速性主要由比例作用来决定。

(2) 如果偏差为负大，偏差变化率也为负大，说明系统的实际输出大于希望输出，而且会越来越大，此时系统已产生超调，因此，应减小比例作用，使系统的实际输出尽快回到希望输出，此时还应增大积分作用，以消除系统的误差。

(3) 如果偏差为正大，偏差变化率为负大，说明系统的实际输出小于希望输出，但它会以最大的速度趋于希望输出，因此，应保持比例和积分作用不变。

(4) 如果偏差为负大，偏差变化率为正大，说明系统的实际输出大于希望输出，但它正准备以最大的速度趋于希望输出,因此,应保持比例和积分作用不变。

具体可将 PID 控制器的参数变化规则表示如下:

(1)K_p 的模糊规则见表 8-1。

表 8-1 K_p 的模糊规则

$e\triangle K_p ec$	NB	NM	NS	ZO	PS	PM	PB
NB	PB	PB	PM	PM	PS	ZO	ZO
NM	PB	PB	PM	PS	PS	ZO	NS
NS	PM	PM	PM	PS	ZO	NS	NS
ZO	PM	PM	PS	ZO	NS	NM	NM
PS	PS	PS	ZO	NS	NS	NM	NM
PM	PS	ZO	NS	NM	NM	NM	NB
PB	ZO	ZO	NM	NM	NM	NB	NB

(2)K_i 的模糊规则见表 8-2。

表 8-2 K_i 的模糊规则

$e\triangle K_i ec$	NB	NM	NS	ZO	PS	PM	PB
NB	NB	NB	NM	NM	NS	ZO	ZO
NM	NB	NB	NM	NS	NS	ZO	ZO
NS	NB	NM	NS	NS	ZO	PS	PS
ZO	NM	NM	NS	ZO	PS	PM	PM
PS	NM	NS	ZO	PS	PS	PM	PB
PM	ZO	ZO	PS	PS	PM	PB	PB
PB	ZO	ZO	PS	PM	PM	PB	PB

(3)K_d 的模糊规则见表 8-3。

表 8-3 K_d 的模糊规则

$e\triangle K_d ec$	NB	NM	NS	ZO	PS	PM	PB
NB	PS	NS	NB	NB	NB	M	PS
NM	PS	NS	NB	NM	NM	NS	ZO
NS	ZO	NS	NM	NM	NS	NS	ZO
ZO	ZO	NS	NS	NS	NS	NS	ZO
PS	ZO	ZO	ZO	ZO	ZO	ZO	ZO
PM	PB	ZS	PS	PS	PS	PS	PB
PB	PB	PM	PM	PM	PS	PS	PB

选取偏差 e、偏差变化率 ec 以及 ΔK_p、ΔK_i、ΔK_d 的论域为

$$e,ec,\Delta K_\mathrm{p},\Delta K_\mathrm{i},\Delta K_\mathrm{d}=[-5,-4,-3,-2,-1,0,1,2,3,4,5]$$

其模糊子集为

$$E=EC=\Delta K_\mathrm{p}=\Delta K_\mathrm{i}=\Delta K_\mathrm{d}=[\mathrm{NB,NM,NS,ZO,PS,PM,PB}]$$

设偏差 e、偏差变化率 ec 以及 ΔK_p、ΔK_i、ΔK_d 均服从正态分布。得到各模糊子集的隶属度,根据各模糊子集的隶属度赋值表和各参数模糊控制模型,应用模糊合成推理设计 PID 参数的模糊规则表,利用下式进行参数自调整

$$\left.\begin{array}{l} K_\mathrm{p}=K_{p0}+\Delta K_\mathrm{p}\\ K_\mathrm{i}=K_{i0}+\Delta K_\mathrm{i}\\ K_\mathrm{d}=K_{d0}+\Delta K_\mathrm{d} \end{array}\right\} \tag{8-19}$$

编写 MATLAB 程序可进行模糊自整定 PID 控制系统的仿真。

3. 模糊 PID 控制系统设计与仿真

采用本节的模糊自整定 PID 控制器设计方法,完成控制系统的设计。然后可按照第 3 章介绍的离散相似法对系统进行仿真。

【例 8 - 2】　单位负反馈控制系统被控对象的传递函数为

$$G_\mathrm{p}(s)=\frac{4}{3s+1}\mathrm{e}^{-4s}$$

采样周期为 1 s,采用模糊自整定 PID 控制器对系统进行仿真研究。

解　编写的 MATLAB 程序如下:

```
%fuzzy PID
clear all;close all;
a=newfis('fuzzypid');
a=addvar(a,'input','e',[-3,3]);
a=addmf(a,'input',1,'NB','zmf',[-3,-1]);
a=addmf(a,'input',1,'NM','trimf',[-3,-2,0]);
a=addmf(a,'input',1,'NS','trimf',[-3,-1,1]);
a=addmf(a,'input',1,'Z','trimf',[-2,0,2]);
a=addmf(a,'input',1,'PS','trimf',[-1,1,3]);
a=addmf(a,'input',1,'PM','trimf',[0,2,3]);
a=addmf(a,'input',1,'PB','smf',[1,3]);

a=addvar(a,'input','ec',[-3,3]);
a=addmf(a,'input',2,'NB','zmf',[-3,-1]);
a=addmf(a,'input',2,'NM','trimf',[-3,-2,0]);
a=addmf(a,'input',2,'NS','trimf',[-3,-1,1]);
a=addmf(a,'input',2,'Z','trimf',[-2,0,2]);
a=addmf(a,'input',2,'PS','trimf',[-1,1,3]);
a=addmf(a,'input',2,'PM','trimf',[0,2,3]);
a=addmf(a,'input',2,'PB','smf',[1,3]);

a=addvar(a,'output','Kp',[-0.3,0.3]);
a=addmf(a,'output',1,'NB','zmf',[-0.3,-0.1]);
a=addmf(a,'output',1,'NM','trimf',[-0.3,-0.2,0]);
```

```
a=addmf(a,'output',1,'NS','trimf',[-0.3,-0.1,0.1]);
a=addmf(a,'output',1,'Z','trimf',[-0.2,0,0.2]);
a=addmf(a,'output',1,'PS','trimf',[-0.1,0.1,0.3]);
a=addmf(a,'output',1,'PM','trimf',[0,0.2,0.3]);
a=addmf(a,'output',1,'PB','smf',[0.1,0.3]);

a=addvar(a,'output','Ki',[-0.06,0.06]);
a=addmf(a,'output',2,'NB','zmf',[-0.06,-0.02]);
a=addmf(a,'output',2,'NM','trimf',[-0.063,-0.04,0]);
a=addmf(a,'output',2,'NS','trimf',[-0.06,-0.02,0.02]);
a=addmf(a,'output',2,'Z','trimf',[-0.04,0,0.04]);
a=addmf(a,'output',2,'PS','trimf',[-0.02,0.02,0.06]);
a=addmf(a,'output',2,'PM','trimf',[0,0.04,0.06]);
a=addmf(a,'output',2,'PB','smf',[0.02,0.06]);

a=addvar(a,'output','Kd',[-3,3]);
a=addmf(a,'output',3,'NB','zmf',[-3,-1]);
a=addmf(a,'output',3,'NM','trimf',[-3,-2,0]);
a=addmf(a,'output',3,'NS','trimf',[-3,-1,1]);
a=addmf(a,'output',3,'Z','trimf',[-2,0,2]);
a=addmf(a,'output',3,'PS','trimf',[-1,1,3]);
a=addmf(a,'output',3,'PM','trimf',[0,2,3]);
a=addmf(a,'output',3,'PB','smf',[1,3]);

rulelist=[1 1 7 1 5 1 1;
    1 2 7 1 3 1 1;
    1 3 6 2 1 1 1;
    1 4 6 2 1 1 1;
    1 5 5 3 1 1 1;
    1 6 4 4 2 1 1;
    1 7 4 4 5 1 1;
    2 1 7 1 5 1 1;
    2 2 7 1 3 1 1;
    2 3 6 2 1 1 1;
    2 4 5 3 2 1 1;
    2 5 5 3 2 1 1;
    2 6 4 4 3 1 1;
    2 7 3 4 4 1 1;
    3 1 6 1 4 1 1;
    3 2 6 2 3 1 1;
    3 3 6 3 2 1 1;
    3 4 5 3 2 1 1;
    3 5 4 4 3 1 1;
    3 6 3 5 3 1 1;
    3 7 3 5 4 1 1;
```

```
        4 1 6 2 4 1 1;
        4 2 6 2 3 1 1;
        4 3 5 3 3 1 1;
        4 4 4 4 3 1 1;
        4 5 3 5 3 1 1;
        4 6 2 6 3 1 1;
        4 7 2 6 4 1 1;
        5 1 5 2 4 1 1;
        5 2 5 3 4 1 1;
        5 3 4 4 4 1 1;
        5 4 3 5 4 1 1;
        5 5 3 5 4 1 1;
        5 6 2 6 4 1 1;
        5 7 2 7 4 1 1;
        6 1 5 4 7 1 1;
        6 2 4 4 5 1 1;
        6 3 3 5 5 1 1;
        6 4 2 5 5 1 1;
        6 5 2 6 5 1 1;
        6 6 2 7 5 1 1;
        6 7 1 7 7 1 1;
        7 1 4 4 7 1 1;
        7 2 4 4 6 1 1;
        7 3 2 5 6 1 1;
        7 4 2 6 6 1 1;
        7 5 2 6 5 1 1;
        7 6 1 7 5 1 1;
        7 7 1 7 7 1 1];
    a=addrule(a,rulelist);
    a=setfis(a,'DefuzzMethod','centroid');
    writefis(a,'fuzzpid');
    a=readfis('fuzzpid');
    ts=1;
    sys=tf([4],[3,1],'inputdelay',4);
    dsys=c2d(sys,ts,'zoh');
    [num,den]=tfdata(dsys,'v');
    u1=0;u2=0;u3=0;u4=0;u5=0;
    y1=0;y2=0;y3=0;y4=0;
    x=[0 0 0]';
    e=0;
    e1=0;ec1=0;
    kp0=0.11;ki0=0.04;kd0=0.6;
for i=1:50
    r=1;
    t(i)=i*ts;
```

```
kpid＝evalfis([e1,ec1],a);
kp(i)＝kp0＋kpid(1);
ki(i)＝ki0＋kpid(2);
kd(i)＝kd0＋kpid(3);
    u(i)＝kp(i)＊x(1)＋ki(i)＊x(2)＊ts＋kd(i)＊x(3)/ts;
    y(i)＝－den(2)＊y1＋num(2)＊u5;
      e＝r－y(i);
      u5＝u4;u4＝u3;u3＝u2;u2＝u1;u1＝u(i);
    y1＝y(i);
      x(1)＝e;x(2)＝x(2)＋e;x(3)＝e－e1;
      e1＝x(1);ec1＝x(3);e2＝e1;e1＝e;
end
    plot(t,r,'b',t,y,'r');
```

仿真结果如图 8-11 所示。

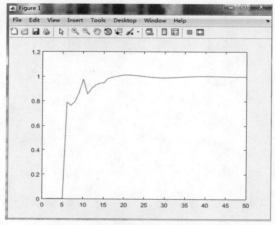

图 8-11　系统的单位阶跃响应曲线

　　为了验证模糊 PID 控制器的鲁棒性,当被控对象的 3 个参数变为 $K=5,T=4,\tau=5$ 时的仿真结果如图 8-12 所示。

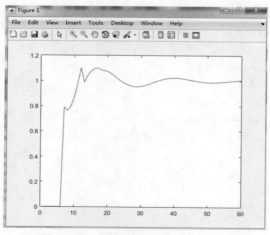

图 8-12　系统的单位阶跃响应曲线

仿真结果表明,模糊控制器具有良好的鲁棒性。

附表　MATLAB 中各函数功能及用法

函　数	功能及用法	工具箱
*	给定两个 LTI 对象，*算子建立它们的串联	控制系统
＋	给定两个 LTI 对象，＋算子建立它们的并联	控制系统
acker	对单输入系统进行极点配置	控制系统
allbargin	计算系统的所有穿越频率和相应的稳定裕量	控制系统
angle	给定一个复数，angle 返回相位角（用弧度表示）	MATLAB
append	将多个 LTI 模型的输入、输出分别合并起来，构成一个新的系统	控制系统
augstate	将系统的状态变量和输出变量组合起来，构成一个新的向量	控制系统
axis	axis（[xmin，xmax，ymin，ymax]）规定绘图区域，axis equal 使用实轴与虚轴有统一的比例尺	MATLAB
balreal	将 LTI 模型实现为一个平衡的系统	控制系统
bandwidth	计算频率响应的带宽	控制系统
bode	给定一个 TF 或 SS 形式的模型，bode 返回其频率响应的幅值和相位。当缺省输出变量时，它直接绘制 Bode 图	控制系统
bodemag	计算 LTI 模型的 Bode 幅值响应	控制系统
c2d	离散化连续时间系统	控制系统
canon	给定一个状态空间形式的系统，canon 返回它的标准形式	控制系统
care	求解连续时间代数 Riccati 方程	控制系统
conj	用系统系数的复共轭系数构成一个系统	控制系统
connect	从系统的方框图描述推导状态空间模型	控制系统
conv	给定两个多项式系数的行向量，conv 返回一个行向量，其元素是两个多项式乘积的系数	MATLAB
covar	计算受白噪声作用下系统的输出和状态的协方差	控制系统
ctrb	给定一个系统的 **A** 矩阵，ctrb 返回可控矩阵	控制系统
ctrbf	计算系统的可控阶梯形	控制系统
d2c	将离散系统转换为连续系统	控制系统
d2d	改变离散 LTI 系统的采样频率或增加输入延迟	控制系统

续 表

函　数	功能及用法	工具箱
damp	给定一个 LTI 对象模型,damp 计算出系统极点的固有频率和阻尼比。当缺省输入变量时,则显示极点、阻尼比和自频率的一个对照表	控制系统
dare	求解离散时间代数 Riccati 方程	控制系统
dcgain	给定一个 LTI 对象模型,dcgain 返回系统的稳态增益	控制系统
deconv	给定两个行向量表示的多项式,deconv 返回第 1 个多项式除以第 2 个多项式的商和余数	MATLAB
delay2z	在 $z=0$ 处将离散时间系统 ss、tf、zpk 的所有延时替换为极点	控制系统
dlqr	离散线性二次调节器设计	控制系统
diyap	求解离散时间李亚普诺夫方程	控制系统
dlyapchol	离散时间李亚普诺夫方程的方根求解器	控制系统
drss	产生稳定的随机离散测试模型	控制系统
dsort	按幅值排序离散特征值	控制系统
dss	指定状态空间模型的描述符号	控制系统
dssdata	快速获取状态空间模型的描述符号	控制系统
eig	给定一个方阵,eig 计算它的特征值和特征向量	MATLAB
esort	按实部排序连续时间系统的极点值	控制系统
estim	从增益矩阵中形成连续状态估计器	控制系统
evalfr	计算系统在某个频率下的频率响应	控制系统
feedback	给定两个 LTI 对象的系统模型,feedback 返回闭环系统的模型(这里默认为负,第三个自变量可以选择使用,处理正反馈的情况)	控制系统
filt	指定离散传递函数的 DSP 格式	控制系统
find	返回非零参数(可以是逻辑表达式)的值及下标	MATLAB
findobj	给定一组句柄图形对象,findobj 返回特定对象的句柄	MATLAB
frd	计算系统的脉冲响应及频率转移	控制系统
frdata	快速访问频率响应数据对象的数据	控制系统
freqresp	在频率网格上计算频率响应	控制系统
gcare	连续时间代数 Riccati 方程的归一化求解器	控制系统
gdare	离散时间代数 Riccati 方程的归一化求解器	控制系统
gensig	产生 lsim 所需的测试输入	控制系统

续　表

函　数	功能及用法	工具箱
get	get 返回给定 LTI 对象的性质	控制系统
gram	计算系统的可控性和可观性	控制系统
hasdelay	判读 LTI 模型是否有时延	控制系统
hoid	当设置"on"时,hold 在当前图形上作图	MATLAB
impulse	给定一个连续系统的 TF 模型,inpluse 返回其对单位脉冲输入的响应	控制系统
initial	计算连续时间零输入响应	控制系统
interp	在频率点之间对 FRD 模型插值	控制系统
inv	计算 LTI 系统的逆	控制系统
iopzmap	绘制 LTI 模型的 I/O 对零极点图	控制系统
Isct,isdt	判断 LTI 模型是离散还是连续的	控制系统
isempty	判断 LTI 模型是否为空	控制系统
isproper	判断 LTI 模型是否合理	控制系统
issiso	判断 LTI 模型是否为 SISO	控制系统
kalman	设计系统的连续或离散卡尔曼观测器	控制系统
kalmd	设计连续系统的离散卡尔曼观测器	控制系统
lft	两个 LTI 模型的分数线性变换	控制系统
logspace	函数 logspace 用来建立向量,其元素是对数分布的	MATLAB
lqgreg	给出状态反馈增益和卡尔曼预估器的二次型调节器设计	控制系统
lqr	线性二次调节器设计	控制系统
lqrd	基于连续代价函数的离散调节器设计	控制系统
lqry	输出加权的调节器设计	控制系统
lsim	给定一个连续系统的 LTI 对象,一个输入值向量,一个时间点向量和一组可能的初始条件,lsim 返回时间响应	控制系统
ltimodels	获取 LTI 模型的帮助	控制系统
ltiprops	获取 LTI 模型属性的帮助	控制系统
ltiview	初始化 LTI Viewer 以进行 LTI 系统的响应分析	控制系统
lyap	求解李亚普诺夫方程	控制系统
lyapchol	连续时间李亚普诺夫方程的方根求解器	控制系统
margin	给定一个 LTI 对象的模型,margin 返回其增益裕度和截止频率。当缺省输出变量时,它绘制出标明了裕量和截止频率的 Bode 图	控制系统

续 表

函数	功能及用法	工具箱
mineral	系统的最小实现或进行零极点对消	控制系统
modred	模型降阶处理	控制系统
modsep	按零极点的区位进行模型分解	控制系统
ndims	提供 LTI 模型的维数	控制系统
ngird	绘制尼柯尔斯图的网格线	控制系统
nichols	绘制尼柯尔斯图	控制系统
norm	给定一个向量或一个矩阵,norm 计算它的范数	MATLAB
nyquist	给定一个 LTI 对象的模型,nyquist 返回其频率响应的实部和虚部,当缺省输出变量时,它直接绘出奈奎斯特图	控制系统
obsv	给定一个系统的 A 矩阵和 C 矩阵,obsv 返回能观矩阵	控制系统
obsvf	计算系统的可观阶梯形	控制系统
ord2	产生二阶系统的 A、B、C、D 系数	控制系统
pade	时延的 pade 近似	控制系统
parallel	并行系统连接	控制系统
place	给定一个系统的 A 矩阵和 B 矩阵,place 返回其增益矩阵 F,F 可将 $A-BF$ 的特征值配置在 s 平面内特定的位置上	控制系统
pole	给定一个 LTI 对象,pole 计算出系统传递函数极点	控制系统
pzmap	给定一个 TF 形式或 ZP 形式的系统模型。pzmap 在 s 平面内绘制系统的零极点	控制系统
rank	给定一个矩阵,rank 确定矩阵中线性独立的行或列的数目	MATLAB
reg	给定状态反馈增益和估计器增益,reg 产生一个观察器成分的调节器作为 KTI 对象	控制系统
reshape	给定一个多维的数组,reshape 能用来改变它的维数	MATLAB
residue	给定一个有理函数 $T(s)=N(s)/D(s)$,residue 返回 $D(s)=0$ 的根,部分分式系数和余数多项式	MATLAB
rlocfind	给定一个开环系统的 TF 或状态空间形式,rlocfind 允许用户用鼠标来选择轨迹上任意点,并返回这个点为闭环极点时的开环增益及对应此增益的所有闭环极点	控制系统
rlocus	绘制根轨迹	控制系统

续　表

函　数	功能及用法	工具箱
roots	给定一个分量为多项式 $P(s)$ 系数的行向量，root 返回 $P(s)＝0$ 的解	MATLAB
rss	产生稳定的随机连续测试模型	控制系统
semilogx	函数 semilogx 绘制半对数图，x 轴以 10 为底的对数做刻度，而对 y 轴用线性刻度	MATLAB
series	串行系统连接	控制系统
set	设定或修改 LTI 模型的属性	控制系统
sgird	对一个根轨迹图或是一个零极点图，画出阻尼比（ζ）和固有频率（ω）的等值线	控制系统
sigma	LTI 模型的奇异值频域图	控制系统
sisoinit	初始化 SISO 设计工具	控制系统
size	计算 LTI 模型的维数	控制系统
sminreal	进行基于结构的模型简化	控制系统
ss	创建状态空间模型或转换 LTI 模型为状态空间模型	控制系统
ss2ss	进行状态空间模型的相似变换	控制系统
ssbal	使用对角相似变换平衡状态空间模型	控制系统
ssdata	从 LTI 对象获取状态方程的 $\boldsymbol{A}$、$\boldsymbol{B}$、$\boldsymbol{C}$、$\boldsymbol{D}$ 系数	控制系统
stabsep	将 LTI 模型的稳定部分和非稳定部分分解出来	控制系统
stack	堆叠 LTI 模型来构建 LTI 数组	控制系统
step	给定一个连续系统的 TF 模型，step 返回其对阶跃输入的响应	控制系统
subplot	subplot 允许将绘图窗口划分成多个绘图区域	MATLAB
tf	给定分子分母多项式，tf 建立 TF 对象的系统模型。该命令也可用来将零点-极点-增益模型或状态空间模型转变为传递函数形式	控制系统
tfdata	给定一个 TF 对象、tfdata 求得分子分母多项式及有关系统的其他信息	控制系统
totaldelay	返回系统所有的延时	控制系统
tzero	给定一个状态空间模型，tzero 返回其传递函数的零点	控制系统
zero	LTI 模型的传输零点	控制系统
zgrid	在网格上画离散根轨迹	控制系统
zpk	给定一个系统的零点、极点和增益，zpk 建立 ZPK 对象的系统模型，此指令也可用来将传递函数模型或状态空间模型转换成 ZPK 形式	控制系统

续 表

函　数	功能及用法	工具箱
zpkdata	给出一个 ZPK 对象，zpkdata 提取其零点、极点、增益及相关系统的其他信息	控制系统

参 考 文 献

[1] 韩璞.现代工程控制论[M].北京:中国电力出版社,2017.

[2] 李国勇.智能预测控制及其 MATLAB 实现[M].北京:电子工业出版社,2010.

[3] 郑恩让,聂诗良,罗祖军,等.控制系统仿真[M].北京:北京大学出版社,2011.

[4] THOMAS F E,DUNCAN A M.过程的动态特性与控制[M].王京春,王凌,金以慧,等译.北京:电子工业出版社,2006.

[5] 李国勇.计算机仿真技术与 CAD[M].北京:电子工业出版社,2016.

[6] 刘金琨.先进 PID 控制及 MATLAB 仿真[M].北京:电子工业出版社,2016.

[7] 师黎,陈铁军,李晓媛,等.智能控制:实验与综合设计指导[M].北京:清华大学出版社,2008.

[8] 王正林,王胜开,陈国顺,等.MATLAB/Simulink 与控制系统仿真[M].北京:电子工业出版社,2016.

[9] 林敏.计算机控制技术及工程应用[M].北京:国防工业出版社,2014.

[10] 方康玲,王新民,刘彦春,等.过程控制及其 MATLAB 实现[M].北京:电子工业出版社,2013.